钛酸铋钠基无铅铁电陶瓷材料

曹文萍 张 篷 著

化学工业出版社
·北京·

内 容 简 介

《钛酸铋钠基无铅铁电陶瓷材料》以 NBT 基无铅铁电陶瓷材料为研究对象,深入分析了 NBT 基陶瓷在压电性能、电卡效应、储能性能、应变性能以及电致伸缩效应等五个方面的研究进展、理论基础以及内在发展潜力。在编写过程中,既注重体现科学发展前瞻性,又注重材料研究基础和应用,重点对 NBT 基陶瓷在传感器、制冷器件、储能器件、驱动器及微位移调控等领域的应用进行探讨。

《钛酸铋钠基无铅铁电陶瓷材料》可供从事铁电材料的研究人员使用,同时为材料、物理、化学及相关领域的科研人员和技术人员以及高等学校相关专业的师生提供参考。

图书在版编目(CIP)数据

钛酸铋钠基无铅铁电陶瓷材料 / 曹文萍,张篷著.
北京:化学工业出版社,2025.5. -- ISBN 978-7-122
-47624-1

Ⅰ.TM28
中国国家版本馆 CIP 数据核字第 202543KE09 号

责任编辑:刘志茹　马　波　宋林青　　文字编辑:杨凤轩　师明远
责任校对:宋　夏　　　　　　　　　　装帧设计:关　飞

出版发行:化学工业出版社
　　　　　(北京市东城区青年湖南街 13 号　邮政编码 100011)
印　　装:北京云浩印刷有限责任公司
787mm×1092mm　1/16　印张 12¾　字数 302 千字
2025 年 4 月北京第 1 版第 1 次印刷

购书咨询:010-64518888　　　　　　售后服务:010-64518899
网　　址:http://www.cip.com.cn
凡购买本书,如有缺损质量问题,本社销售中心负责调换。

定　价:88.00 元　　　　　　　　　　版权所有　违者必究

前言

铁电材料作为一类能够实现机械能和电能有效转换的功能材料,在智能制造、智能机器人、电子通信、航空航天以及无损检测等领域起到举足轻重的作用。钛酸铋钠($Na_{0.5}Bi_{0.5}TiO_3$,简称 NBT)是一类具有 ABO_3 结构的弛豫型铁电材料,室温下具有较强的铁电性和较高的居里温度,在压电传感器、压电马达、超声波换能器、驱动器、传感器等领域具有广泛的应用。

由于 NBT 材料能与具有 ABO_3 结构的材料 $K_{0.5}Bi_{0.5}TiO_3$(KBT)、$BaTiO_3$(BT)以及 $SrTiO_3$(ST)等体系固溶,组分在四方相(T)和菱方相(R)两相共存的准同型相界(MPB)附近表现出优异的压电性能。其次,NBT 基陶瓷具有复杂的相变行为,特别是在退极化温度附近铁电相(FE)与弛豫相(RE)的相变,使陶瓷的极化强度发生明显改变,从而表现出优异的电卡效应和应变性能。当相变温度降至室温以下时,陶瓷室温时表现出瘦腰型的电滞回线,有望获得大的储能密度和电致伸缩性能。

本著作以 NBT 基无铅铁电陶瓷材料为研究对象,编著者及其研究小组在 NBT 基陶瓷方面的科研成果的基础上,结合国内外关于 NBT 基陶瓷最新研究进展,深入分析 NBT 基陶瓷在压电性能、电卡效应、储能性能、应变性能以及电致伸缩效应等五个方面的研究进展、理论基础以及内在发展潜力,为无铅铁电陶瓷发展和研究提供理论指导,为 NBT 基陶瓷在传感器、制冷器件、储能器件、驱动器及微位移调控等领域的应用提供借鉴。同时为材料、物理、化学及相关领域的科研人员和技术人员,特别是从事铁电材料研究人员,以及高等学校相关专业的师生提供有益参考。本书编写过程中,既注重体现科学发展前瞻性,又注重材料研究基础和应用,为功能陶瓷材料发展提供理论支持。

本书第 1～5 章由哈尔滨商业大学曹文萍执笔,第 6、7 章由哈尔滨商业大学张篷执笔。在编写过程中参考和引用了许多相关文献,在此对文献的作者表示真诚的感谢。本著作由"钛酸铋钠基陶瓷储能特性研究"项目支持。由于编者水平有限,书中难免存在不足和疏漏之处,恳请广大读者批评指正。

著 者
2025 年 1 月

目录

第1章 概述 / 001
1.1 铁电陶瓷材料简介 / 002
1.1.1 铁电性与压电性 / 002
1.1.2 铁电陶瓷主要性能参数 / 003
1.2 $Na_{0.5}Bi_{0.5}TiO_3$ 基铁电陶瓷材料简介 / 005
1.2.1 $Na_{0.5}Bi_{0.5}TiO_3$ 基陶瓷的制备工艺 / 005
1.2.2 $Na_{0.5}Bi_{0.5}TiO_3$ 基陶瓷的相变行为 / 006
1.2.3 $Na_{0.5}Bi_{0.5}TiO_3$ 基陶瓷准同型相变 / 007
参考文献 / 008

第2章 $Na_{0.5}Bi_{0.5}TiO_3$ 基铁电陶瓷材料压电性能 / 011
2.1 铁电陶瓷材料压电性能来源 / 011
2.2 MPB附近 $Na_{0.5}Bi_{0.5}TiO_3$ 基陶瓷的压电性能及温度稳定性 / 012
2.2.1 MPB附近 $Na_{0.5}Bi_{0.5}TiO_3$ 基陶瓷的物相及组织结构 / 012
2.2.2 MPB附近 $Na_{0.5}Bi_{0.5}TiO_3$ 基陶瓷的相变行为 / 013
2.2.3 MPB附近 $Na_{0.5}Bi_{0.5}TiO_3$ 基陶瓷的铁电性能 / 014
2.2.4 MPB附近 $Na_{0.5}Bi_{0.5}TiO_3$ 基陶瓷的压电性能 / 016
2.3 $SrTiO_3$ 掺杂 $Na_{0.5}Bi_{0.5}TiO_3$-$BaTiO_3$ 陶瓷压电性能 / 018
2.3.1 $Na_{0.5}Bi_{0.5}TiO_3$-$BaTiO_3$-$SrTiO_3$ 陶瓷的物相及组织结构 / 018
2.3.2 $Na_{0.5}Bi_{0.5}TiO_3$-$BaTiO_3$-$SrTiO_3$ 陶瓷的相变行为及相图 / 020
2.3.3 $Na_{0.5}Bi_{0.5}TiO_3$-$BaTiO_3$-$SrTiO_3$ 陶瓷的铁电性能 / 022
2.4 BT纳米线掺杂改善NBT基陶瓷压电性能 / 026
2.4.1 MPB区 $BaTiO_3$ 纳米线掺杂 $Na_{0.5}Bi_{0.5}TiO_3$ 基陶瓷的压电性能 / 027
2.4.2 MPB区 $BaTiO_3$ 纳米线掺杂 $Na_{0.5}Bi_{0.5}TiO_3$ 基陶瓷压电性能的温度稳定性 / 029
2.4.3 T相区 $BaTiO_3$ 纳米线掺杂 $Na_{0.5}Bi_{0.5}TiO_3$ 基陶瓷的压电性能 / 030
2.4.4 T相区 $BaTiO_3$ 纳米线掺杂 $Na_{0.5}Bi_{0.5}TiO_3$ 基陶瓷压电性能的温度稳定性 / 034
参考文献 / 034

第3章　$Na_{0.5}Bi_{0.5}TiO_3$ 基铁电陶瓷材料应变性能 / 037

3.1　NBT 基铁电陶瓷应变性能来源 / 037
3.2　NBT 基铁电陶瓷应变性能研究现状 / 037
3.2.1　利用电场引发相变改善陶瓷材料应变的研究情况及发展动态 / 038
3.2.2　利用缺陷偶极子改善陶瓷材料应变的研究情况及发展动态 / 038
3.3　T 相区 NBT-ST 基陶瓷偶极子构筑及应变性能研究 / 040
3.3.1　MnO 掺杂 T 相区 NBT-ST 基陶瓷相结构及相变行为分析 / 040
3.3.2　T 相区受主掺杂 NBT-ST 基陶瓷缺陷偶极子构建及应变性能研究 / 043
3.3.3　T 相区受主掺杂构建缺陷偶极子诱导大应变机理研究 / 046
3.3.4　Nb_2O_5 掺杂 T 相区 NBT-ST 基陶瓷的应变性能 / 047
3.4　准同型相界区 NBT 基陶瓷偶极子的构筑及应变性能 / 050
3.4.1　准同型相界区受主掺杂 NBT 基陶瓷相结构及相变行为分析 / 050
3.4.2　准同型相界区受主掺杂 NBT 基陶瓷缺陷偶极子构建及应变性能研究 / 053
3.4.3　相结构与缺陷偶极子耦合作用诱导大应变机制分析 / 058
3.4.4　准同型相界区施主掺杂 NBT 基陶瓷相结构及应变性能研究 / 060
3.4.5　准同型相界区施主-受主共掺杂 NBT 基陶瓷相结构及应变性能研究 / 063
参考文献 / 065

第4章　$Na_{0.5}Bi_{0.5}TiO_3$ 基铁电陶瓷材料电致伸缩性能 / 068

4.1　铁电陶瓷材料电致伸缩效应的概念及研究进展 / 068
4.1.1　电致伸缩效应的概念 / 068
4.1.2　电致伸缩材料的研究进展 / 069
4.2　调控相变温度改善 $Na_{0.5}Bi_{0.5}TiO_3$ 基陶瓷电致伸缩性能的研究 / 070
4.2.1　Sn 掺杂 $Na_{0.5}Bi_{0.5}TiO_3$-$BaTiO_3$ 基陶瓷的电致伸缩性能 / 070
4.2.2　$SrTiO_3$ 固溶 $Na_{0.5}Bi_{0.5}TiO_3$-$BaTiO_3$ 基陶瓷的电致伸缩性能 / 074
4.3　构筑 Mn^{2+}-$V_O^{..}$ 缺陷偶极子改善 $Na_{0.5}Bi_{0.5}TiO_3$ 基陶瓷电致伸缩性能 / 078
4.3.1　MnO 掺杂 $Na_{0.5}Bi_{0.5}TiO_3$-$SrTiO_3$ 二元体系陶瓷电致伸缩性能研究 / 078
4.3.2　MnO 掺杂 NBT-BT-ST 三元体系陶瓷电致伸缩性能研究 / 080
4.4　构筑 Mn-$V_O^{..}$ 和 V_A-$V_O^{..}$ 复合偶极子改善 NBT 基陶瓷电致伸缩性能 / 087
4.4.1　$0.7Na_{0.5}Bi_{0.5}Ti_{0.9}Mn_{0.1}O_3$-$0.3Sr_{(1-3x/2)}Bi_{x\square_{x/2}}TiO_3$ 陶瓷的组织结构分析 / 088
4.4.2　$0.7Na_{0.5}Bi_{0.5}Ti_{0.9}Mn_{0.1}O_3$-$0.3Sr_{(1-3x/2)}Bi_{x\square_{x/2}}TiO_3$ 陶瓷的相变行为 / 088
4.4.3　$0.7Na_{0.5}Bi_{0.5}Ti_{0.9}Mn_{0.1}O_3$-$0.3Sr_{(1-3x/2)}Bi_{x\square_{x/2}}TiO_3$ 陶瓷的铁电性能 / 089
4.4.4　$0.7Na_{0.5}Bi_{0.5}Ti_{0.9}Mn_{0.1}O_3$-$0.3Sr_{(1-3x/2)}Bi_{x\square_{x/2}}TiO_3$ 陶瓷的电致伸缩性能 / 089
参考文献 / 093

第 5 章 $Na_{0.5}Bi_{0.5}TiO_3$ 基铁电陶瓷材料的电卡效应 / 097

5.1 铁电材料的电卡效应及研究进展 / 097
    5.1.1 电卡效应的制冷原理 / 097
    5.1.2 电卡效应的测量方法 / 098
    5.1.3 电卡效应的研究进展 / 099

5.2 MPB 附近 NBT 基陶瓷的电卡效应 / 103
    5.2.1 MPB 附近 $Na_{0.5}Bi_{0.5}TiO_3$ 基陶瓷不同温度的 P-E 曲线 / 103
    5.2.2 MPB 附近 $Na_{0.5}Bi_{0.5}TiO_3$ 基陶瓷电卡效应的计算分析 / 103

5.3 $SrTiO_3$ 掺杂 $Na_{0.5}Bi_{0.5}TiO_3$-$BaTiO_3$ 陶瓷的电卡效应 / 108
    5.3.1 $SrTiO_3$ 掺杂 $Na_{0.5}Bi_{0.5}TiO_3$-$BaTiO_3$ 陶瓷不同温度的 P-E 曲线 / 109
    5.3.2 $SrTiO_3$ 掺杂 $Na_{0.5}Bi_{0.5}TiO_3$-$BaTiO_3$ 陶瓷电卡效应的计算分析 / 110

5.4 构筑缺陷偶极子改善 $Na_{0.5}Bi_{0.5}TiO_3$ 基陶瓷的电卡效应研究 / 114
    5.4.1 老化前 MnO 掺杂 $Na_{0.5}Bi_{0.5}TiO_3$ 基陶瓷电卡效应 / 115
    5.4.2 老化后 MnO 掺杂 $Na_{0.5}Bi_{0.5}TiO_3$ 基陶瓷电卡效应 / 118

参考文献 / 122

第 6 章 $Na_{0.5}Bi_{0.5}TiO_3$ 基铁电陶瓷材料储能性能 / 126

6.1 电介质储能陶瓷材料的储能性能及研究进展 / 127
    6.1.1 电介质储能陶瓷材料的储能性能 / 127
    6.1.2 电介质储能陶瓷材料研究进展 / 129

6.2 调控相变温度改善 $Na_{0.5}Bi_{0.5}TiO_3$ 基陶瓷储能性能 / 133
    6.2.1 $SrTiO_3$ 掺杂 $Na_{0.5}Bi_{0.5}TiO_3$ 基陶瓷室温储能性能 / 133
    6.2.2 $SrTiO_3$ 掺杂 $Na_{0.5}Bi_{0.5}TiO_3$ 基陶瓷储能性能的温度稳定性 / 138
    6.2.3 $Sr_{0.7}Bi_{0.2}TiO_3$ 掺杂 $Na_{0.5}Bi_{0.5}TiO_3$ 基陶瓷储能性能 / 140

6.3 受主掺杂 $Na_{0.5}Bi_{0.5}TiO_3$ 基陶瓷储能特性 / 147
    6.3.1 受主掺杂 $Na_{0.5}Bi_{0.5}TiO_3$-$SrTiO_3$ 二元体系陶瓷储能性能 / 148
    6.3.2 受主掺杂 $Na_{0.5}Bi_{0.5}TiO_3$-$BaTiO_3$-$SrTiO_3$ 三元体系陶瓷储能性能 / 151

6.4 施主掺杂 $Na_{0.5}Bi_{0.5}TiO_3$ 基陶瓷储能特性 / 159
    6.4.1 施主掺杂 T 相区 $Na_{0.5}Bi_{0.5}TiO_3$-$SrTiO_3$ 陶瓷储能性能 / 159
    6.4.2 施主掺杂 MPB 相区 $Na_{0.5}Bi_{0.5}TiO_3$-$SrTiO_3$ 陶瓷储能性能 / 164

6.5 高熵氧化物复合改性 $Na_{0.5}Bi_{0.5}TiO_3$ 基陶瓷储能特性 / 169
    6.5.1 $Na_{0.375}Bi_{0.375}Sr_{0.25}Ti_{0.975}Nb_{0.025}O_3$-$x(Ti_{0.2}Zr_{0.2}Hf_{0.2}Al_{0.2}Ta_{0.2})O_2$ 陶瓷的物相及形貌 / 169
    6.5.2 $Na_{0.375}Bi_{0.375}Sr_{0.25}Ti_{0.975}Nb_{0.025}O_3$-$x(Ti_{0.2}Zr_{0.2}Hf_{0.2}Al_{0.2}Ta_{0.2})O_2$ 陶瓷的相变行为 / 171

6.5.3 $Na_{0.375}Bi_{0.375}Sr_{0.25}Ti_{0.975}Nb_{0.025}O_3$-$x(Ti_{0.2}Zr_{0.2}Hf_{0.2}Al_{0.2}Ta_{0.2})O_2$ 陶瓷的储能性能
　　　　／172

6.6 SiO_2 复合改性 $Na_{0.5}Bi_{0.5}TiO_3$ 基陶瓷储能特性 ／174
　6.6.1 $Na_{0.375}Bi_{0.375}Sr_{0.25}Ti_{0.975}Nb_{0.025}O_3$-$xSiO_2$ 陶瓷的物相与表面形貌 ／174
　6.6.2 $Na_{0.375}Bi_{0.375}Sr_{0.25}Ti_{0.975}Nb_{0.025}O_3$-$xSiO_2$ 陶瓷的相变行为 ／176
　6.6.3 $Na_{0.375}Bi_{0.375}Sr_{0.25}Ti_{0.975}Nb_{0.025}O_3$-$xSiO_2$ 陶瓷的储能性能 ／178

参考文献 ／181

第 7 章　$Na_{0.5}Bi_{0.5}TiO_3$ 基铁电陶瓷材料性能评价　／184

7.1 $Na_{0.5}Bi_{0.5}TiO_3$ 基铁电陶瓷材料制备工艺评价 ／184
　7.1.1 $Na_{0.5}Bi_{0.5}TiO_3$ 基铁电陶瓷材料制备工艺概述 ／184
　7.1.2 $Na_{0.5}Bi_{0.5}TiO_3$ 基铁电陶瓷材料制备工艺评价指标 ／186
　7.1.3 $Na_{0.5}Bi_{0.5}TiO_3$ 基铁电陶瓷材料制备工艺评价方法 ／187

7.2 $Na_{0.5}Bi_{0.5}TiO_3$ 基铁电陶瓷材料性能评价 ／187
　7.2.1 $Na_{0.5}Bi_{0.5}TiO_3$ 基铁电陶瓷材料压电性能评价 ／187
　7.2.2 $Na_{0.5}Bi_{0.5}TiO_3$ 基铁电陶瓷材料应变性能评价 ／188
　7.2.3 $Na_{0.5}Bi_{0.5}TiO_3$ 基铁电陶瓷材料电致伸缩性能评价 ／189
　7.2.4 $Na_{0.5}Bi_{0.5}TiO_3$ 基铁电陶瓷材料电卡性能评价 ／190
　7.2.5 $Na_{0.5}Bi_{0.5}TiO_3$ 基铁电陶瓷材料储能性能评价 ／191

参考文献 ／193

第 1 章
概 述

铁电材料作为一类能够实现机械能和电能有效转换的功能材料，在众多领域中展现出了重要的应用潜力。首先，在电场作用下，铁电材料内部的正、负电荷中心分离，从而产生电偶极矩，对外显示电性，因此具有压电性能。铁电材料的压电性能在军事、民用、工业等各个领域具有广泛的应用，如压电传感器、振荡器、换能器等[1,2]。其次，铁电材料在电场的作用下能够产生微小的形变，从而具有电致应变以及电致伸缩效应。基于铁电材料电致伸缩效应的微位移器以其较高的分辨率、较好的稳定性、无老化现象以及响应快等突出优点受到人们的广泛关注，成为精密设备实现高精度和灵敏度的关键技术之一[3-9]。再次，在电场作用下，铁电材料由于偶极子有序度的改变从而引起熵和焓的变化，因此具有电卡效应。基于铁电相变的电卡制冷技术由于设计灵活、易于操控等优点备受人们的关注[10-12]。除此之外，某些铁电材料由于存在电场诱发的铁电相与反铁电相的相变，能够得到较大的储能密度，因而具有较高的储能性能。铁电材料的储能性能由于储能密度高、抗老化能力强、充放电速度快、能够实现设备的轻量化及微型化等优点逐渐成为人们研究的重点[13,14]。

钛酸铋钠（$Na_{0.5}Bi_{0.5}TiO_3$，简称 NBT）是一类具有 ABO_3 结构的典型弛豫铁电材料。1960 年，Smolenskii 等人首次合成后，它由于较大的剩余极化强度以及较高的居里温度而成为最有希望代替铅基材料、应用最有前景的无铅材料之一[15-18]。其特点主要表现在以下几个方面：首先，室温下菱方相（R）的 NBT 能与相结构为四方相（T）的钛酸铋钾（$K_{0.5}Bi_{0.5}TiO_3$，KBT）、钛酸钡（$BaTiO_3$，BT）等钙钛矿结构完全固溶，通过成分调控可以在固溶体中构造准同型相界（MPB），研究发现组分在 MPB 附近具有优异的压电性能。其次，NBT 基陶瓷由于在退极化温度附近存在铁电相（FE）与弛豫相（RE）的相变，陶瓷的极化强度发生明显改变，因此利用该相变能够得到较大的电致应变和电卡效应。再次，当 NBT 基陶瓷的相变温度降至室温以下时，即室温时弛豫相，NBT 基陶瓷展现出剩余极化强度（P_r）较小的电滞回线，该电滞回线说明 NBT 基陶瓷能够获得较大的储能密度和电致伸缩性能。上述特点说明 NBT 基陶瓷在压电、制冷、储能及微位移调控等领域具有很高的应用价值。

1.1 铁电陶瓷材料简介

1.1.1 铁电性与压电性

晶体的基本性质之一是对称性。在晶体的32种点群中,有11种点群具有对称中心,在剩下的21种不存在对称中心的点群中,除了432点群,其他点群结构的晶体在受到外力作用时,由于正、负电荷中心分离,从而产生电偶极矩,导致晶体的两端出现符号相反的束缚电荷,且束缚电荷的密度与施加的外力成正比,这种现象称为正压电效应。图1.1所示为压电晶体在外力作用下产生的压电效应的机理图。其中图1.1(a)所示为晶体所受外力为零时,晶体内部正、负电荷中心重合,因此电偶极矩为零,对外不显示电性。图1.1(b)所示为晶体受到压应力时,正、负电荷中心发生分离,导致晶体内部的电偶极矩不为零,从而在晶体表面产生束缚电荷,对外显示电性。图1.1(c)所示为晶体受到拉伸作用时,同样正、负电荷中心发生分离,对外显示电性。当施加外电场时,会引起晶体内部正、负电荷中心发生位移,从而使晶体发生一定的形变,这种现象称为逆压电效应。

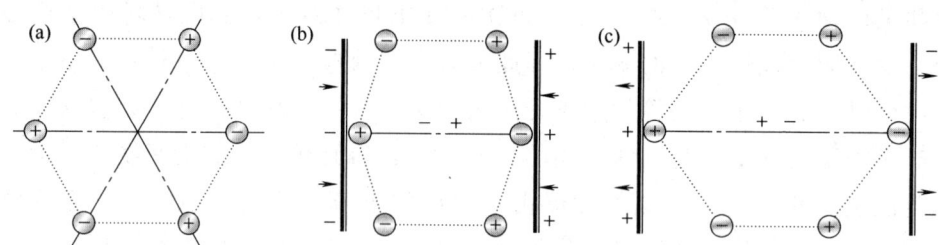

图 1.1 压电效应机理图
(a) 未加力;(b) 压力;(c) 拉力

在具有压电效应的20种晶体中,有10种晶体存在自发极化(固有电偶极矩),因此称为极性晶体。在这10种极性晶体中,在一定的温度范围内,部分晶体的自发极化方向在电场作用下会发生相应的改变,这种性质称为铁电性,具有铁电性的晶体称为铁电体。铁电性最早是由法国人 J. Valasek[19] 在罗息盐中所发现的。铁电体最主要的特征之一是具有极化强度随电场变化的电滞回线,如图1.2所示。

铁电体内部具有各个不同方向的自发极化区域,自发极化方向相同的小区域称为铁电畴。电滞回线就是由于铁电体内部存在自发形成的铁电畴而产生的。未加电场时,由于自发极化方向的任意性和热运动的影响,铁电体宏观上对外不显示电性。施加电场后,铁电畴在电场作用下会向平行电场的方向发生翻转,从而使极化值增大。当所有的铁电畴的排列方向与电场方向相同时,极化值达到最大,此时称为饱和极化

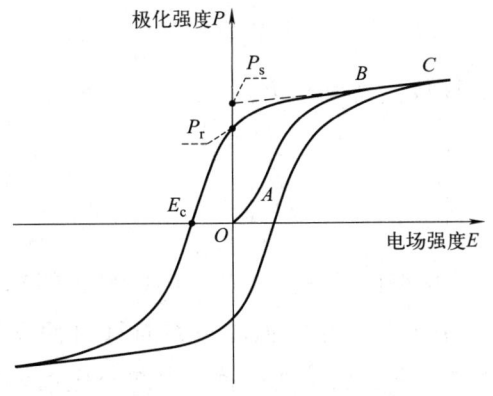

图 1.2 铁电体的电滞回线[20]

(P_s)。当电场撤除后,由于部分铁电畴仍保持原来的方向,因此极化不能立即回到零极化状态,而是仍然存留在宏观的极化状态,此时称为剩余极化(P_r)。反向施加电场使极化回到零极化状态所对应的电场强度称为矫顽场(E_c)。

1.1.2 铁电陶瓷主要性能参数

铁电陶瓷具有许多描述其性能优劣的参数,这些性能参数是它在实际中被广泛应用的重要基础,也是区分其适用领域的评价指标。其中,比较常用的参数主要有压电系数 d_{33}、介电常数 ε、介电损耗 $\tan\delta$、机电耦合系数 k、机械品质因子 Q_m 以及居里温度 T_c 等。

(1) 压电系数

压电系数 d_{33} 是压电材料特有的性能参数,该性能参数主要反映材料的"力"与"电"之间的耦合效应。压电系数的大小主要由应力 T、应变 S、电场强度 E 和电位移 D 决定。当沿材料的极化方向施加应力 T_{33} 时,在压电材料表面上产生的电荷密度 Q_3 满足下列关系:

$$Q_3 = d_{33} T_{33} \tag{1.1}$$

(2) 介电常数

介电常数是描述压电材料的极化性质或介电性质的一个性能参数,通常用 ε 表示,单位为 F/m。介电常数 ε 的大小与电容 C、电极面积 A 和电极间的距离 d 有关,关系式如下:

$$\varepsilon = \frac{Cd}{A} \tag{1.2}$$

通常情况下,人们习惯用相对介电常数 ε_r 来描述材料的介电性能,它与介电常数的关系为:

$$\varepsilon_r = \frac{\varepsilon}{\varepsilon_0} \tag{1.3}$$

式中，ε_0 为真空介电常数，其大小为 $8.85\times10^{-12}\,\text{F/m}$。相对介电常数是一个没有量纲的物理量。

（3）介电损耗

在电场作用下，电介质材料由于发热而产生的能量损耗称为介电损耗，其大小一般用损耗角的正切值 $\tan\delta$ 来表示。介电损耗是判断材料性能好坏的重要指标，也是选择材料和制作器件的重要依据。在压电材料中引起介电损耗的原因主要有三种：极化损耗、介质不均匀损耗以及材料内部的漏电流损耗。

（4）机电耦合系数

机电耦合系数 k 是描述压电材料的机械能与电能之间的耦合效应程度的性能参数，其定义式为：

$$k = \sqrt{\frac{通过压电效应转化的机械能}{输入的电能}} \tag{1.4}$$

由于压电材料机械能的大小与其振动方式和形状均有关，因此不同振动方式和不同形状的材料所对应的机电耦合系数也不相同。对于薄圆片来说，其径向伸缩振动模式称为平面机电耦合系数，用机电耦合系数 k_p 表示；其厚度伸缩振动模式，用机电耦合系数称为厚度机电耦合系数 k_t 表示。

（5）机械品质因子

机械品质因子是指在压电振子谐振时，因克服内摩擦而消耗的能量，该性能参数主要反映了陶瓷材料谐振时机械损耗的大小，其定义式为：

$$Q_m \approx \frac{f_p^2}{2\pi f_s |Z_m| C^T (f_p^2 - f_s^2)} \tag{1.5}$$

式中，f_s、f_p 分别为样品并联和串联谐振时的频率；Z_m 为材料的谐振阻抗；C^T 为材料的低频电容。

（6）居里温度

居里温度是指压电材料由铁电相转变为顺电相所对应的临界温度。通常情况下，压电材料在低于居里温度 T_c 的温度区间内具有压电效应，高于居里温度 T_c 的温度区间内失去压电效应。因此，居里温度 T_c 是判断压电陶瓷应用温度区间的重要参数。

1.2 $Na_{0.5}Bi_{0.5}TiO_3$ 基铁电陶瓷材料简介

自 20 世纪 60 年代，探索和发展无铅压电陶瓷成为一种必然趋势。目前，研究较多的无铅体系主要包括以下三大类：钨青铜结构压电陶瓷、钙钛矿结构（ABO_3）压电陶瓷和铋层状结构压电陶瓷，其中以 BT 基、（$K_{0.5}Na_{0.5}$）NbO_3（KNN）基和 NBT 基体系为代表的钙钛矿陶瓷是近年来极具发展潜力的无铅体系。在无铅压电陶瓷体系中，NBT 基无铅压电陶瓷由于其较大的剩余极化强度（$P_r = 38\mu C/cm^2$）、较高的居里温度（$T_c = 320℃$）以及相变复杂等特点成为最有希望代替铅基材料、应用最有前景的无铅材料之一[15-18]。

1.2.1 $Na_{0.5}Bi_{0.5}TiO_3$ 基陶瓷的制备工艺

在 NBT 基陶瓷性能的研究中，除了通过掺杂改性提高其性能外，部分研究者还进行了制备工艺的优化研究。获得成分准确且致密的陶瓷的前提是粉体的精细合成，粉末制备方法主要有固相合成法、水热合成法、溶胶凝胶法（Sol-gel）等。

固相合成法是制备陶瓷的传统方法，也是应用最普遍的方法。该方法的原理是将固态的原料经过球磨得到细小粉末，再将粉末在高温炉中预烧，去除杂相，将粉末压成陶瓷片后再在高温炉中烧结，最后形成陶瓷。该工艺的优点主要有：①原料价格低廉；②工艺简单易行。但该工艺也存在很多缺点，主要有：①粉体粒径相对较大且均匀性较差；②所制备陶瓷致密度不高，并且制备过程易引入杂质；③粉体化学均匀性差。这些缺点都会对陶瓷的性能产生一定的影响。

水热合成法所需的温度比较高，一般为 100～1000℃，利用高温、高压的环境将有机物或无机物与水化合，使溶解性较差或难溶的原料溶解。该方法合成的粉体具有产物纯度高、颗粒均匀、团聚较轻、粒径小且可控、分散性好、活性高等优点。但该方法对反应条件要求高，成本高，不利于连续生产，生产过程比较难于控制，安全性也较差，所以很少有研究者利用该方法合成陶瓷。

为了优化 NBT 基陶瓷的制备工艺，得到粉体粒径相对较小且颗粒大小均匀、粉体纯度高、致密度高的陶瓷，部分研究者利用 Sol-gel 制备方法获得性能优异的 NBT 基陶瓷。例如 Zhao 等[21]曾使用 Sol-gel 方法制备了 NBT-BT 二元体系的纳米粉体。研究发现利用该方法能够明显改善 NBT-BT 陶瓷的压电性能，其中在 MPB 附近压电系数最大可达 173pC/N，与固相合成法相比提高了 40% 左右。后来山东大学王晓颖等[22]也使用 Sol-gel 工艺制备了 Li 掺杂 NBT-KBT-BT 体系粉体。研究发现当 Li 含量为 0.05 时,利用该方法制备的 NBT 基陶瓷压电系数最大可达到 197pC/N。由此可见利用 Sol-gel 工艺制备组分在 MPB 附近的 NBT 基陶瓷,能够明显改善其压电性能。

1.2.2 $Na_{0.5}Bi_{0.5}TiO_3$ 基陶瓷的相变行为

NBT 材料是一类 A 位复合的具有 ABO_3 结构的铁电材料,其 A 位是由 Na^+ 和 Bi^{3+} 共同占据的,因此 NBT 晶体的相变过程十分复杂。J. Suchanicz[23] 采用中子散射、X 射线衍射等分析技术对 NBT 晶体进行研究后,得到 NBT 晶体相变过程,其示意图如图 1.3 所示。当温度高于 520℃时,NBT 的晶体结构为顺电相;随着温度的降低,四方相开始产生并逐渐增多,在 520~420℃温度范围内晶体结构为纯四方相;随着温度的继续降低,四方相的比例开始减小,三方相出现并逐渐增多,在温度为 320℃时,四方相和三方相所占的比例相同,并且研究发现介电常数在此温度时取得极大值;随着温度继续降低至 280℃时,四方相所占的比例减小至 1/5,当温度为 260℃时,四方相消失,即 NBT 晶体全部变为三方相。通过以上分析可以得出,在 320~200℃一个比较宽的温度区间内,NBT 晶体出现三方铁电相和四方非极性相共存的现象,并且这种三方铁电相与四方非极性相的相变是典型的弥散型相变。

目前,在 320~200℃温度区间内的相变仍存在较大争议,争议的焦点集中在该温区内是否存在反铁电相。V. A. Isupov 等[24] 认为在降温过程中,NBT 晶体有三方相的反铁电微核出现。当温度在 320~200℃范围内时,反铁电相能够稳定存在,即此时 NBT 的晶体结构为反铁电相;当温度降至 200℃附近时,出现反铁电相向三方铁电相的相变;当温度低于 200℃时,反铁电相消失,三方铁电相能够稳定存在。由于在该温区内能够观察到双电滞回线,因此部分研究者认为 NBT 晶体中存在反铁电相。后来的研究发现通过中子衍射等实验手段并未发现反铁电相。随着研究的深入,目前大部分研究者认为在 200℃发生铁电相(FE)与弛豫相(RE)的相变,并且在该相变温度附近可以获得较大的应变[25,26]。

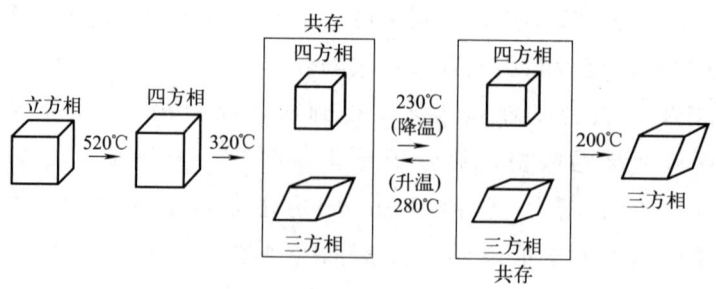

图 1.3 NBT 的相变过程[23]

1.2.3 Na$_{0.5}$Bi$_{0.5}$TiO$_3$ 基陶瓷准同型相变

在铁电材料中，对其压电性能起关键性作用的因素是材料的相结构和化学组成。在 Pb(Zr,Ti)O$_3$(PZT) 体系研究中发现，组分的微小改变能够引起相结构的显著改变，通过调控 Zr 和 Ti 的比例，在某一成分区可以实现三方相和四方相两相共存，此时压电性能最大。为了解释 PZT 体系的巨压电性能，Jaffe 等[27] 首次提出"准同型相界"(MPB) 这一概念，即当两个准同型相发生相变时的分界线，研究发现在 MPB 附近，组分具有优异的压电性能。除 PZT 体系外，人们在 Pb(Zn$_{1/3}$Nb$_{2/3}$)O$_3$-PbTiO$_3$ (PZN-PT)、Pb(Mg$_{1/3}$Nb$_{2/3}$)O$_3$-PbTiO$_3$(PMN-PT) 等体系中也发现了准同型相界的存在，并且在相界附近的样品均具有较高的压电系数和机电耦合系数。V. A. Isupov[24] 等人认为压电材料在 MPB 附近具有高压电性的原因是相界附近自发极化的可能取向增多，铁电畴更易翻转。

由于 NBT 体系具有较大的矫顽场和较高的电导率，因此纯 NBT 陶瓷的压电性能较差 (d_{33}=64pC/N)。为了改善 NBT 陶瓷的压电性能，研究者借鉴 PZT 体系巨压电性能的研究经验，向室温时晶体结构为三方相的 NBT 中掺杂其他相结构的铁电材料，通过组分调控可以在一定区域内形成 MPB，希望在此组分区域内能获得优异的压电性能。其中 BT、KBT 由于室温下为四方相，能够与 NBT 固溶形成四方相与三方相共存的 MPB，因此成为目前研究最多的体系。T. Takenaka[17] 首次报道了 ($1-x$)NBT-xBT 二元体系陶瓷具有三方相向四方相转变的 MPB，根据 X 射线衍射得出该二元体系的 MPB 存在于 x=0.06～0.07 范围内，在 MPB 处该体系的压电系数达到 125pC/N。随后，Sasaki 等[18] 发现 ($1-x$)NBT-xKBT 体系在 x=0.16～0.20 范围内同样存在 R 相和 T 相共存的 MPB，其压电系数最大可达到 151pC/N。

为了进一步优化 NBT 陶瓷的压电性能，研究者开始在 NBT-KBT-BT 三元体系中构造 MPB。由于该三元体系具有复杂的相结构，因此其 MPB 的范围还存在一定的争议。X. X. Wang 等[28] 对 (0.95-x)NBT-xKBT-0.05BT 体系进行了研究，得出 MPB 范围为 x=0.1 对应的成分区附近，此处压电系数为 148pC/N。Y. M. Li 等[29,30] 对 ($1-3x$)NBT-$2x$KBT-xBT 体系和 ($1-5x$)NBT-$4x$KBT-xBT 体系的 MPB 范围进行了研究，研究发现前者的 MPB 范围为 x=0.024～0.030 对应的成分区域，压电系数最大为 150pC/N，后者的 MPB 范围为 x=0.025～0.035，压电系数最大达到 149pC/N。H. Nagata 等[31] 研究了 aNBT-bKBT-cBT 三元体系，研究发现当 a=85.2，b=12，c=2.8 时，可以得到较好的压电性能 (d_{33}=191pC/N)。

目前，NBT-BT 和 NBT-KBT 二元体系的 MPB 范围已被很多学者认可。虽然 NBT-KBT-BT 三元体系的 MPB 范围还存在很大的争议，基于 NBT-BT 和 NBT-KBT 二元体系准同型相界的范围，大部分研究者认为 NBT-KBT-BT 三元体系的 MPB 可能是二者共同的区域，如图 1.4 所示。在其 MPB 附近寻找压电性能更优异的组分仍具有重大意义。

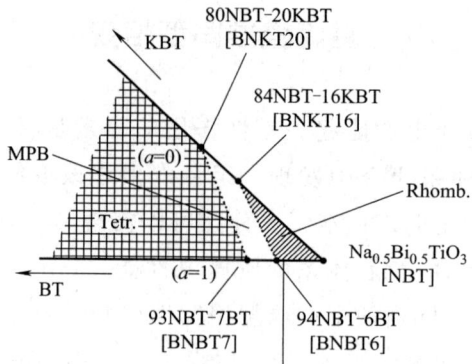

图 1.4 NBT-KBT-BT 三元体系相图[31]

参考文献

[1] Allil R C d S B, Werneck M M. Optical high-voltage sensor based on fiber bragggrating and PZT piezoelectric ceramics. IEEE Transactions on Instrumentation and Measurement, 2011, 60 (6): 2118-2125.

[2] Lee S T, Lam K H, Zhang X M, Chan H L W High-frequency ultrasonic transducer based on lead-free BSZT piezoceramics. Ultrasonics, 2011, 51 (7): 811-814.

[3] Ang C, Yu Z. High, purely electrostrictive strain in lead-free dielectrics. Advanced Materials, 2006, 18 (1): 103-106.

[4] Zhang S T, Kounga A B, Aulbach E, Granzow T, Jo W, Kleebe H J, Rödel J. Lead-free piezoceramics with giant strain in the system $Bi_{0.5}Na_{0.5}TiO_3$-$BaTiO_{0.5}$-$K_{0.5}Na_{0.5}NbO_3$ structure and room temperature properties. Journal of Applied Physics, 2008, 103 (3): 034107.

[5] Zhang S T, Kounga A B, Jo W, Jamin C, Seifert K, Granzow T, Rödel J, Damjanovic D. High-strain lead-free antiferroelectric electrostrictors. Advanced Materials, 2009, 21 (46): 4716-4720.

[6] Jo W, Granzow T, Aulbach E, Rödel J, Damjanovic D. Origin of the large strain response in $(K_{0.5}Na_{0.5})NbO_3$-modified $(Bi_{0.5}Na_{0.5})TiO_3$-$BaTiO_3$ lead-free piezoceramics. Journal of Applied Physics, 2009, 105 (9): 094102.

[7] Zhang S T, Yan F, Yang B, Cao W W. Phase diagram and electrostrictive properties of $Bi_{0.5}Na_{0.5}TiO_3$-$BaTiO_3$-$K_{0.5}Na_{0.5}NbO_3$ ceramics. Applied Physics Letters, 2010, 97 (12): 122901.

[8] Guo Y, Fan H, Shi J. Origin of the large strain response in tenary $SrTi_{0.8}Zr_{0.2}O_3$ modified $Bi_{0.5}Na_{0.5}TiO_3$-$Bi_{0.5}K_{0.5}TiO_3$ lead-free piezoceramics. Journal of Materials Science, 2014, 50 (1): 403-411.

[9] Yang H, Zhou C, Liu X Y, Zhou Q, Chen G H, Li W Z, Wang H. Piezoelectric properties and temperature stabilities of Mn-and Cu-modified $BiFeO_3$-$BaTiO_3$ high temperature ceramics. Journal of the European Ceramic Society, 2013, 33 (6): 117-118.

[10] Muralt P, Polcawich R G, Trolier-McKinstry S. Piezoelectric thin films for sensors, actuators, and energy harvesting. MRS Bulletin, 2011, 34 (09): 658-664.

[11] Tadigadapa S, Mateti K. Piezoelectric MEMS sensors: state-of-the-art and perspectives. Measurement Science and Technology, 2009, 20 (9): 092001.

[12] Muralt P. Recent progress in materials issues for piezoelectric MEMS. Journal of the American Ceramic Society, 2008, 91 (5): 1385-1396.

[13] Love G R. Energy storage in ceramic dielectrics. Journal of the American Ceramic Society, 1990, 73 (2): 323-328.

[14] Chu B J, Zhou X, Ren K L, Neese B, Lin M R, Wang Q, Bauer F, Zhang Q M. A dielectric polymer with high electric energy density and fast discharge speed. Science, 2006, 313 (5785): 334-336.

[15] Smolenskii G A, Agranovskaya A I, Krainink N N. New ferroelectrics of complex composition. Sov. Physics Solid State, 1961, 2: 2651-2654.

[16] Suchanicz J, Roleder K, Kania A, Handerek J. Electrostrictive strain and pyroeffect in the region of phase coexistence in $Na_{0.5}Bi_{0.5}TiO_3$. Ferroelectrics, 1988, 77 (1): 107-110.

[17] Takenaka T, Maruyama K-I, Sakata K. $(Bi_{1/2}Na_{1/2})TiO_3$-$BaTiO_3$ system for lead-free piezoelectric ceramics. Japanese Journal of Applied Physics, 1991, 30: 2236-2239.

[18] Sasaki A, Chiba T, Mamiya Y, Otsuki E. Dielectric and piezoelectric properties of $(Bi_{0.5}Na_{0.5})TiO_3$-$(Bi_{0.5}K_{0.5})TiO_3$ systems. Japanese Journal of Applied Physics, 1999, 38: 5564-5567.

[19] Valasek J. Piezoelectric and allied phenomena in rochelle Salt. Physics Review, 1921, 17: 475-481.

[20] Wang Z M, Zhao K, Guo X L, Sun W, Jiang H L, Han X Q, Tao X T, Cheng Z X, Zhao H Y, Kimura H. Crystallization, phase evolution and ferroelectric properties of sol-gel synthesized $Ba(Ti_{0.8}Zr_{0.2})O_3$-$x(Ba_{0.7}Ca_{0.3})TiO_3$ thin films. Journal of Materials Chemistry C, 2013, 1 (3): 522-530.

[21] 赵明磊, 王春雷, 钟维烈. 溶胶-凝胶法制备 $(Bi_{1/2}Na_{1/2})TiO_3$ 陶瓷及其电学特性. 物理学报, 2003, 52 (1): 229-230.

[22] 王晓颖. 钛酸铋钠基压电陶瓷制备及性质研究. 济南: 山东大学, 2005: 45-53.

[23] Suchanicz J, Kwapulinshi J. X-ray diffraction study of the phase transitions in $Na_{0.5}Bi_{0.5}TiO_3$. Ferroelectrics, 1995, 165: 249-253.

[24] Isupov V A. Temperature dependence of birefringence and opalescence of sodium-bismuth titanate crystals. Ferroelecritcs Letters, 1984, 2: 205-208.

[25] Wang F F, Xu M, Tang Y X, Wang T, Shi W Z, Leung C M. Large strain response in the ternary $Bi_{0.5}Na_{0.5}TiO_3$-$BaTiO_3$-$SrTiO_3$ solid solutions. Journal of the American Ceramic Society, 2012, 95 (6): 1955-1959.

[26] Zhao W L, Zuo R Z, Zheng D, Li L T. Dielectric relaxor evolution and frequency-insensitive giant strains in $(Bi_{0.5}Na_{0.5})TiO_3$-modified $Bi(Mg_{0.5}Ti_{0.5})O_3$-$PbTiO_3$ ferroelectric ceramics. Journal of the American Ceramic Society, 2014, 97 (6): 1855-1860.

[27] Jaffe B, Roth R S, Marzullo S. Piezoelectric properties of lead zirconate-lead titanate solid-solution ceramics. Journal of Applied Physics, 1954, 25: 809-810.

[28] Wang X X, Tang X G, Chan H L W. Electromechanical and ferroelectric properties of $(Bi_{1/2}Na_{1/2})TiO_3$-$(Bi_{1/2}K_{1/2})TiO_3$-$BaTiO_3$ lead-free piezoelectric ceramics. Applied Physics Letters, 2004, 85 (1): 91.

[29] Li Y M, Chen W, Xu Q, Zhou J, Gu X Y. Piezoelectric and ferroelectric properties of $Na_{0.5}Bi_{0.5}TiO_3$-$K_{0.5}Bi_{0.5}TiO_3$-$BaTiO_3$ piezoelectric ceramics. Materials Letters, 2005, 59 (11): 1361-1364.

[30] Li Y M, Chen W, Xu Q, Zhou J, Gu X Y, Fang S Q. Electromechanical and dielectric properties of $Na_{0.5}Bi_{0.5}TiO_3$-$K_{0.5}Bi_{0.5}TiO_3$-$BaTiO_3$ lead-free ceramics. Materials Chemistry and Physics, 2005, 94 (2-3): 328-332.

[31] Shujun Z, Shrout T R, Nagata H, Hiruma Y, Takenaka T. Piezoelectric properties in $(K_{0.5}Bi_{0.5})TiO_3$-$(Na_{0.5}Bi_{0.5})TiO_3$-$BaTiO_3$ lead-free ceramics. IEEE Transactions on Ultrasonics, Ferroelectrics and Frequency Control, 2007, 54 (5): 910-917.

第2章

Na₀.₅Bi₀.₅TiO₃基铁电陶瓷材料压电性能

2.1 铁电陶瓷材料压电性能来源

钙钛矿结构（ABO₃）铁电陶瓷的压电性能源于其本身特殊的晶体结构，其晶体结构为非中心对称结构，如图2.1所示，在微观结构上，A原子由于半径大，能级较高，结合比较困难，所以微观上ABO₃可以看作是B、O两原子结合成的BO₆氧八面体。B原子如Ti原子电子的空间排布为$1s^22s^22p^63s^23p^63d^24s^2$，O原子电子的空间排布为$1s^22s^22p^4$，若BO₆氧八面体中每个氧原子放出2个电子，电子空间排布变为$2s^12p^3$，总自旋量子数增加，体系趋向稳定。Ti^{4+}接受氧原子放出的12个电子，电子数变为30，一部分电子按$1s^22s^22p^63s^23p^6$填入电子壳层，剩余12个电子，这12个电子分为两部分：6个电子占据能级较低的三个3d轨道，另6个电子分别填入一个4s轨道、三个4p轨道以及能级较高的两个3d轨道，形成d^2sp^3八面体杂化轨道。由于d^2sp^3杂化形成的等效八面体轨道，没有外力作用时，电子云成球形对称分布，宏观

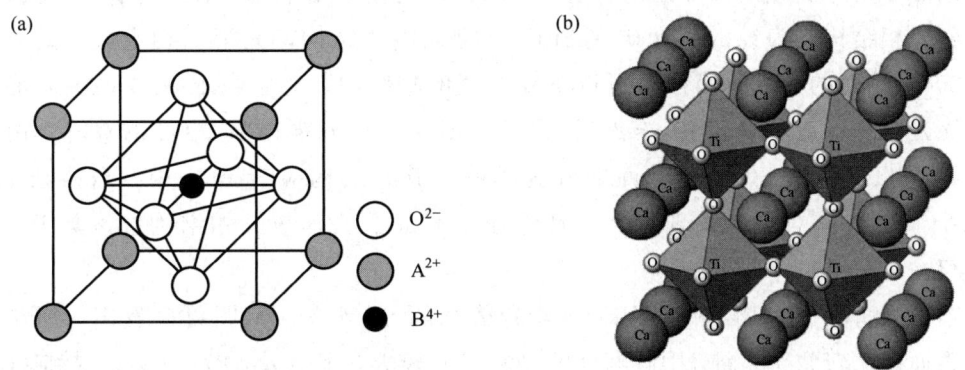

图2.1 ABO₃型钙钛矿结构（a）和由氧八面体形成的ABO₃型钙钛矿结构（b）

上无极性,所有不表现压电效应。当有压力或电场作用时,B、O 离子的位置会因外力的作用发生变化,引起 t_{2g} 能级分裂,导致 xy 平面的电子云密度减少,z 方向电子云密度增加,电子云分布呈现不对称现象,造成 B、O 离子在 xy 平面距离减小,z 方向距离增加,导致晶体变形,宏观上表现出压电效应。

压电性能和退极化温度是影响 NBT 基陶瓷应用的两个关键因素,通过掺杂构造两相共存的准同型相界(MPB)是提高陶瓷压电性能的有效途径之一[1-10]。本章介绍了利用 Sol-gel 以及固相合成法制备的 NBT 基陶瓷的压电性能及其温度稳定性,在陶瓷压电稳定性研究的基础上,通过 BT 纳米线替代 BT 胶体,利用纳米线钉扎畴壁的作用,来提高陶瓷的退极化温度,从而增强陶瓷压电性能的温度稳定性。

2.2 MPB 附近 $Na_{0.5}Bi_{0.5}TiO_3$ 基陶瓷的压电性能及温度稳定性

为了提高 NBT 基陶瓷的压电性能,研究者主要通过在室温下 R 相 NBT 中掺杂相结构为 T 相的 KBT、BT 等固溶体构造 R、T 两相共存的 MPB。对于原料为普通粉体(非精细粉体)通过固相合成法制备的 NBT 基陶瓷而言,存在晶粒尺寸不均匀、烧结的陶瓷致密度差等问题。若想在 MPB 附近进一步提高 NBT 基陶瓷的压电性能,目前比较可行的方法是优化制备工艺。研究发现利用 Sol-gel 方法制备的 NBT 基陶瓷,具有晶粒尺寸均匀、致密度高等优点。本节分析了利用 Sol-gel 方法制备的组分在 MPB 附近的 0.84NBT-0.16KBT、0.94NBT-0.06BT、0.90NBT-0.05KBT-0.05BT 陶瓷的物相、组织结构及相应性能等。

2.2.1 MPB 附近 $Na_{0.5}Bi_{0.5}TiO_3$ 基陶瓷的物相及组织结构

图 2.2 所示为组分在 MPB 附近的 NBT 基陶瓷室温下的 XRD 图谱。由图可知,所有陶瓷相结构均为纯的钙钛矿(ABO_3)型固溶体结构,无第二相生成。此外,通过(200)晶面的峰形及峰强比可以确定陶瓷的相结构。对于纯 R 相,(200)晶面的峰应该是单峰;对于纯 T 相,(200)晶面的峰是一个峰强比为 1∶2 的双峰。由图可见,纯 NBT 陶瓷在(200)晶面的峰为单峰,其相结构应该是 R 相。当掺杂 KBT、BT 后,(200)晶面的峰出现劈裂,且峰强比不是 1∶2,故其相结构应该是 R、T 两相共存。

图 2.3 所示为 MPB 附近 NBT 基陶瓷表面的 SEM 图。从图可以看出,所制备陶瓷的表面都比较致密。纯 NBT 陶瓷的晶粒尺寸较大,其大小约为 $10\mu m$。掺杂 KBT、BT 后,陶瓷的颗粒尺寸显著降低,大小约为 $1\sim2\mu m$。此外,陶瓷的晶粒形状也发生

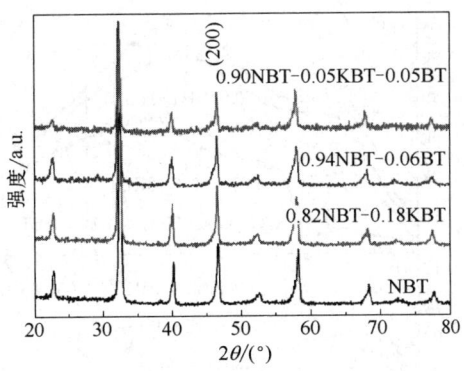

图 2.2 室温下 NBT 基陶瓷的 XRD 图谱

明显改变。纯 NBT 的陶瓷颗粒基本为圆形,掺杂 KBT 后,陶瓷颗粒部分出现方形,掺杂 BT 后的 NBT-BT、NBT-KBT-BT 体系陶瓷的颗粒为圆形。

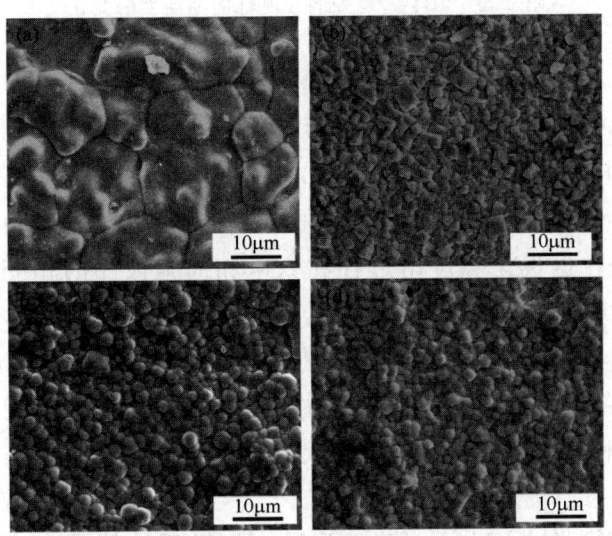

图 2.3 MPB 附近 NBT 基陶瓷表面的 SEM 形貌

(a) NBT;(b) 0.82NBT-0.18KBT;(c) 0.94NBT-0.06BT;(d) 0.90NBT-0.05KBT-0.05BT

2.2.2 MPB 附近 $Na_{0.5}Bi_{0.5}TiO_3$ 基陶瓷的相变行为

图 2.4 为 NBT 基陶瓷在频率 10kHz 时介电常数及介电损耗随温度的变化情况。ε-T 与 $tan\delta$-T 曲线中的测试温度范围均为 30~450℃,升温速率为 2℃/min。其中,介电常数最大值对应的温度为居里温度,介电损耗第一个峰对应的温度为退极化温度[11]。

由图 2.4(a)可知所有样品均存在两个介电反常峰,其中第一个峰对应的是 R 相向 T 相的相变峰,第二个峰对应的是 T 相向顺电相的相变峰。掺杂 KBT、BT 后,T

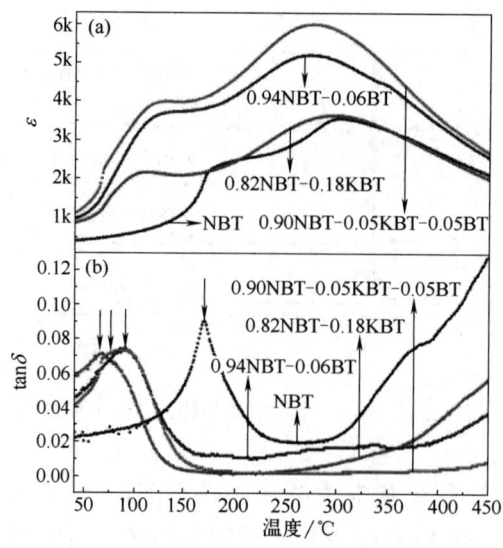

图 2.4 NBT 基陶瓷的介电性能随温度的变化
(a) 介电常数；(b) 介电损耗

相向顺电相的相变温度略有降低，R 相向 T 相的相变温度明显降低。此外，所有陶瓷的两个介电峰均表现出宽化现象，表明 NBT 基陶瓷具有弛豫型铁电体的性质。由图 2.4(b) 可知与纯 NBT 相比，处于准同型相界处的 NBT 基陶瓷的退极化温度都明显降低。NBT 基陶瓷在退极化温度附近存在铁电相向弛豫相的相变，由图可知 NBT、0.82NBT-0.18KBT、0.94NBT-0.06BT 和 0.90NBT-0.05KBT-0.05BT 陶瓷 FE/RE 的相变温度分别为 170℃、67℃、89℃和 78℃。FE/RE 相变使极化状态发生明显改变，有利于获得大的电热温变，因此组分在 MPB 附近的 NBT 基陶瓷不仅具有较好的压电性能，并且在相变温度附近还具有较大的电热温变。

2.2.3　MPB 附近 $Na_{0.5}Bi_{0.5}TiO_3$ 基陶瓷的铁电性能

对于铁电陶瓷而言，铁电性能中的两个参数极化强度（P）和矫顽场（E_c）在很大程度上决定着压电性能的优劣。所以 NBT 基陶瓷的铁电性能的研究对明确其压电效应的机制有着重要的意义。图 2.5 给出了 NBT 基陶瓷室温时在 60kV/cm 电场下的电滞回线。所有陶瓷样品均获得了比较饱和的回线线形，并且没有明显的漏电现象，表明 NBT 基陶瓷具有良好的铁电性能。

为了进一步分析 KBT、BT 掺杂对 NBT 基陶瓷铁电性能的影响，图 2.6 给出了 P_r 和 E_c 随成分的变化情况。从图中可以看出，NBT 在室温时具有较大的 E_c（34.28kV/cm）和相对较大的 P_r（32.35μC/cm²），掺杂 KBT、BT 后，P_r 先减小后增大，E_c 发生不同程度的降低。其中 0.90NBT-0.05KBT-0.05BT 三元体系陶瓷的 P_r 值最大，E_c 值最小，其大小分别为 35.11μC/cm² 和 28.92kV/cm。一般而言，矫顽

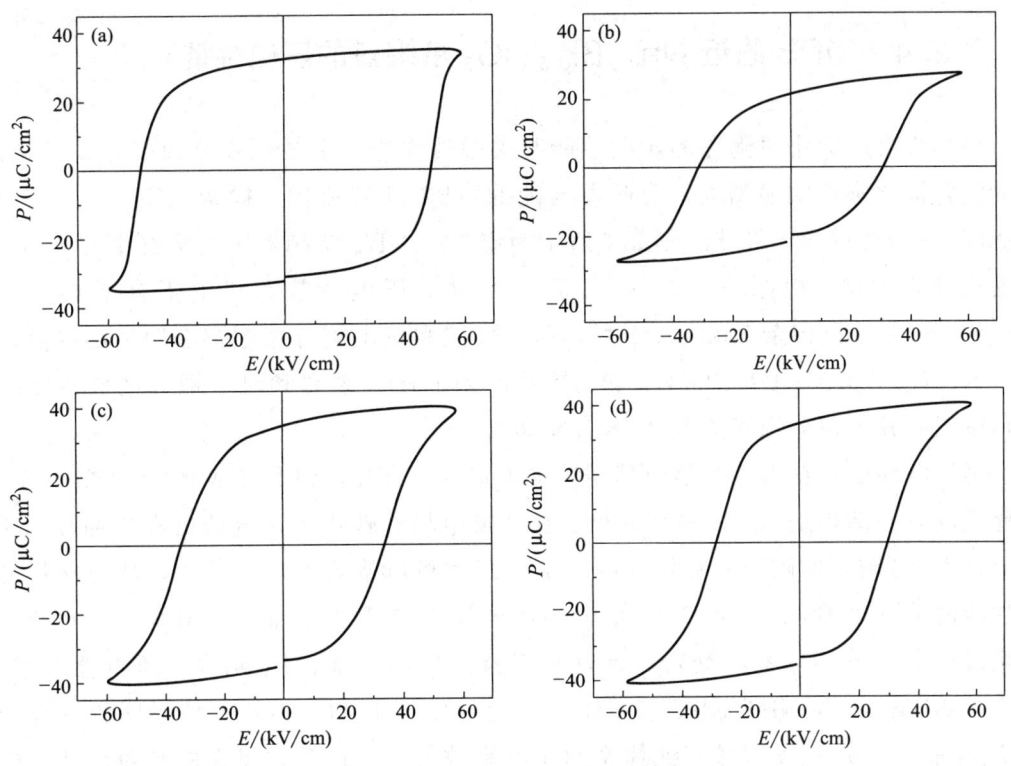

图 2.5 NBT 基陶瓷室温时的电滞回线

(a) NBT;(b) 0.82NBT-0.18KBT;(c) 0.94NBT-0.06BT;(d) 0.90NBT-0.05KBT-0.05BT

场的大小代表着铁电体中畴翻转的难易程度,矫顽场越小,电畴越容易翻转。掺杂 KBT、BT 后,所研究陶瓷的组分位于 R、T 两相共存的 MPB 附近,导致各种铁电性的极化呈现各向同性,具有较低的极化能量势垒,所以矫顽场降低。组分在 MPB 附近的 NBT 基陶瓷中,NBT-KBT-BT 体系的矫顽场最小,主要是由其相结构导致的,研究发现 R 相的矫顽场大于 T 相的。MPB 区 0.84NBT-0.16KBT 和 0.94NBT-0.06BT 陶瓷的相结构靠近 R 相,0.90NBT-0.05KBT-0.05BT 的相结构靠近 T 相,所以在 NBT-KBT-BT 三元体系得到的矫顽场最小。

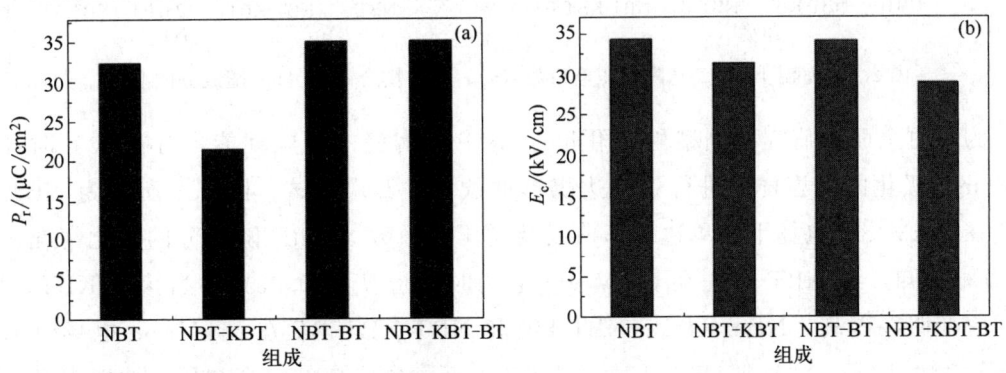

图 2.6 NBT 基陶瓷的 P_r (a)、E_c (b) 随成分的变化

2.2.4 MPB 附近 $Na_{0.5}Bi_{0.5}TiO_3$ 基陶瓷的压电性能

极化强度的大小对陶瓷的压电性能起关键性作用，由图 2.6 可知组分在 MPB 附近的陶瓷极化强度明显增大，意味着与纯的 NBT 陶瓷相比，掺杂 KBT、BT 能够改善 NBT 基陶瓷的压电性能。图 2.7 所示为室温时 NBT 基陶瓷压电系数和机电耦合系数随成分的变化。由图可知，纯 NBT 室温时的压电系数和机电耦合系数分别为 81pC/N 和 0.13。掺杂 KBT、BT 后，压电性能和机电耦合系数都有明显的提高。其中，0.90NBT-0.05KBT-0.05BT 三元体系陶瓷的压电系数和机电耦合系数达到最佳值，室温时其数值分别能达到 215pC/N 和 0.29。

高压电性能的获得主要是由其相结构决定的。首先，组分在 MPB 附近的 NBT 基陶瓷室温时相结构是 R、T 两相共存。在外加电场的作用下，电畴更容易翻转，所以组分在 MPB 附近的陶瓷具有较高的压电性能和机电耦合系数。其次，从与材料的铁电性能的关系来看，P_r 和 E_c 都是影响压电性能的重要因素。一般来说，E_c 越小，极化过程中铁电畴越容易翻转，越有利于提高压电性能；P_r 越大，压电性能越高。相比于 NBT-BT 和 NBT-KBT 二元体系陶瓷，NBT-KBT-BT 三元体系陶瓷具有最大的 P_r 和最小的 E_c，所以该三元体系的压电系数最大。此外，陶瓷的晶粒尺寸、极化条件、致密度等因素对陶瓷的压电性能也存在一定的影响。利用 Sol-gel 方法制备 NBT 基陶瓷的粉体，具有纯度高、晶粒尺寸均匀、致密度高等优点，所以相比于传统固相合成法制备的同组分陶瓷，压电性能改善明显。

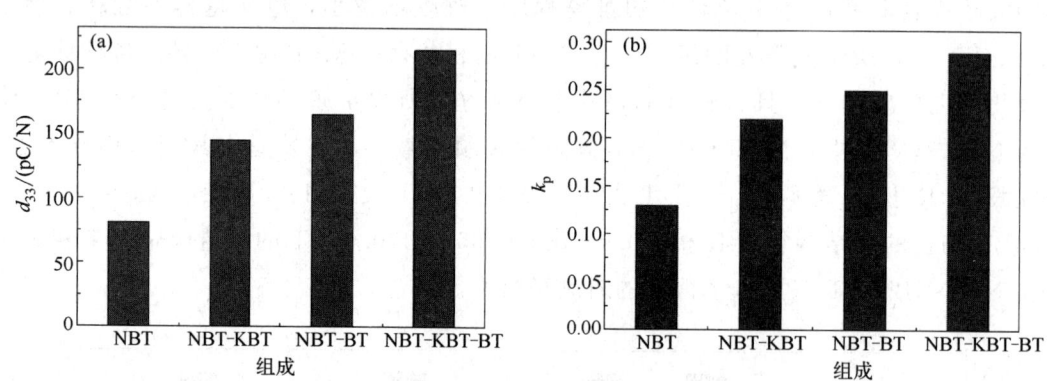

图 2.7 室温下 NBT 基陶瓷压电系数 (a)、机电耦合系数 (b) 随成分的变化

为了更全面地研究准同型相界附近的 NBT 基陶瓷的压电性能，对在 80℃ 时经过 4kV/mm 极化的陶瓷样品进行了单边蝶形曲线（S-E）测试。图 2.8 所示为 NBT 基陶瓷在 60kV/cm 电场下的单边蝶形曲线及逆压电系数 dS/dE 随成分的变化情况。由图 (a) 可知，纯 NBT 陶瓷在 60kV/cm 电场时的应变为 0.05%，当掺杂 KBT、BT 后，应变明显提高。NBT-KBT、NBT-BT 和 NBT-KBT-BT 在 60kV/cm 电场时的应变分别为 0.13%、0.15% 和 0.18%。MPB 附近陶瓷应变的提高和压电性能提高的原

因类似：MPB 附近具有较小的矫顽场和较大的极化强度，翻转电畴的数量增多，且翻转的难易程度降低，所以陶瓷的应变增大。当组分都位于 MPB 附近时，其应变大小主要与其相组成的比例有关。T 相区铁电体中含有 90°和 180°电畴，R 相区铁电体中含有 71°、109°和 180°电畴，其中 90°电畴的翻转对应变影响最大。0.90NBT-0.05KBT-0.05BT 三元体系的组分靠近 T 相区，所以其电致应变最大。

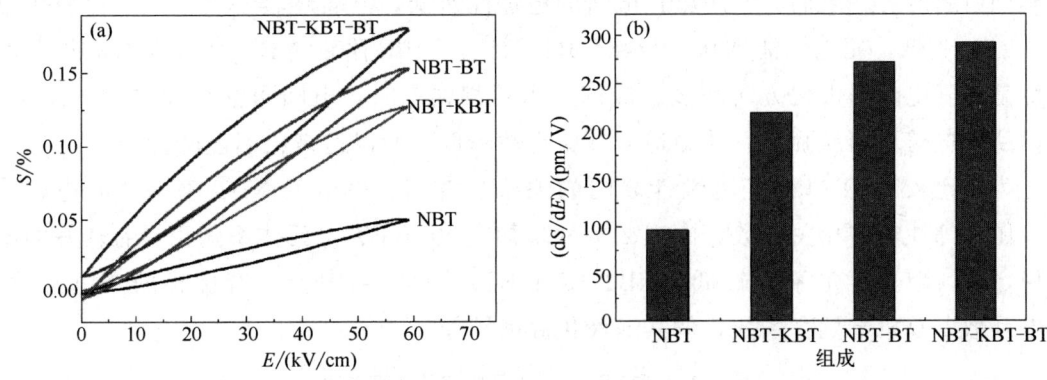

图 2.8 室温下 NBT 基陶瓷的单边 S-E 曲线（a）和 dS/dE 随成分的变化（b）

图 2.8（b）是通过计算单边 S-E 曲线的斜率获得的逆压电系数（dS/dE）。从该图可以看出，逆压电系数随成分的变化趋势与正压电系数一致。其最大逆压电系数也是在 NBT-KBT-BT 三元体系中得到的，在 60kV/cm 电场下其 dS/dE 值为 294pm/V。

随着压电陶瓷的应用越来越广泛，面临的挑战也越来越严峻。从实际应用的角度来衡量，压电陶瓷不仅要具有较大的压电系数，还需要具有较好的温度稳定性。图 2.9 为不同组分的 NBT 基陶瓷 d_{33} 随温度的变化。在测试过程中，每隔 10℃ 取一个值，每个温度点保温 30min，当样品在烘箱中保温结束时，取出样品在室温下测试 d_{33}。为了保证测试结果，每次测试均是在陶瓷样品的不同位置进行，因此，图 2.9 的结果是多次测试结果的平均值。

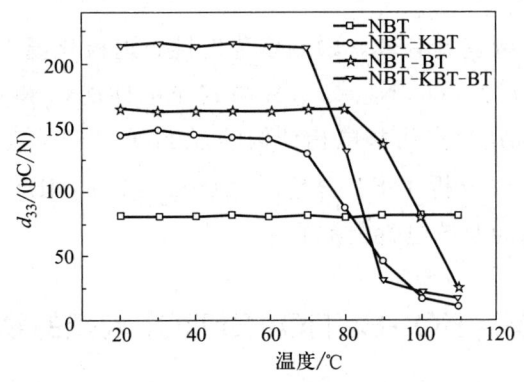

图 2.9 不同组分的 NBT 基陶瓷 d_{33} 随温度的变化

在测试温度范围内，纯 NBT 陶瓷的 d_{33} 基本不变，说明纯 NBT 陶瓷具有较好的温度稳定性。掺杂 KBT、BT 形成组分在 MPB 附近的 NBT 基陶瓷的 d_{33} 随温度的变化趋势基本一致：在较宽的温度范围内基本不变，当温度升到某个值时，d_{33} 迅速下降。d_{33} 发生迅速下降时所对应的温度称为退极化温度。由图 2.9 得出 NBT-KBT、NBT-BT、NBT-KBT-BT 的退极化温度分别为 70℃、90℃、70℃，该数值与通过介温谱得到的退极化温度大小基本一致。陶瓷的退极化是由于电畴随温度的升高回到杂乱排列引起的。一般而言，陶瓷铁电畴的稳定性越低，电畴越容易转向，其退极化温度（T_d）越低，压电性能越高。与纯 NBT 相比，MPB 附近 NBT 基陶瓷退极化温度降低是由其电畴的极化方向增多造成的。当两相共存时，电畴可能极化的方向更多，从而使其电畴更容易翻转，就会造成其稳定性降低，所以退极化温度降低。

为了比较 NBT 基陶瓷电性能之间的关系，表 2.1 给出了 NBT 基陶瓷介电、铁电、压电等性能的相关参数。由表 2.1 可以看出 NBT-BT 二元体系陶瓷具有较好的温度稳定性，但其压电系数较低，NBT-KBT-BT 三元体系陶瓷具有优异的介电常数、压电系数以及机电耦合系数，但其退极化温度较低。

表 2.1 MPB 附近 NBT 基陶瓷的物理参数

组分	ε (1kHz)	$\tan\delta$ (1kHz)	T_d /℃	P_r /($\mu C/cm^2$)	E_c /(kV/cm)	d_{33} /(pC/N)	(dS/dE) /(pm/V)	k_p
NBT	629	0.036	170	32.5	34.3	81	97	0.13
NBT-KBT	962	0.040	67	21.5	31.3	145	220	0.22
NBT-BT	1402	0.050	89	35.0	34.1	165	273	0.25
NBT-KBT-BT	1519	0.063	78	35.1	28.9	213	294	0.29

2.3 $SrTiO_3$ 掺杂 $Na_{0.5}Bi_{0.5}TiO_3$-$BaTiO_3$ 陶瓷压电性能

0.94NBT-0.06BT 陶瓷具有较好的温度稳定性，退极化温度为 89℃，但其室温时的压电系数较小，d_{33} 为 165pC/N。为了提高其压电性能，本节在 0.94NBT-0.06BT 陶瓷中掺杂 $SrTiO_3$，利用室温为顺电相结构的 $SrTiO_3$（ST）掺杂能够调控 NBT 基陶瓷的相变温度[12,13]。主要分析了 ST 含量对 $(1-x)[0.94NBT-0.06BT]-xST$ 陶瓷物相、组织结构、相变行为及铁电性能的影响。

2.3.1 $Na_{0.5}Bi_{0.5}TiO_3$-$BaTiO_3$-$SrTiO_3$ 陶瓷的物相及组织结构

图 2.10 为 $(1-x)[0.94NBT-0.06BT]-xST$ 三元体系陶瓷室温下的 XRD 图谱，其中图（a）为 $x=0.02\sim0.10$ 的 XRD 图，图（b）为 $x=0.20\sim0.40$ 的 XRD 图。由图可知，所有陶瓷的相结构均为纯的钙钛矿（ABO_3）型固溶体结构，无任何杂相生

成，说明所掺杂的 ST 完全固溶到 NBT-BT 中。Jauch 等[12] 研究发现 ST 室温下为顺电相，在 −168℃ 时为 T 相。因此当组分处于 MPB 附近的 0.94NBT-0.06BT 二元体系中掺杂室温下为顺电相结构的 ST 时，可能存在 R、T 两相共存向 T 相的相变。由室温下的 XRD 图谱可知所有陶瓷在（200）晶面的峰都出现劈裂，说明当 ST 掺杂量较少时，NBT-BT-ST 的相结构仍是 R、T 两相共存。随着 ST 含量的增加，NBT-BT-ST 的相结构逐渐变为 T 相。仅从 XRD 的分析还不能确定 R、T 两相共存向 T 相相变时的组分。

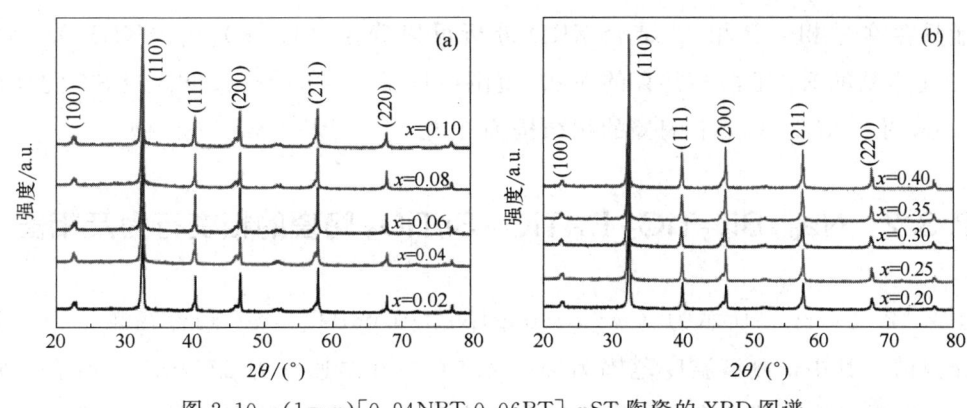

图 2.10　$(1-x)$[0.94NBT-0.06BT]-xST 陶瓷的 XRD 图谱

(a) $x=0.02\sim0.10$；(b) $x=0.20\sim0.40$

图 2.11 为 $(1-x)$[0.94NBT-0.06BT]-xST 三元体系陶瓷表面的 SEM 图谱，其

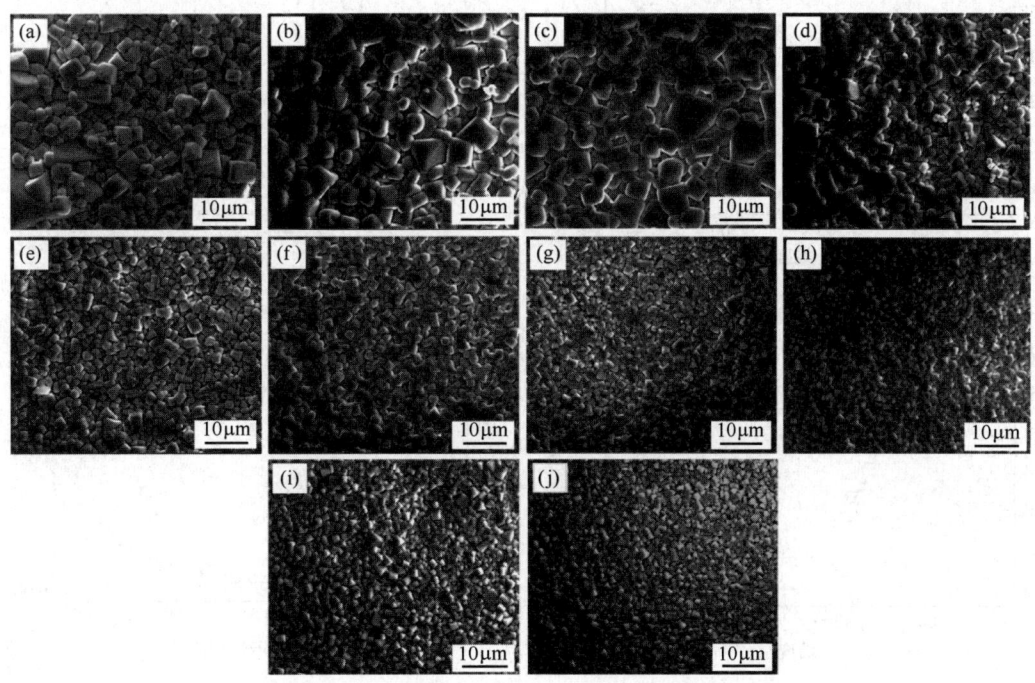

图 2.11　$(1-x)$[0.94NBT-0.06BT]-xST 陶瓷表面的 SEM 形貌

(a) $x=0.02$；(b) $x=0.04$；(c) $x=0.06$；(d) $x=0.08$；(e) $x=0.10$；

(f) $x=0.20$；(g) $x=0.25$；(h) $x=0.30$；(i) $x=0.35$；(j) $x=0.40$

中 $x=0.02$、0.04、0.06、0.08、0.10、0.20、0.25、0.30、0.35、0.40。由图可见，所有陶瓷的表面均形成致密陶瓷，无明显孔洞。随着 ST 含量由 0.02 增加到 0.40，陶瓷的晶粒尺寸逐渐减小，其平均晶粒尺寸分别为 $4.3\mu m$、$4.2\mu m$、$4.1\mu m$、$2.6\mu m$、$2.2\mu m$、$1.9\mu m$、$1.8\mu m$、$1.5\mu m$、$1.3\mu m$、$1.2\mu m$。晶粒尺寸的减小主要是由于 Sr^{2+} 掺杂抑制晶粒生长造成的。此外，当 $x=0.02$、0.04、0.06 时，陶瓷表面出现尺寸相差较大的两种晶粒，晶粒尺寸的差异可能是由于该成分区存在 R、T 两相引起的。当 ST 的含量大于 0.06 时，晶粒尺寸明显降低且均匀性有所提高，说明该成分区可能只存在单相（T 相）。结合 XRD 分析可以确定 $(1-x)[0.94NBT-0.06BT]$-xST 三元体系的 R、T 两相共存的 MPB 范围应该是 $x=0.02\sim 0.06$。当 ST 的掺杂量高于 0.06 时，NBT-BT-ST 陶瓷的相结构为 T 相。

2.3.2 Na$_{0.5}$Bi$_{0.5}$TiO$_3$-BaTiO$_3$-SrTiO$_3$ 陶瓷的相变行为及相图

图 2.12 (a)~(j) 所示为 $(1-x)[0.94NBT-0.06BT]$-xST 陶瓷在频率为 10kHz 时的介温谱。其中，测试温度范围为 20~420℃，升温速率为 2℃/min。所有陶瓷在居里温度附近的介电峰均表现出宽化现象，表明 NBT-BT-ST 陶瓷具有弛豫型铁电体

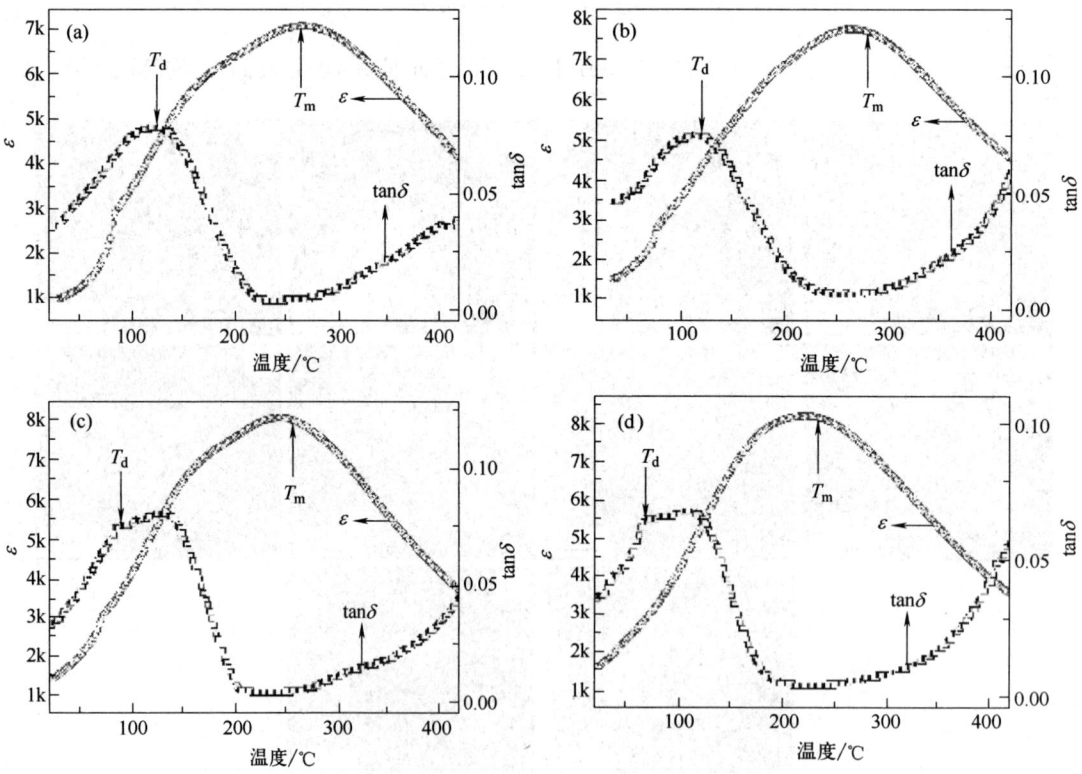

图 2.12

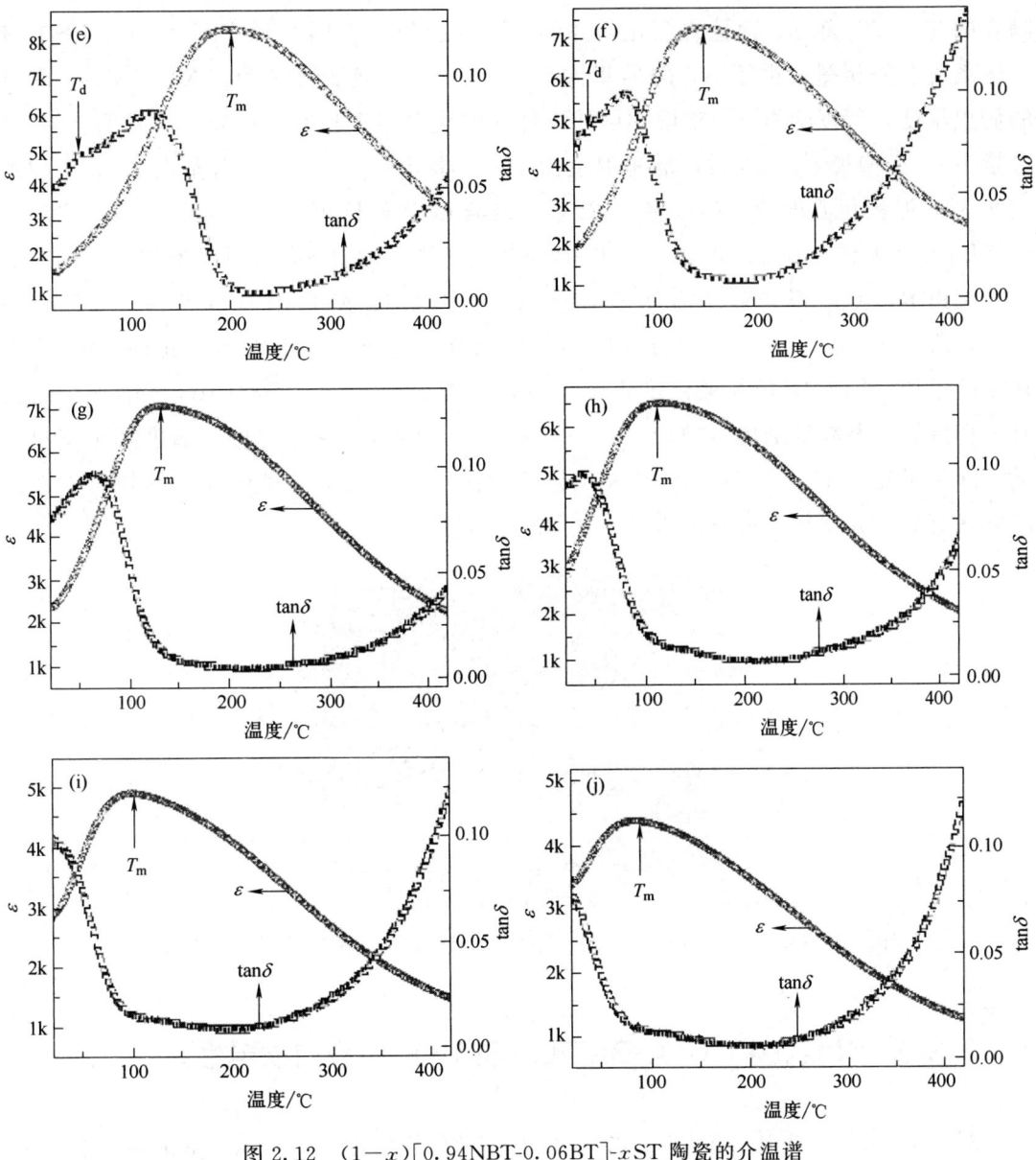

图 2.12 $(1-x)$[0.94NBT-0.06BT]-xST 陶瓷的介温谱

(a) $x=0.02$; (b) $x=0.04$; (c) $x=0.06$; (d) $x=0.08$; (e) $x=0.10$;
(f) $x=0.20$; (g) $x=0.25$; (h) $x=0.30$; (i) $x=0.35$; (j) $x=0.40$

的性质。当 ST 含量在 0.02～0.06 时，ε-T 曲线中有两个峰；当 ST 含量高于 0.06 时，所有样品的 ε-T 曲线中仅有一个峰。这种现象说明当 ST 含量高于 0.06 时，R 相与 T 相的相变温度降至室温以下，即室温时为 T 相。当 ST 含量高于 0.20 时，介电损耗的第一个峰消失，说明 FE/RE 的相变温度降至室温以下，即室温时该组分区的 NBT 基陶瓷为弛豫相。由于铁电相向弛豫相的相变是一个过程，即随着 ST 掺杂量增加，铁电相减少，弛豫相出现并逐渐增多，所以在 $x=0.20$ 附近的组分可能存在铁电相与弛豫相两相共存的现象。

为了比较 NBT-BT 陶瓷相变温度随 ST 含量的变化，图 2.13 给出了 NBT-BT-ST 陶瓷的 T_m、T_d 随 ST 含量的变化，并结合其相变温度在图中标出了 NBT-BT-ST 三元体系陶瓷的相图。由于 ST 的居里温度（-168℃）远低于 0.94NBT-0.06BT 陶瓷的居里温度，所以随着 ST 含量的增加，样品的居里温度和退极化温度均降低。当 ST 含量由 0.02 增加到 0.40 时，居里温度由 266℃ 降至 84℃。当 ST 含量由 0.02 增加到 0.20 时，退极化温度由 126℃ 降至 28℃。结合以上分析可知，$(1-x)$[0.94NBT-0.06BT]-xST 体系在 $x=0.02\sim0.20$ 时为铁电相区。随着 ST 含量的增加，室温时的相结构由 R、T 两相共存变为 T 相，其 R、T 两相共存的 MPB 范围为 $x=0.02\sim 0.06$。所以 $x=0.02\sim 0.20$ 成分区的样品应该具有优异的压电性能。此外，随着 ST 含量的增加，FE/RE 的相变温度逐渐降低，因此 $x=0.02\sim 0.20$ 成分区的样品还具有工作温区逐渐降低的电卡效应。在 $x=0.20\sim 0.40$ 成分区，退极化温度降至室温以下，即室温时 NBT-BT-ST 三元体系陶瓷为弛豫相，出现瘦腰型电滞回线，所以在该成分区有利于获得较大的储能性能及电致伸缩系数。

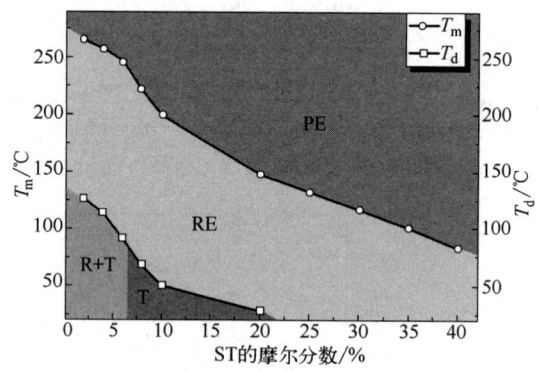

图 2.13 $(1-x)$[0.94NBT-0.06BT]-xST 陶瓷的 T_m、T_d 随 ST 含量的变化

2.3.3 Na$_{0.5}$Bi$_{0.5}$TiO$_3$-BaTiO$_3$-SrTiO$_3$ 陶瓷的铁电性能

图 2.14 为 $(1-x)$[0.94NBT-0.06BT]-xST 陶瓷室温时在 60kV/cm 电场下的 P-E 曲线，其中 $x=0.02\sim 0.20$。由图可以看出，所有样品的电滞回线均达到饱和，并表现出良好的铁电体特征。随着 ST 含量的增加，电滞回线的形状发生明显的改变。当 ST 含量为 0.02～0.06 时，由前面 XRD、SEM 分析可知该组分位于 MPB 附近，具有较强的铁电性，所以电滞回线的形状为"宽胖型"的铁电体的特征。当 ST 含量为 0.08～0.10 时，由图 2.13 可知该组分区的退极化温度降至 70～50℃。退极化温度附近存在铁电相和弛豫相的相变。随着 T_d 的降低，铁电相减少，弛豫相增多。当 $x=0.08\sim 0.10$ 时，铁电相和弛豫相两相共存，所以呈现双电滞回线的特征。当 ST 的含量增加到 0.20 时，弛豫相占主导，出现类反铁特征瘦腰型电滞回线。

为了进一步分析 ST 含量对 NBT-BT 陶瓷铁电性能的影响，图 2.15 给出了 P_r 和

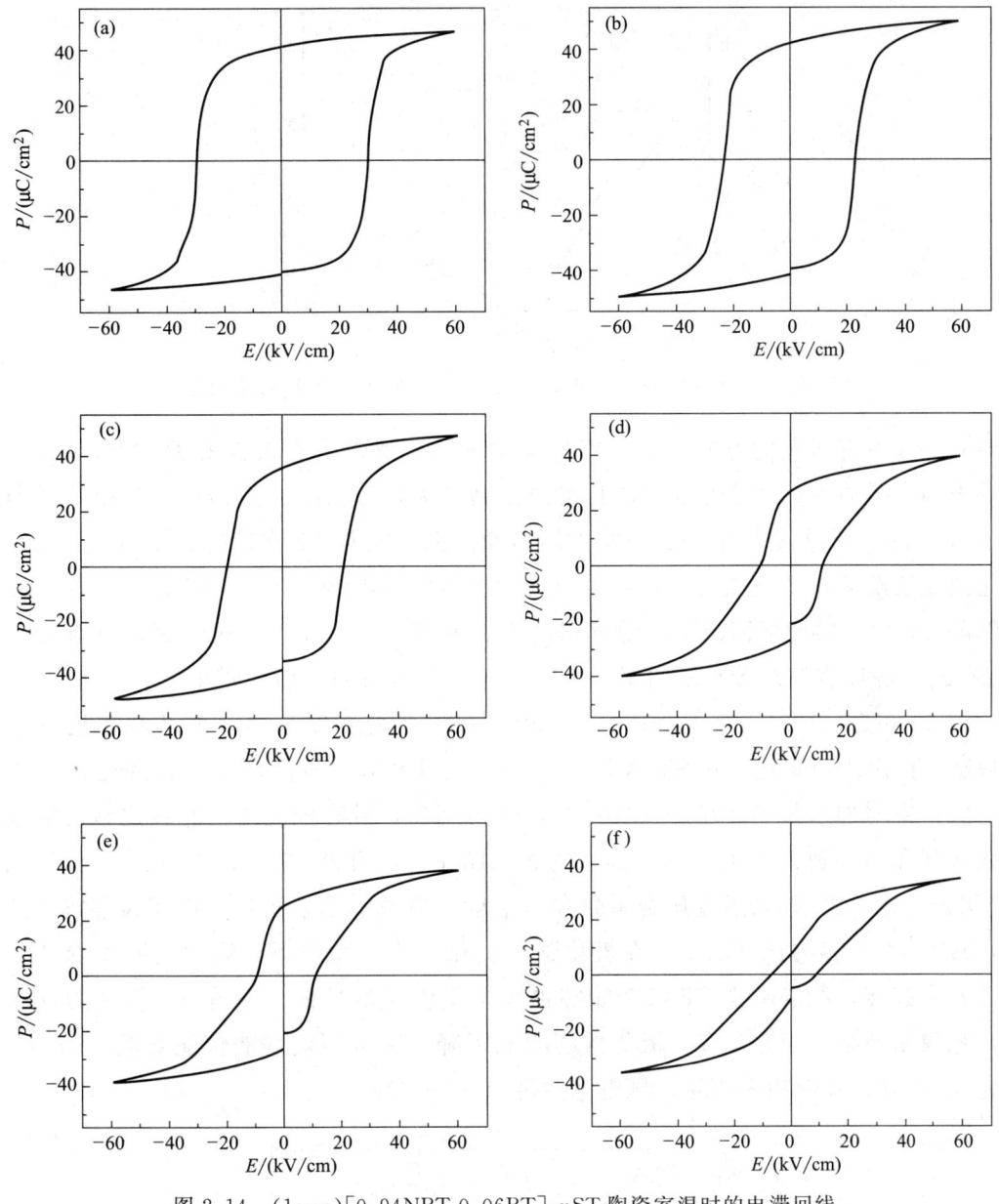

图 2.14 （1－x）[0.94NBT-0.06BT]-xST 陶瓷室温时的电滞回线

(a) $x=0.02$；(b) $x=0.04$；(c) $x=0.06$；(d) $x=0.08$；(e) $x=0.10$；(f) $x=0.20$

E_c 随 ST 含量的变化情况。从图中可以看出，随着 ST 含量的增加，P_r 先增大后减小，E_c 一直降低。由表 2.1 可知 NBT-BT 陶瓷在 60kV/cm 电场时的 P_r 值和 E_c 值分别为 35.0μC/cm² 和 34.1kV/cm。当 ST 的掺杂量为 0.02～0.06 时，与 NBT-BT 陶瓷相比，其 P_r 值明显增大，E_c 值明显减小，大小分别为 41.44μC/cm²、41.96μC/cm²、36.73 μC/cm² 和 30.2kV/cm、23.34kV/cm、20.44kV/cm。P_r 值的增大和 E_c 值的减小主要是相结构及组成造成的。一方面，由成分导致的（1－x）[0.94NBT-0.06BT]-xST 陶瓷的 R、T 两相共存的 MPB 范围为 $x=0.02$～0.06。在 MPB 附近，

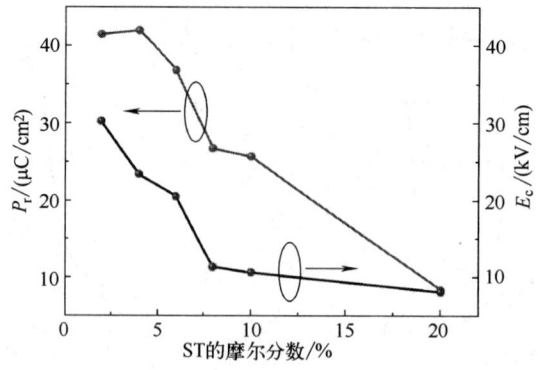

图 2.15 (1−x)[0.94NBT-0.06BT]-xST 陶瓷的 P_r 和 E_c 随成分的变化

电畴有更多可能极化的方向时，更容易发生翻转，所以具有较大的 P_r 和较小的 E_c。另一方面，随着 ST 含量的增大，T 相的比例增大，R 相的比例减小。T 相的矫顽场低于 R 相的，所以其 E_c 随 ST 含量的增多而降低。随着 ST 含量的继续增加，陶瓷退极化温度逐渐降低至室温附近，发生由温度导致的铁电相向弛豫相的相变。铁电相的比例随 ST 含量的增多而减小，弛豫相的比例增多。弛豫相为非极性相，具有较小的 P_r 和 E_c，所以在该组分范围内 P_r 和 E_c 随着 ST 含量的增加均明显降低。

图 2.16 为 (1−x)[0.94NBT-0.06BT]-xST 陶瓷在室温时压电系数和机电耦合系数随 ST 含量的变化。随 ST 含量的增加，压电系数和机电耦合系数的变化趋势基本一致：先增加后减小。在 x=0.02~0.06 范围内，具有较大的压电系数和机电耦合系数，其大小分别为 184pC/N、205pC/N、180pC/N 和 0.32、0.34、0.31。与 NBT-BT 陶瓷相比，ST 掺杂后其压电系数和机电耦合系数都明显提高。由于微量 ST 掺杂后，MPB 区 T 相的比例增多，在极化强度变化不大的情况下，矫顽场明显降低，电畴更容易翻转，所以微量 ST 掺杂能够提高陶瓷的压电性能。随着 ST 含量的继续增加，弛豫相开始出现并增多，极化强度明显下降，所以压电性能快速降低。当 ST 含量为 0.20 时，弛豫相占主导，压电系数降至 32pC/N。

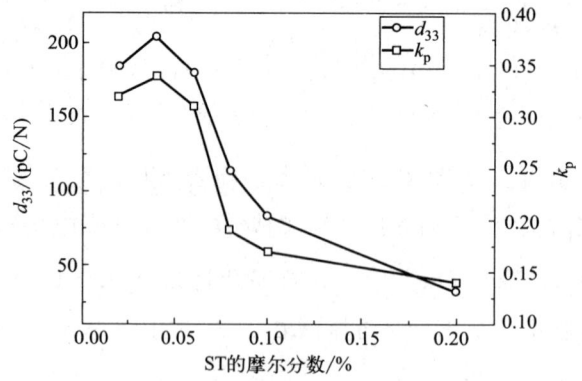

图 2.16 室温时 (1−x)[0.94NBT-0.06BT]-xST 陶瓷压电系数及机电耦合系数随成分的变化

为了更全面地研究 ST 掺杂对 NBT-BT 陶瓷的压电性能的影响，对在 80℃下经过

40kV/cm 极化的陶瓷样品进行了单边蝶形曲线（S-E）测试。图 2.17（a）为（1−x）[0.94NBT-0.06BT]-xST 陶瓷在 70kV/cm 电场时的单边 S-E 曲线。随着 ST 含量的增加，(1−x)[0.94NBT-0.06BT]-xST 陶瓷的应变先增大后减小。当 ST 含量为 0.10 时，应变最大，其 S_{max}＝0.34%，该数值优于大部分 NBT 基陶瓷体系获得的应变值。

NBT-BT 陶瓷应变的提高主要是其存在 R、T 相变引起的。在（1−x）[0.94NBT-0.06BT]-xST 陶瓷体系中，其 MPB 的范围为 $x=0.02\sim0.06$，在该范围内存在 R、T 相变，能够得到较大的应变，但是该相变引起的应变低于 $x=0.10$ 时的应变。图 2.17（b）所示为由 S-E 曲线计算得出（1−x）[0.94NBT-0.06BT]-xST 陶瓷的逆压电系数（dS/dE）。随着 ST 含量的增加，dS/dE 先增大后减小，在 $x=0.10$ 时达到最大值，其大小为 491pm/V。由此可见 ST 掺杂不仅在 R、T 两相共存区得到优异的压电性能，还可以在 FE、RE 两相共存区得到较大的逆压电系数。

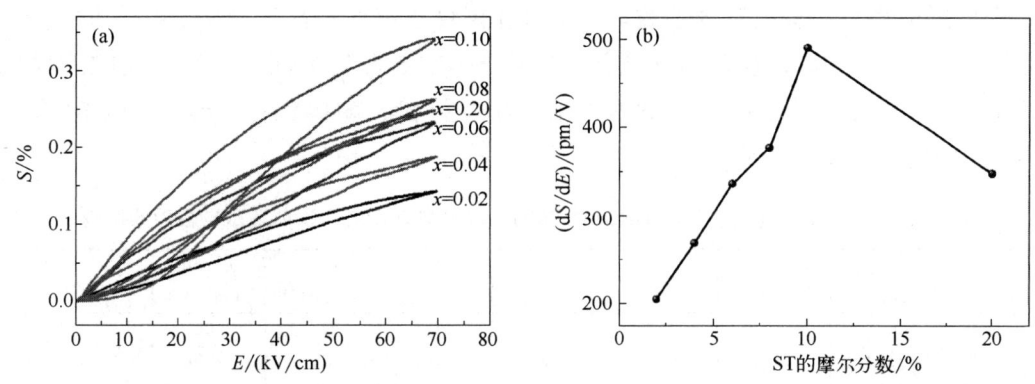

图 2.17　(1−x)[0.94NBT-0.06BT]-xST 陶瓷的单边 S-E 曲线（a）和 dS/dE 随成分的变化（b）

以上研究表明微量 ST 掺杂能够提高陶瓷的压电性能，在实际应用中，还需考虑陶瓷压电性能的温度稳定性。为此，图 2.18 给出了 (1−x)[0.94NBT-0.06BT]-xST 陶瓷压电系数随温度的变化情况。由图可见所有样品的压电系数随着温度的升高出现大幅度下降，压电系数急剧下降时所对应的温度为退极化温度。当 ST 含量由 0.02 增

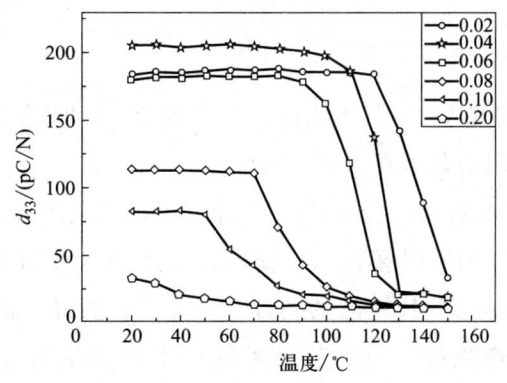

图 2.18　不同 ST 含量的 (1−x)[0.94NBT-0.06BT]-xST 陶瓷 d_{33} 随温度的变化

加到 0.20 时，退极化温度分别为 120℃、110℃、90℃、70℃、50℃、30℃。由此可以看出微量 ST 掺杂不仅能够提高陶瓷的压电性能（d_{33}=180～205pC/N），而且使其退极化温度也出现不同程度的提高，有利于实际应用。

退极化温度的降低主要由以下两种原因造成：一方面，由于 ST 的居里温度为 −168℃，远低于 NBT-BT 陶瓷的居里温度，所以随着 ST 含量的增加，NBT-BT-ST 的相变温度（退极化温度和居里温度）都会降低。另一方面，ST 掺杂主要是半径较大的 Sr 离子（0.118nm）取代了 A 位半径较小的 Na 离子（0.102nm）和 Bi 离子（0.103nm），造成晶格畸变，对氧八面体产生挤压，使 B 位离子的自由空间减少，也会使铁电畴的稳定性降低，从而退极化温度降低。

为了方便比较各性能之间的关系，表 2.2 列出了不同 ST 含量的 $(1-x)$[0.94NBT-0.06BT]-xST 陶瓷介电、铁电及压电性能的相关物理参数。由表 2.2 可以看到，微量 ST 掺杂（x=0.02～0.06）能够在 P_r 基本不变的情况下降低 E_c，从而提高陶瓷的压电系数和机电耦合系数，且退极化温度也有所提高。当 x=0.04 时，压电系数 d_{33}=205pC/N，退极化温度 T_d=114℃。当 ST 含量为 0.10 时，具有较大的逆压电系数，dS/dE=491pm/V。当 ST 含量为 0.20 时，陶瓷具有较大的介电系数，在频率为 1kHz 时，ε=2711。

表 2.2 ST 含量对 $(1-x)$[0.94NBT-0.06BT]-xST 陶瓷介电、铁电及压电性能的影响

ST 摩尔分数/%	ε (1kHz)	tanδ (1kHz)	T_d /℃	P_r /(μC/cm^2)	E_c /(kV/cm)	d_{33} /(pC/N)	(dS/dE) /(pm/V)	k_p
x=0.02	2018	0.052	126	41.4	30.2	184	205	0.32
x=0.04	2104	0.053	114	42.0	23.3	205	269	0.34
x=0.06	2129	0.054	92	36.7	20.4	180	336	0.31
x=0.08	2166	0.058	68	26.7	11.3	113	377	0.19
x=0.10	2260	0.060	50	25.6	10.6	82	491	0.17
x=0.20	2711	0.071	28	8.39	8.1	32	358	0.14

2.4　BT 纳米线掺杂改善 NBT 基陶瓷压电性能

通过 2.2 节分析可知，利用 Sol-gel 方法制备的准同型相界区的 0.90NBT-0.05KBT-0.05BT 陶瓷具有较大的压电系数，d_{33}=213pC/N，但其退极化温度较低，T_d=78℃，限制了其实际应用。为了提高该组分三元体系陶瓷的退极化温度，本节分析了利用相同含量的 BT 纳米线替代 BT 胶体，通过纳米线钉扎畴壁的作用来提高陶瓷的退极化温度。此外，非 MPB 区的 NBT-KBT-BT 的 T_d 高于组分在 MPB 区的。为了获得更加优异的压电性能，故本节选择具有 T 相结构且 T_d 较高（约 100℃）的 off-MPB 0.88NBT-0.06KBT-0.06BT 陶瓷作为基础材料，采用相同质量的 BT 纳米线

代替 BT 胶体。在 off-MPB 0.88NBT-0.06KBT-0.06BT 陶瓷中掺杂 BT 纳米线，BT 纳米线可以固定畴壁并引起相结构的改变，同时提高 NBT 基陶瓷的压电性能及其温度稳定性。

2.4.1　MPB 区 BaTiO$_3$ 纳米线掺杂 Na$_{0.5}$Bi$_{0.5}$TiO$_3$ 基陶瓷的压电性能

图 2.19 为 0.90NBT-0.05KBT-0.05BT 陶瓷经过 1150℃烧结两小时后的 XRD 图谱（样品 1：BT 为胶体；样品 2：BT 为纳米线）。由图可知，所制备样品均为纯的钙钛矿（ABO$_3$）型固溶体结构，无任何杂相生成。两个样品的峰形差别不大，说明利用相同含量的 BT 纳米线替代 BT 胶体时，并没有改变陶瓷的相结构。此外，与样品 1 比较，样品 2 的峰强变大，峰宽变大，这说明 BT 纳米线具有细化晶粒的作用。

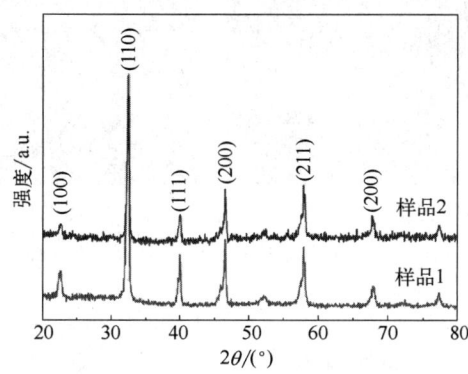

图 2.19　室温时 0.90NBT-0.05KBT-0.05BT 陶瓷的 XRD 图谱

图 2.20（a）和（b）为利用水热合成法制备的 BT 纳米线的 XRD 图和扫描图，图 2.20（c）和（d）是 0.90NBT-0.05KBT-0.05BT 陶瓷表面的 SEM 形貌照片。由图（a）和（b）可知 BT 纳米线为纯钙钛矿结构，且纳米线的直径大约为 5nm。从图（c）和（d）中可以看出所有样品的表面都比较致密，掺杂 BT 纳米线后，陶瓷颗粒尺寸明显减小。样品 1 的晶粒尺寸大约为 1.8μm，样品 2 的晶粒尺寸大约为 1.3μm，由此可见三元体系陶瓷中存在 BT 纳米线时能够降低晶粒尺寸，该结果与 XRD 图的结果一致。

由上述分析可知 BT 纳米线掺杂没有改变陶瓷的相结构，能够细化陶瓷的晶粒。为了分析 BT 纳米线对陶瓷电性能的影响，本小节给出了 NBT-KBT-BT 陶瓷的介电性能、铁电性能以及压电性能。图 2.21 所示为 0.90NBT-0.05KBT-0.05BT 陶瓷的介温谱。由图（a）可知，两个样品均存在两个介电反常峰，且两个介电反常峰均表现出宽化现象，表明 NBT-KBT-BT 体系陶瓷具有弛豫型铁电体性质。由图（b）可知，当等量的 BT 纳米线替代 BT 胶体后，陶瓷的退极化温度明显提高。由介温谱得出的样品 1 和样品 2 的退极化温度分别为 78℃和 98℃，由此可见 BT 纳米线替代 BT 胶体后 NBT-KBT-BT 陶瓷的退极化温度提高了 20℃。退极化温度的提高主要是由于 BT 纳米线钉扎畴壁，使电畴的翻转变难引起的。

图 2.20 BT 纳米线的 XRD 图、SEM 图和 NBT-KBT-BT 陶瓷的 SEM 图

(a) BT 纳米线的 XRD 图谱;(b) BT 纳米线的 SEM 图;(c) 样品 1 的 SEM 图;(d) 样品 2 的 SEM 图

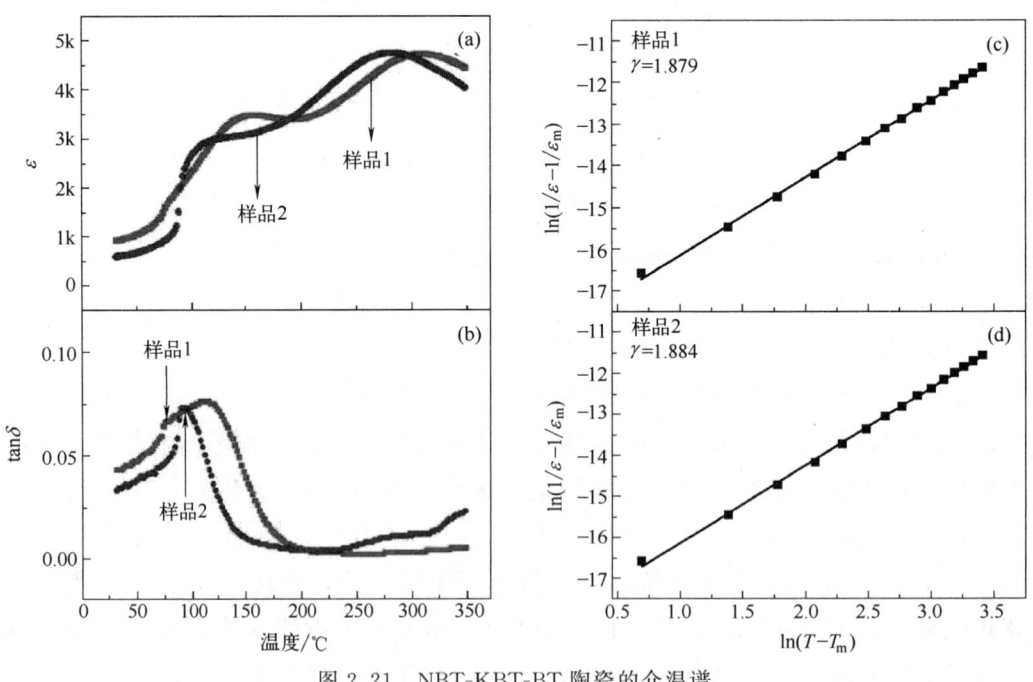

图 2.21 NBT-KBT-BT 陶瓷的介温谱

(a) 介电常数;(b) 介电损耗;(c)、(d) $\ln(T-T_m)$ 对 $\ln(1/\varepsilon-1/\varepsilon_m)$ 的关系以及线性拟合结果

对于弛豫型铁电体而言,顺电-铁电相转变的弥散度 γ 可以用修正的居里-外斯定律进行表征[14,15]:

$$\frac{1}{\varepsilon} - \frac{1}{\varepsilon_m} = \frac{(T-T_m)^\gamma}{C} \tag{2.1}$$

式中，ε 为温度 T 所对应的介电常数；ε_m 为最大的介电常数；T_m 为 ε_m 所对应的温度；C 为居里常数；γ 为弥散度。标准铁电体的 $\gamma=1$，理想的弛豫型铁电体的 $\gamma=2$。图 2.21 (c) 和 (d) 是根据公式 (2.1) 拟合的 NBT-KBT-BT 陶瓷的弥散度曲线。由图可知两个样品的弥散度相差不大，其数值分别为 1.879 和 1.884，该结果说明掺杂 BT 纳米线没有改变陶瓷的弥散度，两个样品均为弛豫型铁电体。

图 2.22 为 NBT-KBT-BT 陶瓷室温时的电滞回线，测试电场为 50kV/cm，测试周期为 500ms。在该测试电场下，两个陶瓷样品的电滞回线线形比较饱和，无明显漏电迹象。当 BT 纳米线替代 BT 胶体时，陶瓷的电滞回线的形状发生明显的改变。等量的 BT 纳米线替代 BT 胶体后，陶瓷的剩余极化强度 P_r 和矫顽场值 E_c 出现不同程度的增大。其中 P_r 由 23.6μC/cm² 增加到 29.1μC/cm²，E_c 由 21.06kV/cm 增大到 34.99kV/cm。

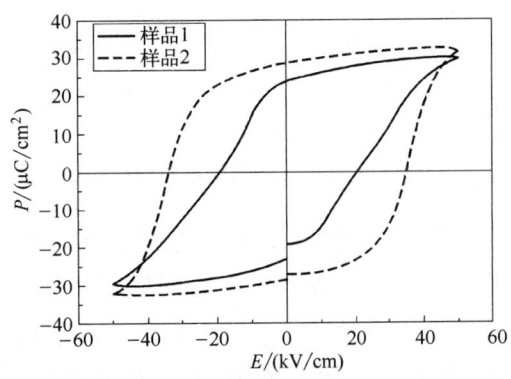

图 2.22 NBT-KBT-BT 陶瓷的电滞回线

掺杂 BT 纳米线后，陶瓷矫顽场的增大和退极化温度提高的原因基本一致，都是纳米线对畴壁的钉扎作用造成的。一般而言，矫顽场越小，电畴越容易翻转。当掺杂 BT 纳米线后，由于纳米线钉扎畴壁，电畴的翻转变困难，从而使矫顽场增大。矫顽场的增大会使压电性能有所降低，两个样品经 4.5kV/cm 电场极化半小时后测得的压电系数分别为 213pC/N 和 172pC/N。由此可见，当陶瓷退极化温度提高后，由于电畴的翻转变难，在极化条件相同的情况下，压电系数有所降低。本部分利用 BT 纳米线钉扎畴壁的作用得到了压电系数为 172pC/N，退极化温度为 95℃ 的 NBT-KBT-BT 陶瓷。在 NBT-KBT-BT 陶瓷仍保持相对较大的压电系数的情况下，退极化温度提高了 20℃。

2.4.2 MPB 区 BaTiO₃ 纳米线掺杂 Na₀.₅Bi₀.₅TiO₃ 基陶瓷压电性能的温度稳定性

BT 纳米线掺杂能够将 NBT-KBT-BT 陶瓷的退极化温度提高 20℃，为了更深入地研究 BT 纳米线掺杂对陶瓷压电性能温度稳定性的影响，图 2.23 给出了 0.90NBT-0.05KBT-0.05BT 陶瓷在不同温度下的压电系数（样品 1：BT 为胶体；样品 2：BT 为纳米线）。由图可知，对于样品 1 而言，当温度低于 80℃时，其压电系数基本不变。当温度到达 80℃时，压电系数迅速降低，所以样品 1 的退极化温度应该在 80℃附近。随着温度的继续增加，压电性能逐渐降低至消失。对于样品 2 而言，当温度低于 85℃时，压电系数基本不变，随温度的继续增加，压电系数先增大到 238pC/N 再缓慢减小。当温度高于 100℃时，压电系数迅速降低，由此可见样品 2 的退极化温度应该在100℃附近。

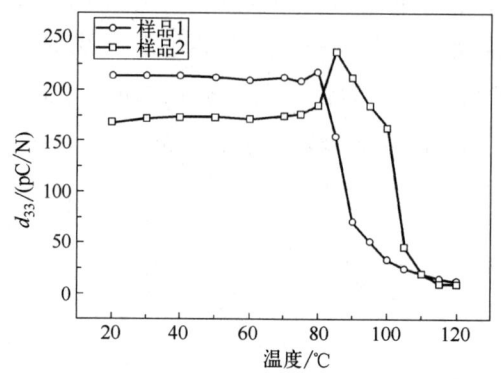

图 2.23　NBT-KBT-BT 陶瓷压电系数随温度的变化

由以上分析可知，由于 BT 纳米线具有钉扎畴壁的作用，所以矫顽场增大，使电畴翻转变困难，从而使退极化温度提高了 20℃，同样也使压电系数有所降低，但陶瓷仍具有相对较大的压电系数，其室温下 $d_{33}=172$pC/N。此外，当 BT 纳米线替代 BT 胶体后，陶瓷具有较好的温度稳定性，在测试温度范围内，压电系数最大能达到 238pC/N。压电系数的增大可能是由于纳米线钉扎畴壁，使得退极化温度附近的铁电相与弛豫相的相界扩大，在退极化温度下极化方向偏转的可能性增多，压电性能增大。

2.4.3　T 相区 $BaTiO_3$ 纳米线掺杂 $Na_{0.5}Bi_{0.5}TiO_3$ 基陶瓷的压电性能

图 2.24 为 0.88NBT-0.06KBT-0.06BT（BT 胶体，样品 1）和 0.88NBT-0.06KBT-0.06BT（BT 纳米线，样品 2）陶瓷的 XRD 谱图。两种样品均表现为纯钙钛矿结构，无杂相产生。为了深入分析 BT 胶体变为 BT 纳米线后对 NBT 基陶瓷相结构的影响，图 2.24 的插图给出了局部放大的（111）和（200）峰。前期的研究表明，0.88NBT-0.06KBT-0.06BT 陶瓷的结构具有 T 相结构特征，其 T 相的性质也可以通过分裂的（200）峰来证明[16]。值得注意的是，BT 纳米线取代 BT 胶体后，（111）和（200）峰发生了明显变化，表明陶瓷的晶体结构可能发生了改变。（111）和（200）衍射峰的明显劈裂表明 BT 纳米线掺杂后陶瓷呈现 R 相和 T 相共存。此外，两个样品的（110）

峰位置分别为 32.385°和 32.345°。根据 PDF 卡片（01-070-4760），纯 NBT 的（110）峰位于 32.391°。与标准 NBT 样品相比，两种样品的（110）峰位置分别位移了 0.006°和 0.046°，表明掺杂 BT 纳米线的 NBT 基陶瓷可能存在较高的残余应力。

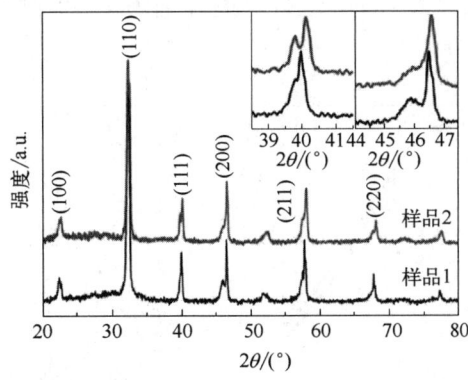

图 2.24　室温时 0.88NBT-0.06KBT-0.06BT 陶瓷的 XRD 图谱

图 2.20 给出了直径为 5nm 的纯 BT 纳米线的 XRD 图和 SEM 图。图 2.25 为样品 1 和样品 2 陶瓷的 SEM 图。两种试样的微观组织致密，相对密度分别为理论值的 97.05% 和 96.74%。样品 1 晶粒形状一般为圆形，晶粒平均尺寸约为 2μm。与准同型相界区的 BT 纳米线掺杂不同，用 BT 纳米线代替 BT 胶体后，非 MPB 区 BT 纳米线掺杂的 NBT 基陶瓷晶粒大部分变为长方体，晶粒平均尺寸增大到 4μm 左右。

图 2.25　0.88NBT-0.06KBT-0.06BT 陶瓷的 SEM 图
(a) 样品 1；(b) 样品 2

图 2.26 给出了在频率为 1kHz、10kHz 和 100kHz，35～500℃的温度范围下测量的 0.88NBT-0.06KBT-0.06BT 样品介电常数（ε）和介电损耗（$\tan\delta$）与温度的关系。由图可见，两个样品的介质响应都随温度的升高而增大，且在 ε-T 曲线上观察到两个介电异常。第一个介电常数异常或介电损耗急剧下降可能与 T_d 有关，这是由于 FE 相向 RE（AFE）相转变[17]。第二个异常峰对应的温度为居里温度（T_m），对应于从 RE（AFE）到 PE 状态的转变[18,19]。用 BT 纳米线代替 BT 胶体后，T_d 明显增加，T_m 基本不变，样品 1 和样品 2 的 T_d 值分别为 95℃和 133℃（10kHz 时）。T_d 的增加是由于 BT 纳米线的加入引起的更高的残余应力，起到固定畴壁的作用，从而提高了

铁电畴的稳定性。由此可见，在 NBT-KBT-BT 陶瓷中使用 BT 纳米线代替 BT 胶体后，T_d 得到了改善。此外，两种陶瓷在 T_m 处的介电峰相对较宽，表明在 T_m 处的相变是扩散相变。两个样品的 $\ln(1/\varepsilon - 1/\varepsilon_m)$-$\ln(T-T_m)$ 曲线分别如图 2.26（b）和（d）插图所示。根据公式（2.1）计算的 γ 值分别为 1.92 和 1.85，证实了两种样品均为弛豫型铁电体。

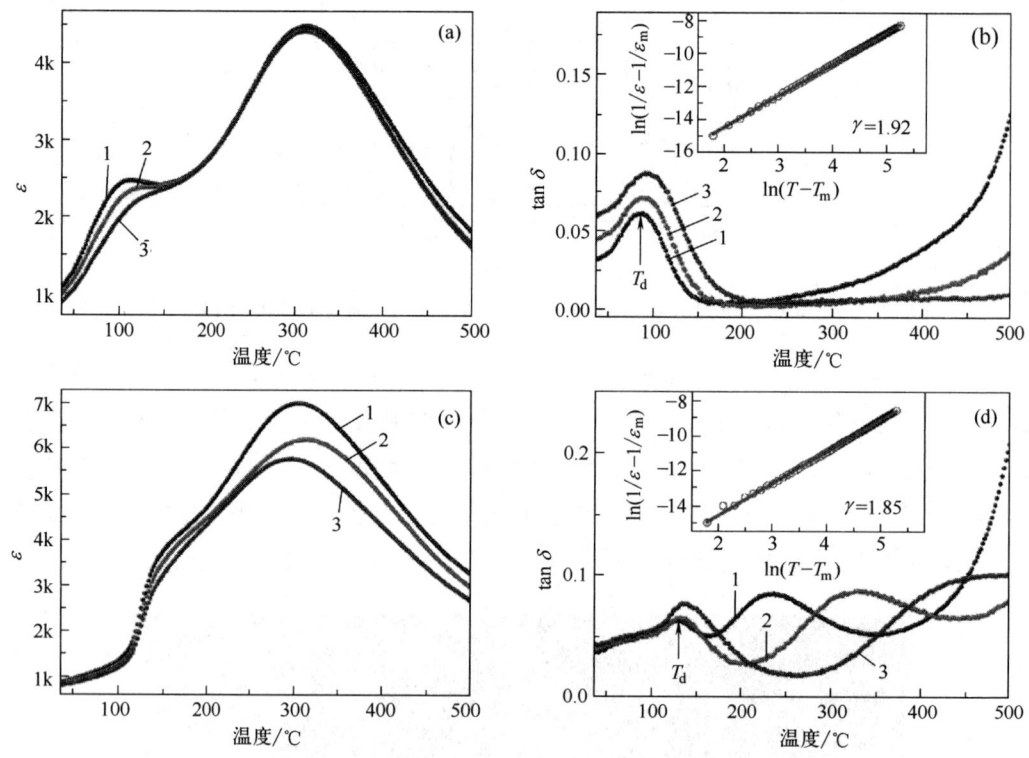

图 2.26　0.88NBT-0.06KBT-0.06BT 的介温谱
(a)、(b) 样品 1；(c)、(d) 样品 2；1—1kHz；2—10kHz；3—100kHz

图 2.27（a）和（b）为不同电场下 NBT-KBT-BT 陶瓷的 P-E 曲线。相应的剩余极化强度（$2P_r$）和矫顽场（E_c）随电场变化如图 2.27（c）和（d）所示。饱和的 P-E 曲线表明了这两个陶瓷样品优异的铁电性。用 BT 纳米线代替 BT 胶体后，$2P_r$ 从 $45\mu C/cm^2$ 增加到 $64\mu C/cm^2$，E_c 在 60kV/cm 时从 21kV/cm 增加到 29kV/cm。E_c 的增加与 MPB 区 BT 纳米线掺杂的 0.90NBT-0.05KBT-0.05BT 陶瓷的增加原因一致：主要是由于 BT 纳米线钉扎畴壁，导致铁电畴转换变得困难[20]。$2P_r$ 的增大可能是由于 BT 纳米线掺杂的 NBT 基陶瓷位于 MPB 区域，该区域具有较高的 $2P_r$[21,22]。此外，晶粒尺寸的增大也可以提高样品的 P_r 值。

为了更清楚地分析 BT 纳米线对 NBT 基陶瓷电性能的影响，图 2.28 展示了 0.88NBT-0.06KBT-0.06BT 陶瓷在 50kV/cm 下的 S-E 曲线。此处，将最大正应变与最大负应变之差定义为总应变（S_{tot}），零场应变与最低应变之差定义为负应变（S_{neg}）。显然，样品 1 表现出弱铁电特性，S-E 曲线为非典型蝴蝶形应变环，其 S_{neg}

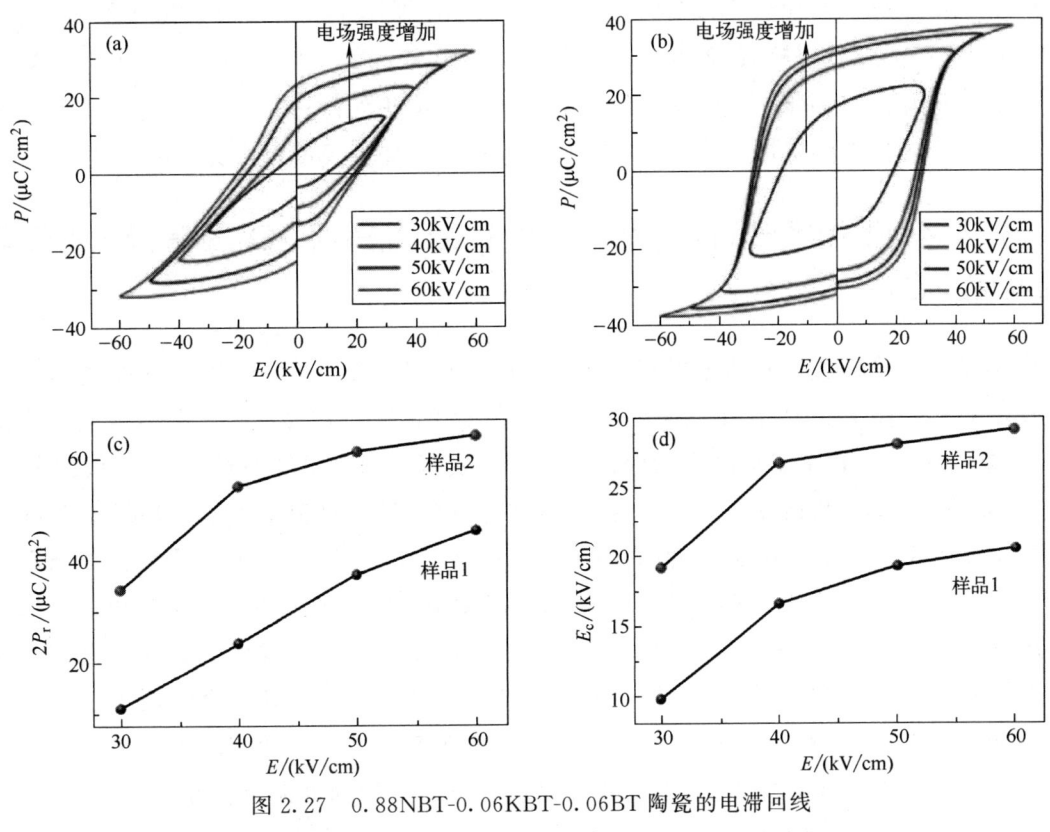

图 2.27 0.88NBT-0.06KBT-0.06BT 陶瓷的电滞回线
(a) 样品 1；(b) 样品 2；(c) 和 (d) $2P_r$ 和 E_c 随电场的变化

为 0.034%。样品 2 表现出强铁电特性，S-E 曲线为典型蝴蝶形应变环，其 S_{neg} 为 0.147%[23-25]。两种样品 S_{neg} 值的差异表明，用 BT 纳米线代替 BT 胶体可以提高 T_d。此外，S_{neg} 代表了不可逆的非 180°域切换的贡献，样品 2 的 S_{tot} 和 S_{neg} 值分别高达 0.15% 和 0.147%，在提高 T_d 的同时可以提高压电系数。

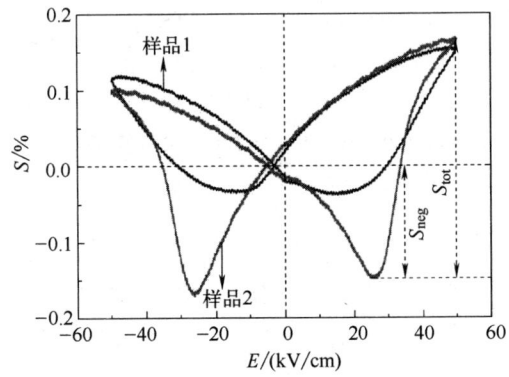

图 2.28 0.88NBT-0.06KBT-0.06BT 陶瓷的 S-E 曲线

两个样品在室温下的 d_{33} 值分别为 105pC/N 和 192pC/N。压电性能的增强可能是由于以下两个原因：一方面，从 XRD 图和 S-E 曲线可以看出，样品 2 位于 MPB 区，具有较高的 S_{neg} 值，其对应的陶瓷始终具有优异的压电性能。另一方面，根据 Landau-Ginzburg-Devonshire（LGD）理论，d_{33}与介电常数ε_{33}和剩余极化强度P_r的乘积成正比。样品1和样品2的$\varepsilon_{33}\times P_r$值分别为$22.45\times 10^3\,\mathrm{mC/cm^2}$和$26.88\times 10^3\,\mathrm{mC/cm^2}$，因此样品2的$d_{33}$值较高。由此可见，在off-MPB区的0.88NBT-0.06KBT-0.06BT陶瓷进行等量BT纳米线替代后，能大幅度提高其压电性能。

2.4.4 T相区BaTiO$_3$纳米线掺杂Na$_{0.5}$Bi$_{0.5}$TiO$_3$基陶瓷压电性能的温度稳定性

为了进一步研究BT纳米线对0.88NBT-0.06KBT-0.06BT陶瓷压电性能温度稳定性的影响，图2.29给出了两个样品在热处理后的d_{33}。样品的d_{33}大小是在不同温度下退火1h后，在室温下测定的保留值。可以发现，随着温度的升高，样品1的d_{33}值基本保持不变，在临界温度（$T=80\,\mathrm{℃}$）时急剧下降。样品2的d_{33}在温度升高到85℃前基本保持不变，随着温度的进一步升高，d_{33}达到215pC/N的最大值，当温度超过115℃时，d_{33}迅速下降。样品2在某些温度下d_{33}增加的原因与BT纳米线掺杂MPB区的NBT基陶瓷相似，是由于纳米线钉扎畴壁，退极化温度附近的铁电相与弛豫相的相界扩大，在退极化温度极化方向偏转的可能性增多，压电性能增大。以上结果表明，在T相区的0.88NBT-0.06KBT-0.06BT陶瓷中用等量BT纳米线代替BT胶体后，可以实现同时提高NBT基陶瓷材料的压电性能和退极化温度。

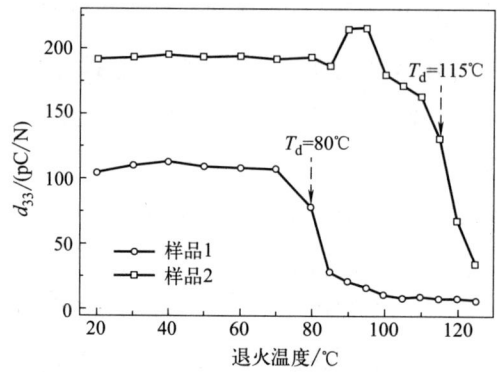

图2.29　0.88NBT-0.06KBT-0.06BT陶瓷压电系数随温度的变化

参考文献

[1] Zhang Y R, Li J F, Zhang B P, Peng C E. Piezoelectric and ferroelectric properties of Bi-compensated (Bi$_{1/2}$Na$_{1/2}$)TiO$_3$-(Bi$_{1/2}$K$_{1/2}$)TiO$_3$ lead-free piezoelectric ceramics. Journal of Applied Physics, 2008, 103 (7): 074109.

[2] Xu C, Lin D, Kwok K W. Structure, electrical properties and depolarization temperature of $(Bi_{0.5}Na_{0.5})TiO_3$-$BaTiO_3$ lead-free piezoelectric ceramics. Solid State Sciences, 2008, 10 (7): 934-940.

[3] Wang X X, Tang X G, Chan H L W. Electromechanical and ferroelectric properties of $(Bi_{1/2}Na_{1/2})TiO_3$-$(Bi_{1/2}K_{1/2})TiO_3$-$BaTiO_3$ lead-free piezoelectric ceramics. Applied Physics Letters, 2004, 85 (1): 91.

[4] Chen M, Xu Q, Kim B H, Ahn B K, Ko J H, Kang W J, Nam O J. Structure and electrical properties of $(Na_{0.5}Bi_{0.5})_{1-x}Ba_xTiO_3$ piezoelectric ceramics. Journal of the European Ceramic Society, 2008, 28 (4): 843-849.

[5] Kanuru S R, Baskar K, Dhanasekaran R. Synthesis, structural, morphological and electrical properties of NBT-BT ceramics for piezoelectric applications. Ceramics International, 2016, 42 (5): 6054-6064.

[6] Mhin S, Lee J I, Ryu J H. Processing, structure, and properties of lead-free piezoelectric NBT-BT. Journal of the Korean Crystal Growth and Crystal Technology, 2015, 25 (4): 160-165.

[7] Du P, Luo L H, Li W P, Zhang Y P, Chen H B. Photoluminescence and piezoelectric properties of Pr-doped NBT-xBZT ceramics: Sensitive to structure transition. Journal of Alloys and Compounds, 2013, 559: 92-96.

[8] Fu P, Xu Z J, Chu R Q, Li W, Hao J G. Structure and electrical properties of $(1-x)(Na_{0.5}Bi_{0.5})_{0.94}Ba_{0.06}TiO_3$-$x$SmAlO$_3$ lead-free piezoelectric ceramics. Journal of Materials Science: Materials in Electronics, 2014, 26 (1): 122-127.

[9] Cheng R F, Yang Z J, Xu Z J, Chu R Q, Hao J G, Du J, Li G R. Structure and electrical properties of $(Bi_{1/2}Na_{1/2})_{0.94-x}(Li_{1/2}Ce_{1/2})_xBa_{0.06}TiO_3$ lead-free piezoelectric ceramics. Physica B: Condensed Matter, 2015, 466-467: 1-5.

[10] Jain Ruth D E, Abdul Kader S M, Muneeswaran M, Giridharan N V, Padiyan D P, Sundarakannan B. Structural and electrical properties of $(1-x)(Na_{0.5}Bi_{0.5})TiO_3$-$xBi(Mg_{0.5}Zr_{0.5})O_3$ lead-free piezoelectric ceramics. Ceramics International, 2016, 42 (2): 3330-3337.

[11] Hiruma Y, Nagata H, Takenaka T. Phase transition temperatures and piezoelectric properties of $(Bi_{1/2}Na_{1/2})TiO_3$-$(Bi_{1/2}K_{1/2})TiO_3$-$BaTiO_3$ lead-free piezoelectric ceramics. Japanese Journal of Applied Physics, 2006, 45 (9B): 7409-7412.

[12] Jauch W, Palmer A. Anomalous zero-point motion in $SrTiO_3$: results from γ-ray diffraction. Physical Review B, 1999, 60 (5): 2961-2963.

[13] Krauss W, Schütz D, Mautner F A, Feteira A, Reichmann K. Piezoelectric properties and phase transition temperatures of the solid solution of $(1-x)Bi_{0.5}Na_{0.5}TiO_3$-$x$SrTiO$_3$. Journal of the European Ceramic Society, 2010, 30: 1827-1832.

[14] Datta K, Thomas P A, Roleder K. Anomalous phase transitions of lead-free piezoelectric xNa$_{0.5}$Bi$_{0.5}$TiO$_3$-$(1-x)$BaTiO$_3$ solid solutions with enhanced phase transition temperatures. Physical Review B, 2010, 82 (22): 094102.

[15] Fu P, Xu Z J, Chu R Q, Wu X Y, Li W, Li X D. Structure and electrical properties of $(1-x)(Na_{0.5}Bi_{0.5})_{0.94}Ba_{0.06}TiO_3$-$x$BiAlO$_3$ lead-free piezoelectric ceramics. Materials & Design, 2013, 46: 322-327.

[16] Li W L, Cao W P, Xu D, Wang W, Fei W D. Phase structure and piezoelectric properties of NBT-

KBT-BT ceramics prepared by sol-gel flame synthetic approach. Journal of Alloys and Compounds, 2014, 613: 181-186.

[17] Eerd B W, Damjanovic D, Klein N, Setter N, Trodahl J. Structural complexity of $(Na_{0.5}Bi_{0.5})TiO_3$-$BaTiO_3$ as revealed by Raman spectroscopy. Physical Review B, 2010, 82: 104112-104117.

[18] Jo W, Daniels J, Damjanovic D, Kleemann W, Rodel J. Two-stage processes of electrically induced-ferroelectric to relaxor transition in $0.94(Na_{0.5}Bi_{0.5})TiO_3$-$0.06BaTiO_3$, Applied Physics Letters, 2013, 102: 192903-192904.

[19] Cao W P, Li W L, Dai X F, Zhang T D, Sheng J, Hou Y F, Fei W D. Large electrocaloric response and high energy-storage properties over a broad temperature range in lead-free NBT-ST ceramics. Journal of the European Ceramic Society, 2016, 36: 593-600.

[20] Cao W P, Li W L, Feng Y, Xu D, Wang W, Hou Y F, Zhang T D, Fei W D. Enhanced depolarization temperature in 0.90NBT-0.05KBT-0.05BT ceramics induced by BT nanowires. Journal of Physics and Chemistry of Solids, 2015, 78: 41-45.

[21] Peng P, Nie H, Liu Z, Ren W, Cao F, Wang G, Dong X. Enhanced ferroelectric properties and thermal stability of Mn-doped $0.96(Bi_{0.5}Na_{0.5})TiO_3$-$0.04BiAlO_3$ ceramics. Journal of the American Ceramic Society, 2017, 100: 1030-1036.

[22] Benavides D A F, Perez A I G, Castro A M B, Ayala M T A, Murguia B M, Saldana J M. Comparative study of ferroelectric and piezoelectric properties of BNT-BKT-BT ceramics near the phase transition zone. Materials, 2018, 11: 361.

[23] Cao W P, Li W L, Feng Y, Bai T R G L, Qiao Y L, Hou Y F, Zhang T D, Yu Y, Fei W D. Defect dipole induced large recoverable strain and high energystorage density in lead-free $Na_{0.5}Bi_{0.5}TiO_3$-based systems. Applied Physics Letters, 2016, 108: 202902.

[24] Li Z T, Han B, Li J T, Li M, Zhang J, Yin J, Lou L Y, Chen S, Chen J, Li J F, Wang K. Ferroelectric and piezoelectric properties of $0.82(Bi_{0.5}Na_{0.5})TiO_3$-$(0.18-x)BaTiO_3$-$x(Bi_{0.5}Na_{0.5})(Mn_{1/3}Nb_{2/3})O_3$ lead-free ceramics. Journal of Alloys and Compounds, 2019, 774: 948-953.

[25] Zhou X F, Yan Z N, Qi H, Wang L, Wang S Y, Wang Y, Jiang C, Luo H, Zhang D. Electrical properties and relaxor phase evolution of Nb-Modified $Bi_{0.5}Na_{0.5}TiO_3$-$Bi_{0.5}K_{0.5}TiO_3$-$SrTiO_3$ lead-free ceramics. Journal of the European Ceramic Society, 2019, 39: 2310-2317.

第3章
$Na_{0.5}Bi_{0.5}TiO_3$基铁电陶瓷材料应变性能

3.1 NBT基铁电陶瓷应变性能来源

压电陶瓷由于其优良的力电耦合性质且体积小、响应快等优点,在传感器、驱动器等领域得到广泛的应用[1-3]。因而,开发同时具有高应变和低滞后的环境友好型无铅驱动材料成为研究重点。

通常而言,作为衡量驱动材料优劣的应变主要的来源有以下三个方面:逆压电效应、非180°畴转向和电场引发的相变。其中,非180°畴的转向会引起较大的应变,但是不同的畴状态在能量上是等同的,当去除电场后,重建畴的原始状态就需要一个推动力,因此这种大的应变是不可逆转的。近年来,Zhang等[4]在$(1-x-y)$ $Bi_{0.5}Na_{0.5}TiO_3$-$x$$BaTiO_3$-$y$$K_{0.5}Na_{0.5}NbO_3$(NBT-BT-KNN)三元陶瓷体系中发现了单极应变达到0.45%的大应变,这一发现使得NBT基无铅压电陶瓷在驱动器方面替代铅基陶瓷成为可能。随后的研究发现,NBT基陶瓷的大应变主要来源于电场激发下非极性相(弛豫相)和铁电相之间的可逆相变[5]。除了电场引发相变产生的应变外,利用缺陷偶极子诱导畴翻转可逆能够获得大的应变性能。本章分析了不同相结构的NBT基陶瓷中缺陷偶极子的构建以及其应变性能研究。

3.2 NBT基铁电陶瓷应变性能研究现状

非180°畴的转向和电场引发的相变是提高应变的两大重要途径。对于前者而言,为了在去除电场时使非180°畴恢复到初始状态，获得较大的可逆应变，目前主要是通过受主掺杂在晶格内引入缺陷偶极子来实现。对于后者而言，目前的研究热点主要是通过固溶、A位、B位或A、B位同时进行元素掺杂得到一个两相共存的组分区，利用电场引发的相变得到优异的可逆应变。下面将分别分析利用缺陷偶极子和电场引发相变两方面来提高应变的研究情况和发展动态。

3.2.1 利用电场引发相变改善陶瓷材料应变的研究情况及发展动态

在铁电材料中，利用电场引发相变获得可逆应变的研究主要集中在具有复杂相变的NBT基体系中。近年来，有关改善NBT基陶瓷应变性能的研究主要集中在通过固溶[6-10]、A位[11,12]或/和B位[13-15]掺杂方式降低NBT基陶瓷弛豫相和铁电相的相变温度，在室温附近构造弛豫和铁电两相共存的MPB区，利用电场诱发的弛豫相和铁电相的可逆相变，在较低电场下得到较大的可逆应变。例如，（1−x）[0.94NBT-0.06BT]-xST三元体系陶瓷的弛豫和铁电两相共存的MPB区位于$x=0.08\sim0.10$，当$x=0.10$时，在70kV/cm电场时的应变$S=0.34\%$，$d_{33}^*=491$pm/V[10]。基体为0.82NBT-0.18BKT陶瓷，当A位La^{3+}掺杂时能明显提高陶瓷的应变大小[11]，当Li^+、La^{3+}同时掺杂时能进一步优化陶瓷的应变，在60kV/cm电场时的应变能够达到0.43%左右，$d_{33}^*=727$pm/V[12]。当基体为NBT-BKT-ST三元体系陶瓷时，B位Nb^{5+}掺杂能大幅度提高其应变大小，在50kV/cm电场时的应变$S=0.70\%$，$d_{33}^*=1400$pm/V[13]。从已报道的结果来看，基体的选择以及合适元素的掺杂对于改善NBT基陶瓷的应变大小是十分有效的，能够在相对较低的电场（60kV/cm左右）下得到较大的应变，但利用电场引发相变获得的应变滞后性仍然较大。

3.2.2 利用缺陷偶极子改善陶瓷材料应变的研究情况及发展动态

由于晶轴的不等价性，非180°畴转向将引起巨大的应变。不同取向的畴态在能量上是等同的，导致由非180°畴转向产生的应变是不可逆的。为了使畴翻转可逆，目前的研究主要是通过在A位或B位进行受主、施主、缺位等掺杂引入B-$V_O^{\cdot\cdot}$型和V_A-$V_O^{\cdot\cdot}$型缺陷偶极子，利用缺陷偶极子诱发的晶格畸变、局域电场以及畴翻转可逆等作用得到大的可逆应变。缺陷工程为提高应变性能提供了新的途径，深入探索并合理利用缺陷偶极子具有十分重要的意义。下面将重点分析总结不同类型缺陷在提高应变性能方面的研究情况及发展动态。

(1) 利用B-$V_O^{\cdot\cdot}$型缺陷偶极子改善陶瓷材料应变性能的研究情况及发展动态

为了使180°畴翻转可逆，2004年西安交通大学Ren等人通过在BT单晶体系中进行受主掺杂，利用受主掺杂产生的氧空位与B位偏心原子形成B-$V_O^{\cdot\cdot}$型缺陷偶极子，当撤掉电场后，B-$V_O^{\cdot\cdot}$型缺陷偶极子能够提供使畴翻转可逆的恢复力，从而在较低电场下得到0.75%的可逆应变[16]。这一发现为提高铁电材料的应变性能提供了一条可选途径，但该效应在BT单晶体系中产生的应变滞后性较大，仍然不能满足高精度、低损耗驱动器的应用要求。随后，为了获得性能优异的驱动材料，大量的研究集中在利用B位受主掺杂在不同体系的铁电材料中构建B-$V_O^{\cdot\cdot}$型缺陷偶极子。例如利用B位Mn^{3+}掺杂在BST陶瓷中形成B-$V_O^{\cdot\cdot}$型缺陷偶极子，在20kV/cm电场下的可逆应变为0.08%[17]。在具有ABO_3结构的$KNbO_3$体系进行B位受主掺杂后同样也形成了B-$V_O^{\cdot\cdot}$型缺陷偶极子，在40kV/cm电场下的可逆应变为0.125%[18]。由此可见，利用B-$V_O^{\cdot\cdot}$型缺陷偶极子使畴翻转可逆可以有效改善铁电陶瓷的应变性能，得到两边对称且应变较大的第一类应变曲线。

(2) 利用V_A-$V_O^{\cdot\cdot}$型缺陷偶极子改善陶瓷材料应变性能的研究情况及发展动态

除了B-$V_O^{\cdot\cdot}$型缺陷偶极子外，近期的研究发现利用A位Bi^{3+}、Na^+高温易蒸发或A位缺位掺杂等在铁电材料中能够产生A位空位（V_A）和氧空位（$V_O^{\cdot\cdot}$），经过老化在陶瓷晶格中形成V_A-$V_O^{\cdot\cdot}$型缺陷偶极子[19-22]。与B-$V_O^{\cdot\cdot}$型缺陷偶极子相比，V_A-$V_O^{\cdot\cdot}$型缺陷偶极子在陶瓷材料中能够诱导产生局域极化场，破坏了朗道自由能的对称性，降低了能量势垒，减小弛豫相-铁电相的相变所需电场，更有利于提高NBT基陶瓷的应变大小，得到两边不对称的第二类应变曲线。例如，Li等[20]通过在NBT-BKT体系中掺杂$Sr_{0.8}Bi_{0.1}\square_{0.1}Ti_{0.8}Zr_{0.2}O_{2.95}$（"□"表示A位空位）引入$V_A$和$V_O^{\cdot\cdot}$，在110kV/cm电场下得到应变和滞后分别为0.72%和36.2%的优异性能。随后，Wu等[19]利用Li^+掺杂NBT-ST陶瓷形成A位缺陷，在70kV/cm电场下得到高达0.74%的不对称应变。

在铁电材料中构建V_A-$V_O^{\cdot\cdot}$型缺陷偶极子不仅能够得到两边不对称的第二类应变曲线，还能实现应变与施加电场方向正负一致的第三类超大应变。2022年，Geng等[23]利用Sr^{2+}掺杂$(K,Na)NbO_3$陶瓷引入$V'_{K/Na}$-$V_O^{\cdot\cdot}$型缺陷偶极子，利用V_A-$V_O^{\cdot\cdot}$型缺陷偶极子在电场作用下驱动周围晶格发生拉伸或收缩，在电畴翻转相互作用下在50kV/cm电场下得到1.05%的超大应变。同一年，Feng等[18]通过控制制备工艺引入及调节NBT基陶瓷中氧空位和A位空位两种缺陷及其浓度，形成多种不同尺度的畴结构。利用原子尺度缺陷工程与中尺度畴工程的共同作用在220℃得到$S=2.3\%$的第三类超大应变。目前，第三类应变已超越铅基材料的应变大小，但利用V_A-$V_O^{\cdot\cdot}$型缺陷偶极子在铁电材料中实现第三类应变的报道较少，V_A-$V_O^{\cdot\cdot}$型缺陷偶极子对电畴翻转的影响规律以及诱发大应变的机制尚需大量研究。

(3) 利用A-A型离子对偶极子改善陶瓷材料应变性能的研究情况及发展动态

一般来说，掺杂氧化物所导致的晶体结构改变和晶体缺陷的形成会引起晶格畸变和空间电荷不对称性，从而形成偶极子。偶极子的形成对铁电材料的性能具有十分重要的影响。事实上，氧化物中的施主和受主杂质的分布形式可能是多种多样的。当施主离子和受主离子相互远离时，维持局部电中性需产生一定阳离子空位或者氧空位，易于形成缺陷偶极子，缺陷偶极子在高温与强电场下较不稳定。当施主离子和受主离子占位相邻、成对存在时，易于形成离子对偶极子。与缺陷偶极子相比，掺杂本身原则上不会引起额外的离子变价或空位离子对偶极子的温度稳定性较高，因此可以利用受主-施主离子对设计 ABO_3 氧化物的性能。例如利用（Li^+-Al^{3+}）A 位受主-施主共掺杂 BT 和 PZT 时，Li^+ 和 Al^{3+} 倾向于在同一晶胞单胞相邻 A 位成对分布，形成 Li^+-Al^{3+} 离子对[24,25]。离子对形成后伴随产生的偶极子（局部电场）和晶格畸变（局部应力场）使得自发极化易于在外场作用下发生转动。这种类似于 A-A 型缺陷偶极子的离子对偶极子不仅提高了陶瓷的压电系数，而且改善了压电性能的温度稳定性。此外，在 Li^+-La^{3+} 共掺杂 BT 陶瓷中，电场热处理可以诱发离子对的取向分布，陶瓷的机械品质因子和温度稳定性大幅度提高[26]。目前，利用离子对偶极子改善应变性能的研究较少。最近，Huang 等[27] 研究发现，利用 Li^+-R_E^{3+} 共掺杂可以在 BT 陶瓷中引入离子对，离子对偶极子形成的内建电场不仅有效降低了应变滞后性，而且提高了应变性能的温度稳定性。

3.3 T 相区 NBT-ST 基陶瓷偶极子构筑及应变性能研究

在 NBT-ST 体系中，当 ST 含量高于 30% 时，陶瓷处于弛豫相区（T 相区）。本节对 T 相区 MnO 受主掺杂以及 Nb_2O_5 施主掺杂 NBT-ST 基陶瓷的应变情况进行了总结分析。

3.3.1 MnO 掺杂 T 相区 NBT-ST 基陶瓷相结构及相变行为分析

采用传统固相球磨法制备了 MnO 掺杂 T 相区 0.7NBT-0.3ST 和 0.65NBT-0.35ST 二元体系陶瓷。结果表明，所制备的 MnO 掺杂 0.7NBT-0.3ST（图 3.1）和 0.65NBT-0.35ST（图 3.2）二元体系陶瓷均为纯的 ABO_3 结构，没有任何第二相产出，通过对两个组分的（200）晶面进行精扫，发现 MnO 掺杂并没有引起物相的变化，所有样品均为 T 相。

在 T 相区进行 MnO 掺杂后，陶瓷的形貌发生较大变化。图 3.3 和图 3.4 分别为 MnO 掺杂 0.7NBT-0.3ST 和 0.65NBT-0.35ST 陶瓷的 SEM 图。结果显示，掺杂

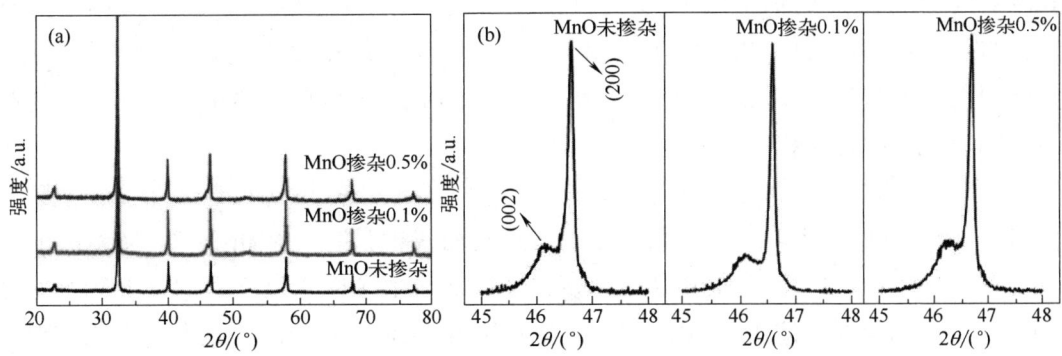

图 3.1 MnO 掺杂 0.7NBT-0.3ST 陶瓷的 XRD 图谱

(a) 20°~80°；(b) 45°~48°

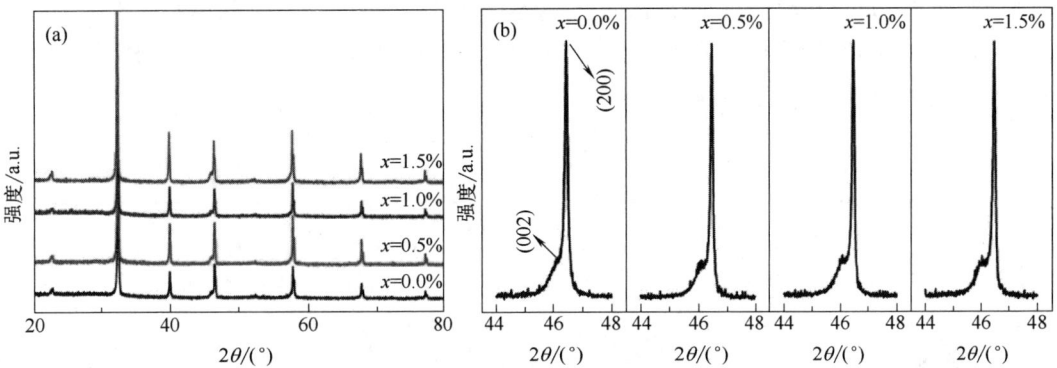

图 3.2 MnO 掺杂 0.65NBT-0.35ST 陶瓷的 XRD 图谱（x 表示 MnO 掺杂含量）

(a) 20°~80°；(b) 44°~48°

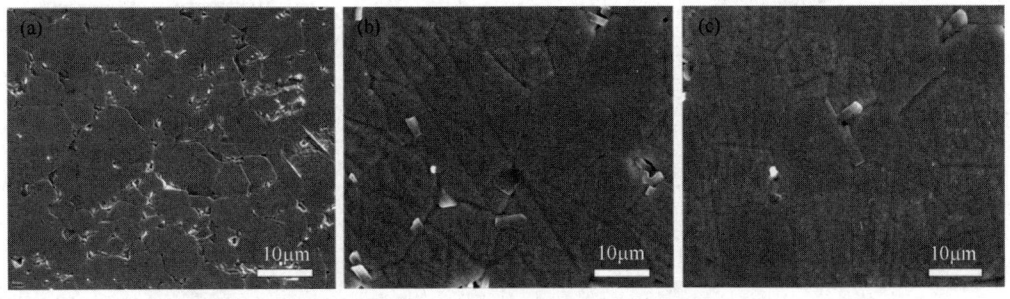

图 3.3 MnO 掺杂 0.7NBT-0.3ST 陶瓷截面的 SEM 图

(a) 摩尔分数为 0%；(b) 摩尔分数为 0.1%；(c) 摩尔分数为 0.5%

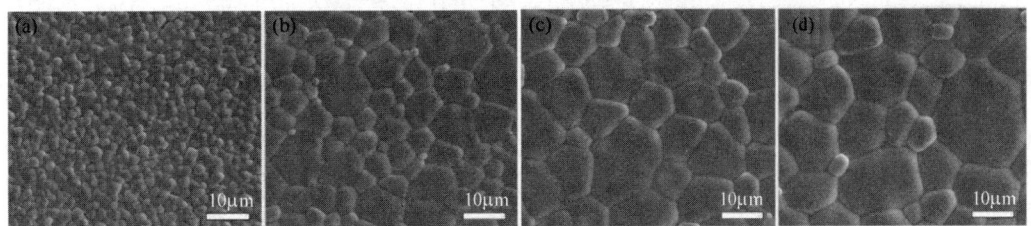

图 3.4 MnO 掺杂 0.65NBT-0.35ST 陶瓷截面的 SEM 图

(a) 摩尔分数为 0%；(b) 摩尔分数为 0.5%；(c) 摩尔分数为 1.0%；(d) 摩尔分数为 1.5%

MnO 后两个组分陶瓷的晶粒尺寸明显增大。其中，0.1%（摩尔分数）MnO 掺杂 0.7NBT-0.3ST 陶瓷的平均晶粒尺寸由 8μm 增大至 20μm 左右，1.5%（摩尔分数）MnO 掺杂 0.65NBT-0.35ST 陶瓷的平均晶粒尺寸由 2μm 增大至 20μm 左右。大的晶粒尺寸有利于增大应变。

图 3.5 和图 3.6 所示分别为 MnO 掺杂 0.7NBT-0.3ST 和 0.65NBT-0.35ST 陶瓷介温谱。所有的图谱中，介电常数随温度的变化曲线中只有一个相变峰，它对应的是弛豫相向顺电相的相变，介电损耗随温度的变化曲线中退极化温度后的部分降至室温以下。此现象证明在室温时，MnO 掺杂 T 相区的 NBT-ST 基陶瓷的相结构为 T 相，与 XRD 的分析结果一致。此外，所有样品在居里温度处呈现出比较宽的介温峰，表明所有样品均为弛豫型铁电体。对于弛豫型铁电体而言，顺电-铁电相转变的弥散度 γ 可以用修正的居里-外斯定律进行表征［公式（2.1）］。计算得出 MnO 掺杂 0.7NBT-0.3ST 样品的 γ 值分别为 1.93、1.81 和 1.84，MnO 掺杂 0.65NBT-0.35ST 样品的 γ 值分别为 1.61、1.91、1.95 和 1.83。

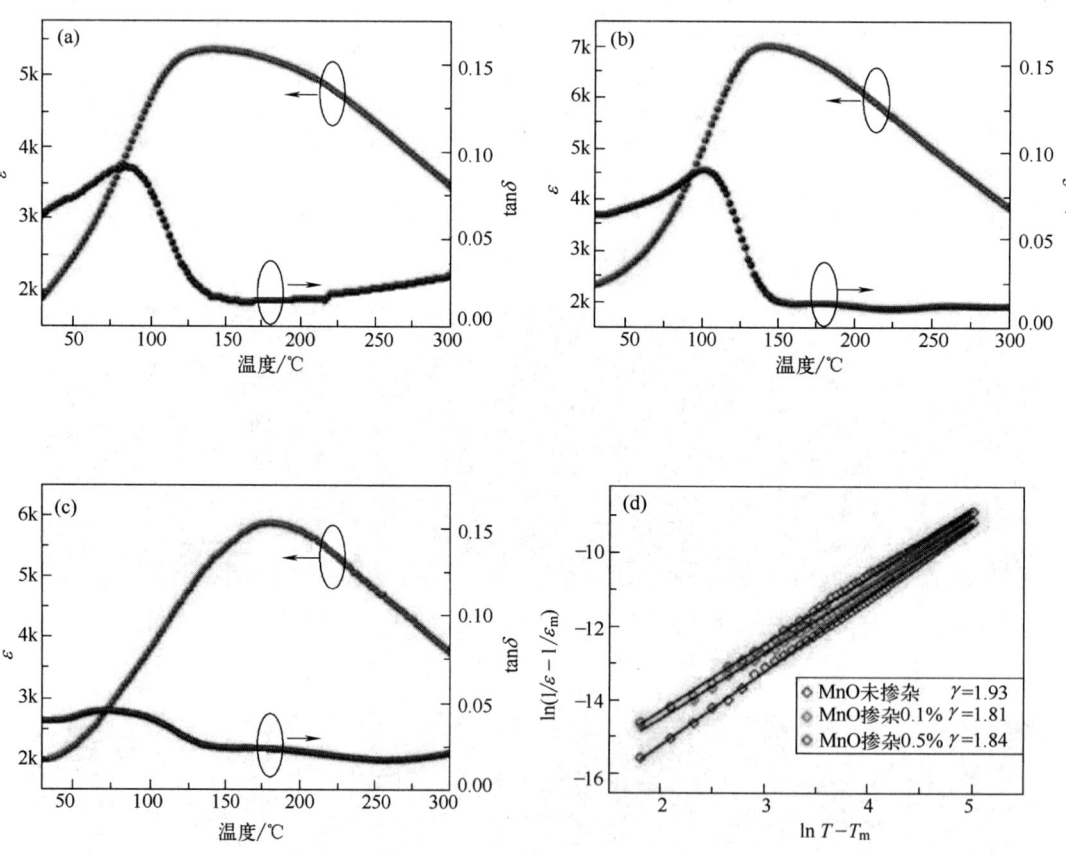

图 3.5 MnO 掺杂 0.7NBT-0.3ST 陶瓷的介温谱

(a) 摩尔分数为 0%；(b) 摩尔分数为 0.1%；(c) 摩尔分数为 0.5%；
(d) $\ln(1/\varepsilon - 1/\varepsilon_m)$-$\ln(T-T_m)$ 的变化曲线

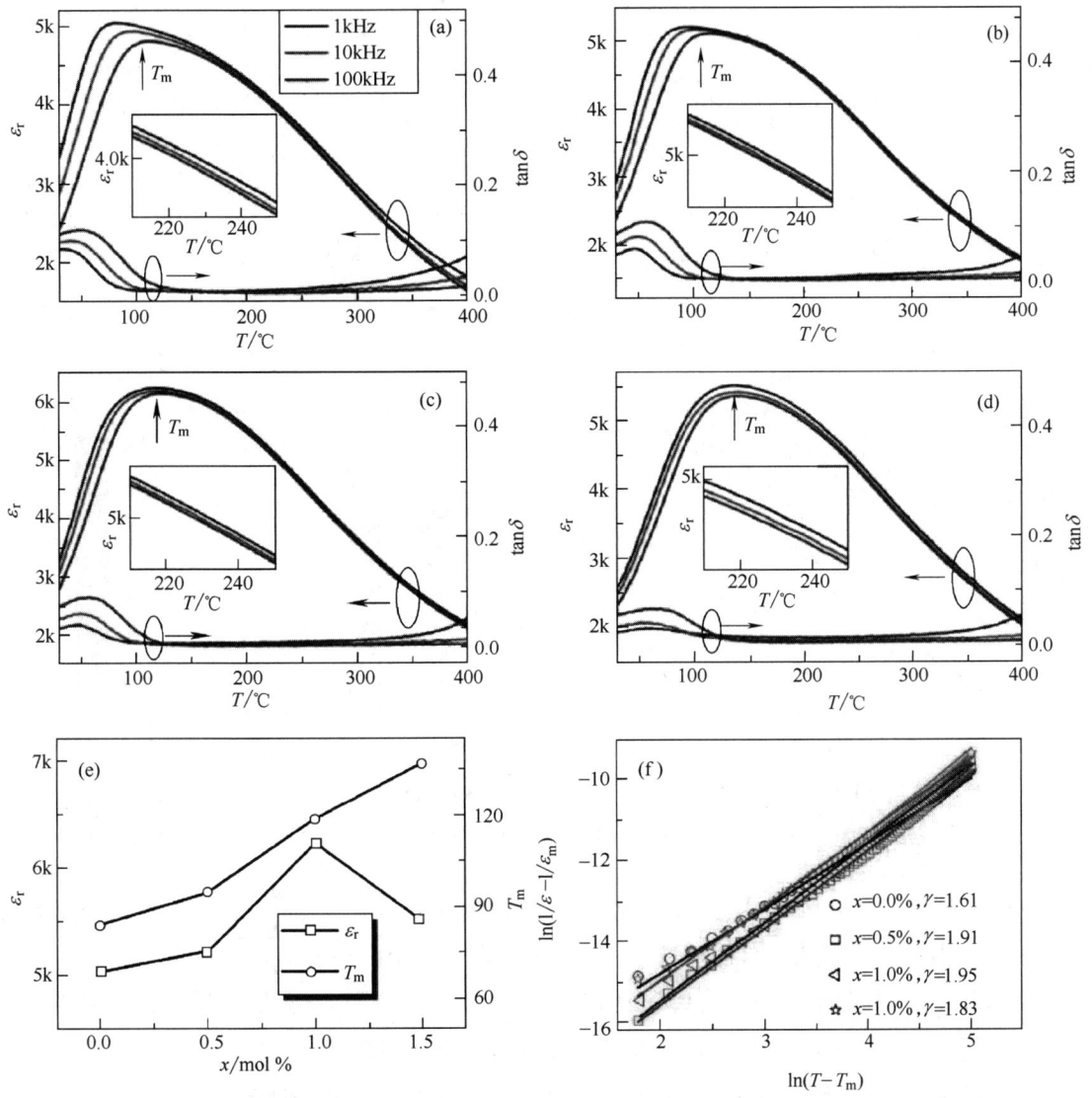

图 3.6 MnO 掺杂 0.65NBT-0.35 ST 陶瓷的介温谱

(a) 摩尔分数为 0%；(b) 摩尔分数为 0.5%；(c) 摩尔分数为 1.0%；(d) 摩尔分数为 1.5%；
(e) ε 与 T_m 随 ST 含量（摩尔分数）变化图；(f) $\ln(1/\varepsilon-1/\varepsilon_m)$-$\ln(T-T_m)$ 的变化曲线

3.3.2 T 相区受主掺杂 NBT-ST 基陶瓷缺陷偶极子构建及应变性能研究

图 3.7 为 MnO 掺杂 0.7NBT-0.3ST 陶瓷的 P-E 及 S-E 曲线，随着 MnO 掺杂含量的增加，剩余极化强度 P_r 基本不变，最大极化强度 P_{max} 明显增大，说明 MnO 掺杂能够增强 NBT-ST 基陶瓷的铁电性。MnO 掺杂后 S-E 曲线线形变窄，剩余应变 S_{rem} 逐渐降低至 0。未掺杂 MnO 的 NBT-ST 基陶瓷在 60kV/cm 电场时的应变为 0.22%，0.1% 和 0.5%（摩尔分数）MnO 掺杂后，应变分别增大至 0.29% 和 0.32%，

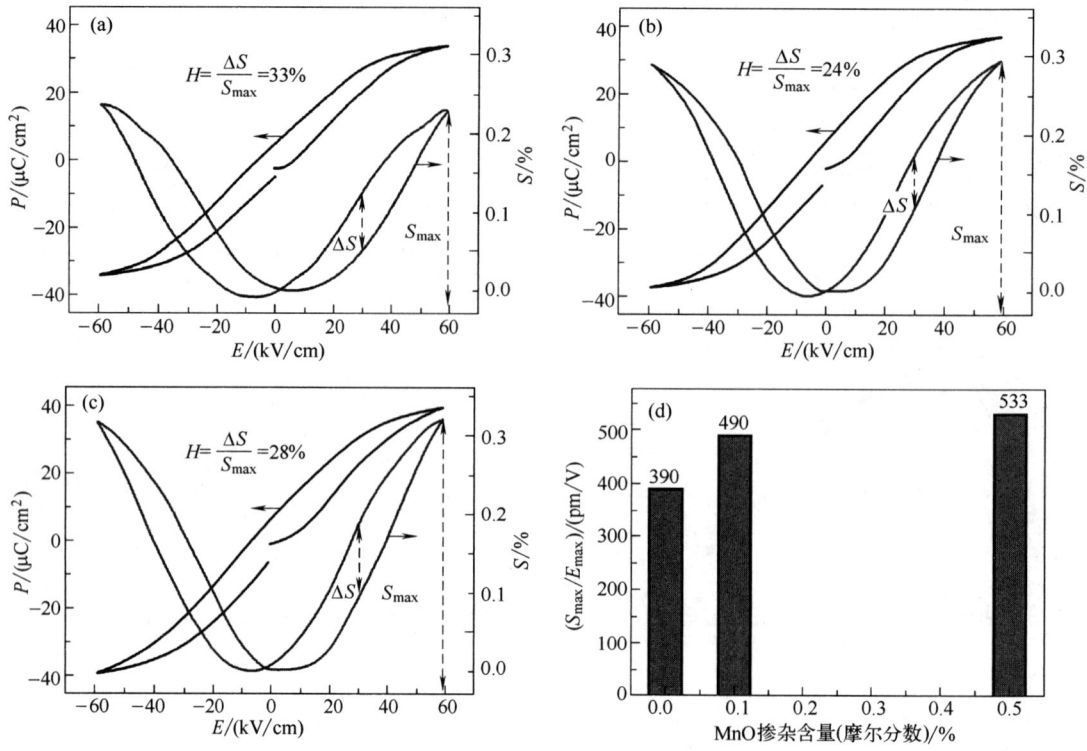

图 3.7　MnO 掺杂 0.7NBT-0.3ST 陶瓷的 P-E 和 S-E 曲线和 S_{max}/E_{max} 变化图
(a) 摩尔分数为 0%；(b) 摩尔分数为 0.1%；(c) 摩尔分数为 0.5%；(d) S_{max}/E_{max} 变化图

同时应变滞后性由 33% 降低至 24% 和 28%。由此可见，在 T 相区 0.7NBT-0.3ST 陶瓷内掺杂 MnO，不仅提高了应变大小，而且降低了应变滞后性。

当 ST 含量增大至 35% 时，MnO 掺杂 0.65NBT-0.35ST 陶瓷表现出瘦腰型电滞回线（图 3.8）。随着电场增加，所有样品的剩余极化强度 P_r 基本不变，最大极化强度 P_{max} 明显增大，说明 MnO 掺杂能够增强 0.65NBT-0.35ST 陶瓷的铁电性。其中，在 60kV/cm 电场下，1.0%（摩尔分数）MnO 掺杂后陶瓷的 P_{max} 为 34$\mu C/cm^2$，P_r 为

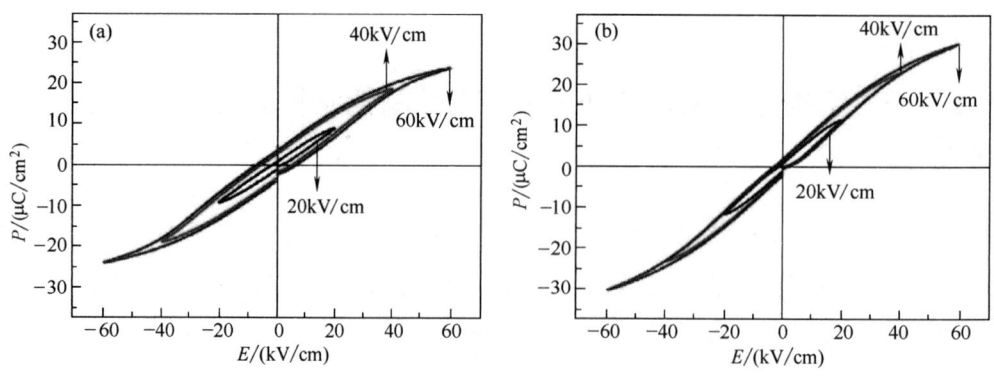

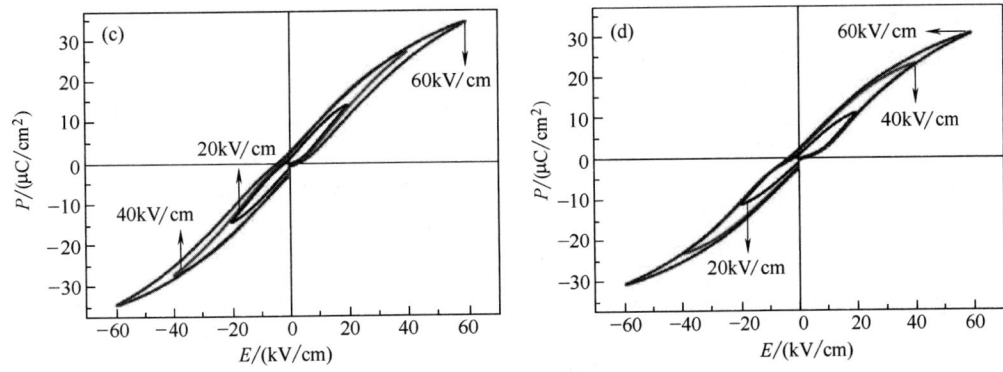

图 3.8 MnO 掺杂 0.65NBT-0.35ST 陶瓷的 P-E 曲线

(a) 摩尔分数为 0%；(b) 摩尔分数为 0.5%；(c) 摩尔分数为 1.0%；(d) 摩尔分数为 1.5%

$2.8\mu C/cm^2$。P-E 曲线结果表明在 T 相区 NBT-ST 陶瓷内进行受主掺杂后能形成缺陷偶极子，缺陷偶极矩提供一个使畴翻转可逆的恢复力，从而降低了剩余极化强度和矫顽场。

MnO 掺杂 0.65NBT-0.35ST 陶瓷在不同电场下的 S-E 曲线如图 3.9 所示。随着电场增大，所有样品的应变 S 均出现不同程度的增加。图 (e) 和 (f) 为在 60kV/cm 电场下，应变 S 和滞后性 H 随 MnO 含量的变化情况。未掺杂 MnO 的 0.65NBT-

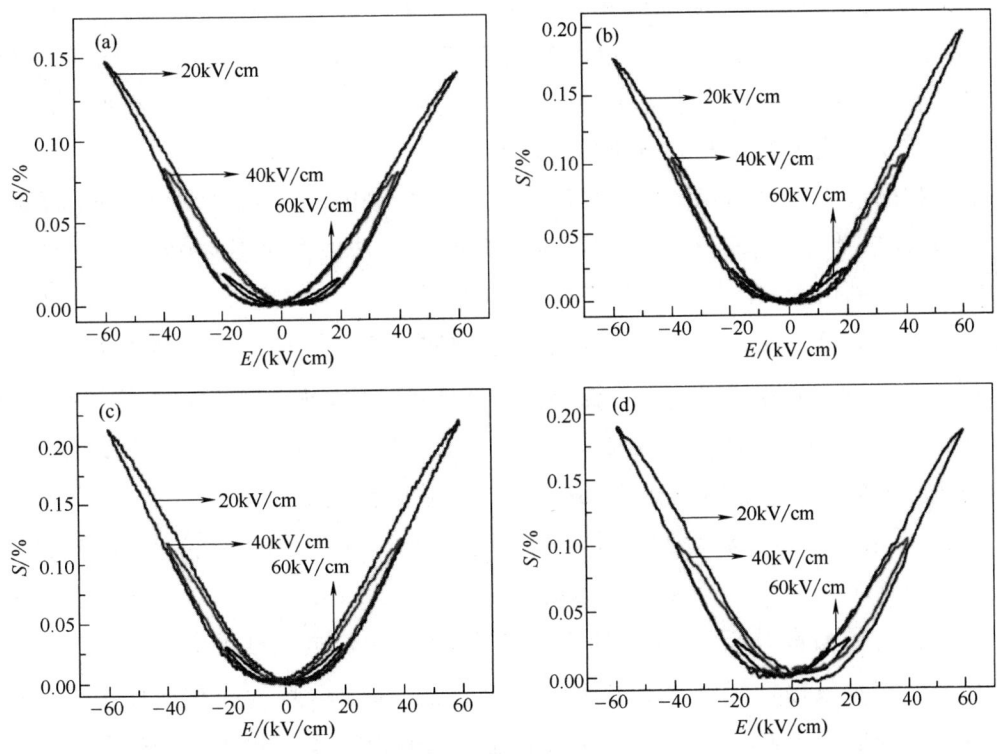

图 3.9

(a) 摩尔分数为 0%；(b) 摩尔分数为 0.5%；(c) 摩尔分数为 1.0%；(d) 摩尔分数为 1.5%

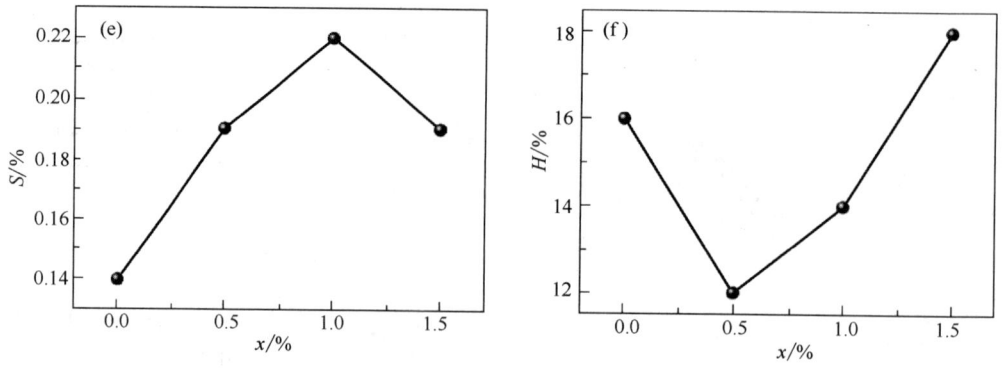

图3.9 MnO掺杂0.65NBT-0.35ST陶瓷的S-E曲线
(e)和(f)应变S和滞后性H的变化

0.35ST陶瓷的应变大小为0.14%,随着MnO含量的增加,应变S先增加后减小,其中1.0%(摩尔分数)MnO掺杂时应变最大为0.22%。

3.3.3 T相区受主掺杂构建缺陷偶极子诱导大应变机理研究

MnO掺杂T相区NBT-ST基陶瓷不仅提高应变大小,而且明显降低了应变滞后性,且获得大应变所需电场也相对较低。其中,0.5%(摩尔分数)MnO掺杂0.7NBT-0.3ST陶瓷在60kV/cm电场时的应变及滞后分别为0.32%和28%;当ST含量增大至35%时,1.0%(摩尔分数)MnO掺杂0.65NBT-0.35ST陶瓷在60kV/cm电场时的应变最大为0.22%,其滞后性降低至14%。

受主掺杂改善T相区陶瓷应变性能的原因主要是由于在陶瓷晶格内形成了缺陷偶极子。MnO掺杂NBT-ST基陶瓷在较高电场下P-E曲线变化不明显,但在较低电场下,能明显得到由于缺陷偶极子存在而导致的瘦腰型P-E曲线[图3.10(a)所示]。因此,T相区陶瓷进行MnO掺杂后仍能形成缺陷偶极子。$Mn^{2+/3+}$掺杂后替代陶瓷中的B位Ti^{4+},为保持电价平衡在陶瓷晶格内产生氧空位,根据点缺陷的短程有序对称一致性原理,MnO掺杂后容易在图(b)所示的"1"号位置形成氧空位。由于氧空位容易发生扩散,从而能够与B位$Mn^{2+/3+}$形成缺陷偶极子。

MnO掺杂后陶瓷室温时的晶体结构均为T相,在平衡状态下,缺陷偶极子的取向分布均与缺陷偶极子所在的晶胞的对称性一致,如图3.10(c)所示。当施加电场时,会诱导晶格中产生90°畴变,自发偶极矩P_s转向电场的方向。由于氧空位的迁移速率相对较慢,相应的缺陷偶极矩P_D无法跟上电场的变化而保留原来的取向。因此,当撤掉电场后,与自发极化垂直的缺陷偶极子会提供一个恢复力,已转向的自发极化在恢复力的作用下会恢复到施加电场前的无序状态,从而得到滞后改善的可逆应变。

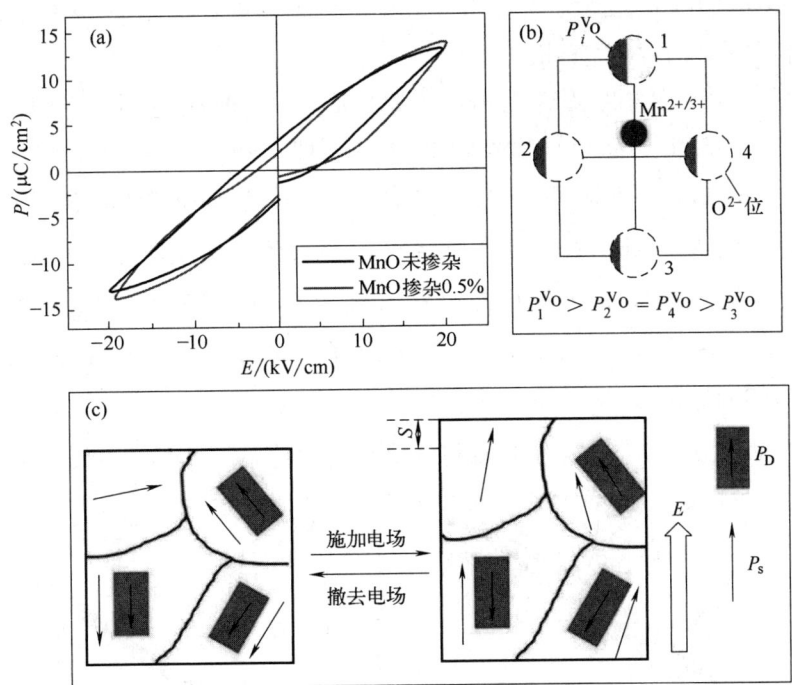

图 3.10 （a）0 和 0.5%（摩尔分数）MnO 掺杂 NBT-ST 基陶瓷的 P-E 曲线；
（b）（c）MnO 掺杂 NBT-ST 基陶瓷缺陷对称原理及提高应变机制

3.3.4 Nb$_2$O$_5$ 掺杂 T 相区 NBT-ST 基陶瓷的应变性能

T 相区受主掺杂能够形成 Mn^{2+}-V$_O^{\cdot\cdot}$ 缺陷偶极子，缺陷偶极子提高使畴翻转的恢复力而改善应变性能。当进行施主掺杂时，同样易在陶瓷中形成缺陷。本节开展了施主 Nb$_2$O$_5$ 掺杂 T 相区的 0.65NBT-0.35ST（0.65NBT-0.35ST-xNb，x = 0%、0.25%、0.5%、0.75%、1.0%）的研究。

图 3.11 为 0.65NBT-0.35ST-xNb 室温下的 XRD 图谱。所有样品均为 ABO$_3$ 结构，没有第二相产生。由于 Nb 元素的离子半径和 Ti 元素的离子半径相差不大，故掺

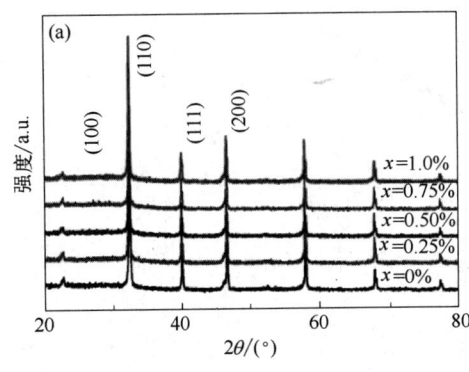

图 3.11　0.65NBT-0.35ST-xNb 陶瓷的 XRD 图谱

杂 Nb^{5+} 后衍射峰的峰位没有太大变化。(200)晶面衍射峰随 Nb^{5+} 含量的增加变化不大，故所有样品室温下均为 T 相。

0.65NBT-0.35ST-xNb 陶瓷在不同电场下的 P-E 曲线如图 3.12 所示。由图可知，0.65NBT-0.35ST 样品表现出瘦腰型 P-E 曲线，在 60kV/cm 电场时的剩余极化强度 P_r 为 6.5μC/cm²，矫顽场 E_c 为 11.5kV/cm，随着电场增大，P_r、E_c 和 P_{max} 均出现不同程度的增大。Nb^{5+} 掺杂后，样品的 P-E 曲线逐渐变窄细，剩余极化强度 P_r 和矫顽场 E_c 基本降至 0，最大极化强度 P_{max} 随 Nb^{5+} 含量增大先增大后减小。随着电场增大，P_r 和 E_c 基本不变，P_{max} 均出现不同程度的增大。该体系进行施主掺杂后，P_r 和 E_c 降至 0 的原因是 NBT 基陶瓷 B 位 Ti^{4+} 易变价，Nb^{5+} 取代 Ti^{4+}，电价不平衡，迫使 Ti^{4+} 变价为 Ti^{3+}，在静电能和电价平衡的约束下，易于形成 Nb^{5+} 和 Ti^{3+} 有

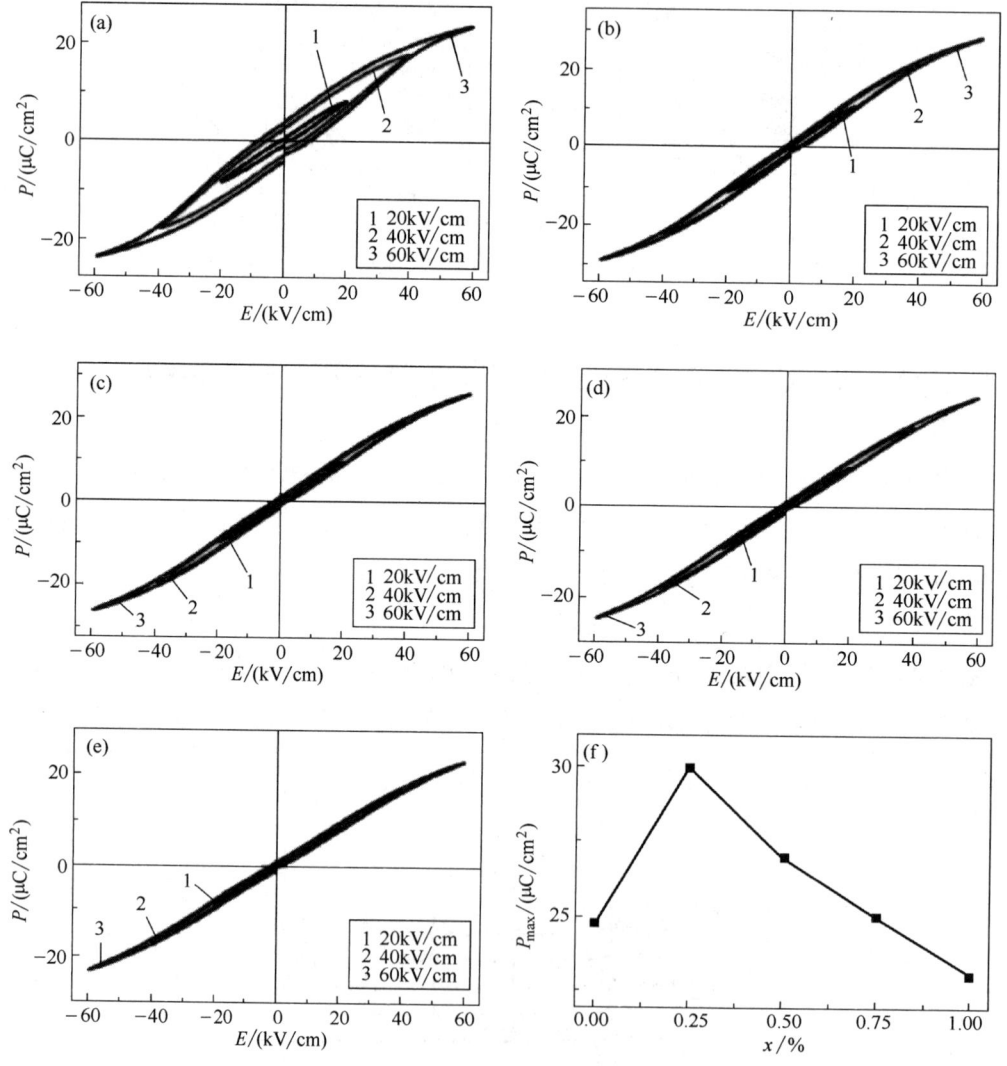

图 3.12　0.65NBT-0.35ST-xNb 陶瓷的铁电性能

(a) $x=0.0\%$；(b) $x=0.25\%$；(c) $x=0.5\%$；(d) $x=0.75\%$；(e) $x=1.0\%$；(f) P_{max} 随成分变化

序占位的"Nb^{5+}-Ti^{3+}离子对"偶极子结构。离子对相当于一个自建电场,与缺陷偶极子作用效果一样,使畴翻转可逆,降低了P_r和E_c。

图 3.13 为室温下 0.65NBT-0.35ST-xNb 陶瓷在不同电场下的 S-E 曲线。由图可知,随着 Nb 含量增加,应变值 S 逐渐减小,滞后性 H 先降低后增大。当 Nb 掺杂含量为 0.5% 时,滞后性最小约为 10%。当 Nb^{5+} 含量高于 0.5% 时,S-E 曲线出现不对称性。不对称 S-E 曲线主要是由于 Nb^{5+}-Ti^{3+} 离子对偶极子在陶瓷晶格中产生的内建电场造成的。

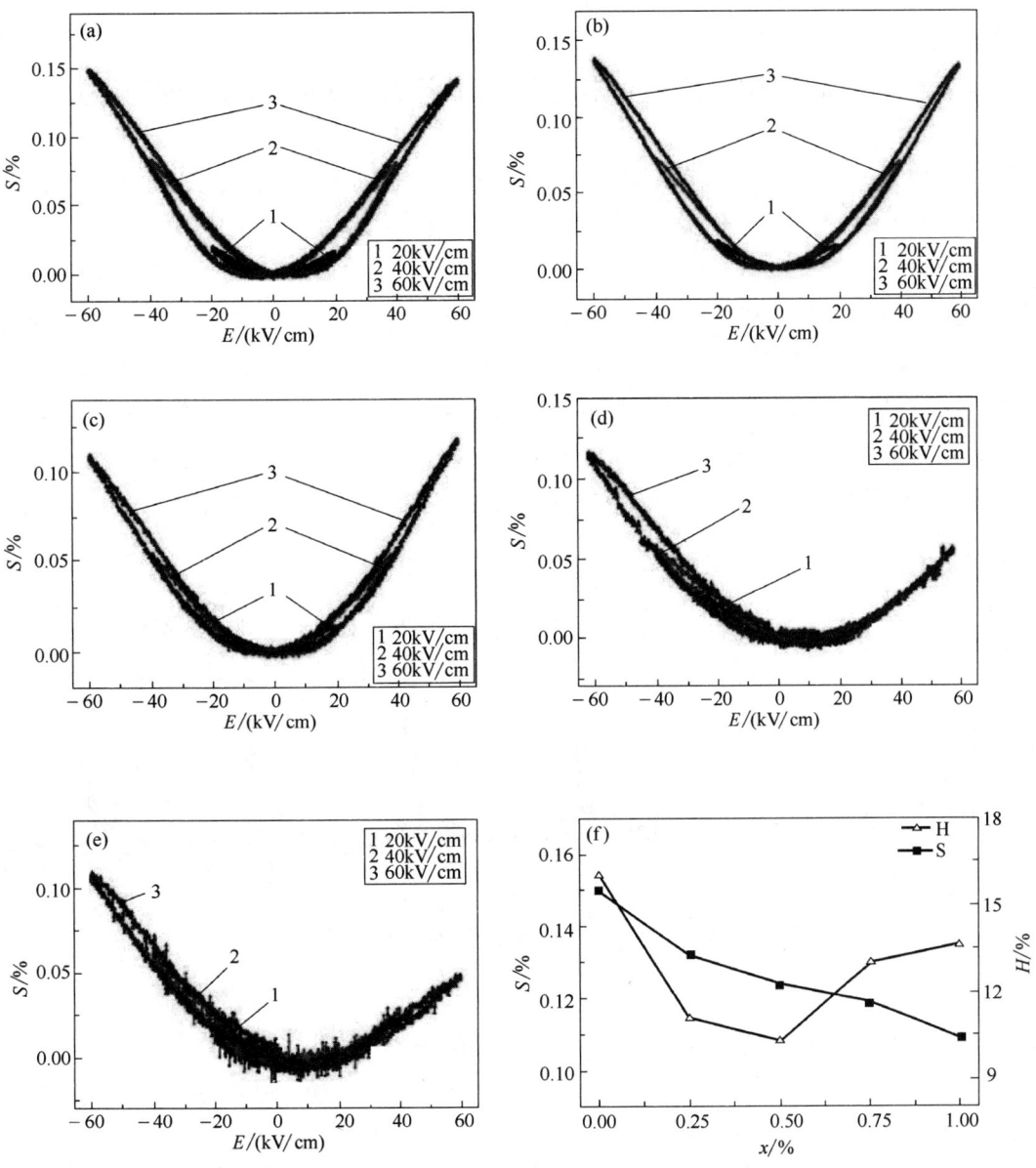

图 3.13　0.65NBT-0.35ST-xNb 陶瓷的应变性能

(a) x=0.0%;(b) x=0.25%;(c) x=0.5%;(d) x=0.75%;(e) x=1.0%;(f) S 和 H 随成分变化

3.4 准同型相界区 NBT 基陶瓷偶极子的构筑及应变性能

本节分析了通过掺杂在准同型相界区的 NBT 基陶瓷中构筑缺陷偶极子,利用缺陷偶极使畴翻转可逆和电场引发相变共同作用获得大应变。

3.4.1 准同型相界区受主掺杂 NBT 基陶瓷相结构及相变行为分析

采用传统固相球磨法制备了 MnO 掺杂 R、T 两相共存区 0.74NBT-0.26ST (0.74NBT-0.26ST-xMn) 二元体系陶瓷。图 3.14 为 MnO 掺杂 0.74NBT-0.26ST 陶瓷的 XRD 图谱,结果表明所制备的 MnO 掺杂 0.74NBT-0.26ST 二元体系陶瓷均为纯的 ABO_3 结构,没有任何第二相产出。由于 Mn^{2+} 的半径(0.067nm)和 Ti^{4+} 的半径(0.0605nm)相差较小,因此各个晶面的衍射峰的峰位偏移较小。为了深入分析 MnO 掺杂含量对 NBT-ST 基陶瓷的相结构的影响,对(200)晶面进行精扫并分峰处理,如图(b)所示。由图可知,所有样品均存在 $(200)_R$、$(200)_T$ 和 $(002)_T$ 的衍射峰,表明 MnO 掺杂没有改变 NBT-ST 基陶瓷的相结构,所制备样品均在 R、T 两相共存区。

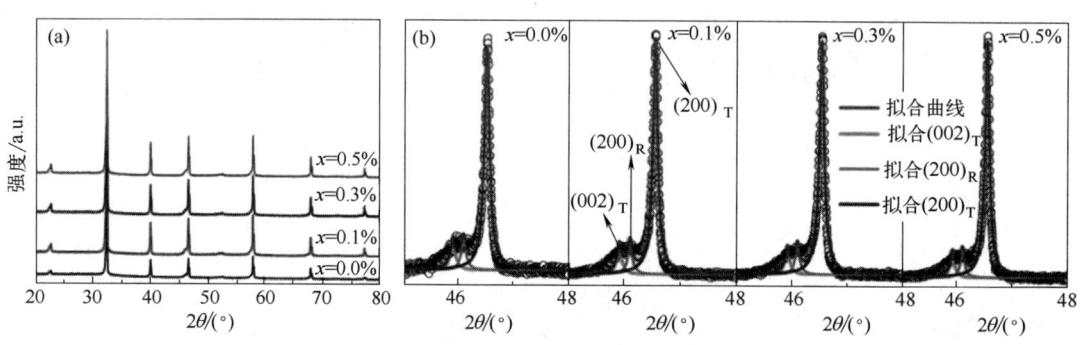

图 3.14 0.74NBT-0.26ST-xMn 陶瓷的 XRD 图谱
(a) 20°~80°;(b) 45°~48°

为了进一步验证 NBT-ST-xMn 陶瓷的相结构,图 3.15 给出了 MnO 掺杂量为 0.5%(摩尔分数)的陶瓷样品沿[110]、[001]和[331]晶带轴的 TEM 图及选区电子衍射(SAED)图。其中,图(d)中的圆圈表示的 1/2{ooo}(o 代表奇数)为 R 相超衍射斑点,图(e)和(f)中的圆圈表示的 1/2{ooe}(e 代表偶数)为 T 相超衍射斑点。由图可知,1/2{ooo}出现在[110]晶带轴图中,1/2{ooe}出现在[001]和[331]晶带轴图中。表明 NBT-ST-xMn 陶瓷相结构为 R、T 两相共存,这与 XRD

研究结果一致。

在 R、T 两相共存的 0.74NBT-0.26ST 陶瓷中进行 MnO 掺杂后，陶瓷的形貌同样发生较大变化，如图 3.16（a）～（d）所示。从图中可以看出，所有成分的陶瓷样品的晶粒边界清晰，均显示出完全致密的矩形或圆形微结构。图 3.16（e）～（h）为利用 NanoMeasurer 软件计算的晶粒尺寸分布曲线图。从图中可以看出，掺杂 MnO 后陶瓷的平均晶粒尺寸明显增大。其中，0.3%（摩尔分数）MnO 掺杂量的陶瓷平均晶粒尺寸增大至 (14.8±6.5)μm 左右。晶粒尺寸增大的原因主要有以下两个方面：①由于 MnO 掺杂后降低了陶瓷的熔点，在相同烧结温度时，掺杂 MnO 会造成晶粒长大；

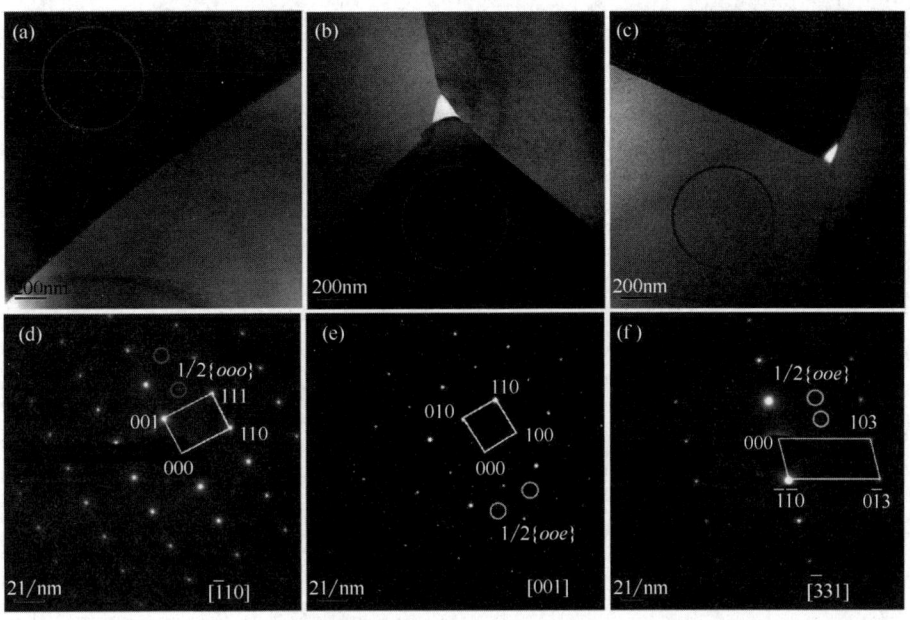

图 3.15　0.74NBT-0.26ST-xMn 陶瓷 TEM 图
(a)、(d) [$\bar{1}$10]；(b)、(e) [001]；(c)、(f) [$\bar{3}$31]

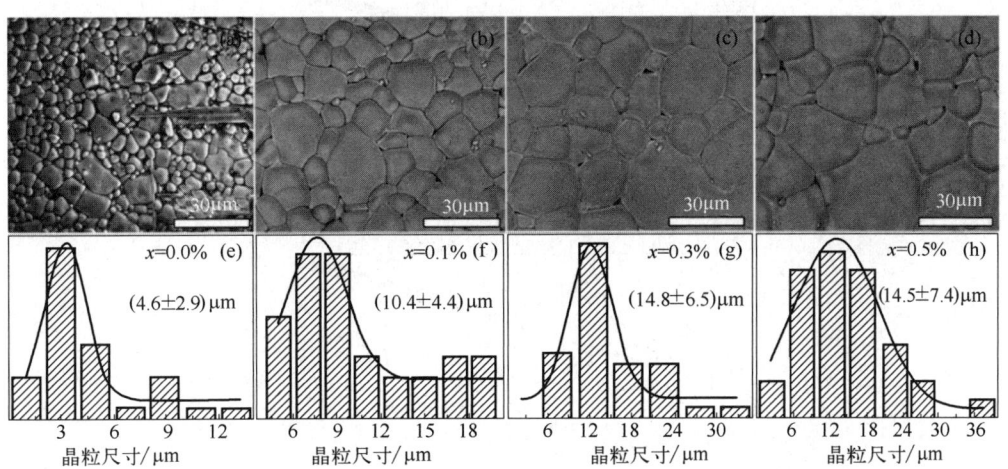

图 3.16　0.74NBT-0.26ST-xMn 陶瓷的 SEM 图 (a)～(d)；晶粒尺寸分布统计图 (e)～(f)

②随着 MnO 含量的增加，Mn^{2+} 取代 Ti^{4+} 的数量增多，产生了更多的氧空位，氧空位在烧结过程中有助于能量和物质的传输，进而使晶粒尺寸明显增大。当 MnO 的掺杂量高于 0.3%（摩尔分数）时，过量的 Mn^{2+} 会进入陶瓷的晶界处，对晶界的结构产生一定的影响，抑制晶粒的生长。

图 3.17 为 MnO 掺杂 0.74NBT-0.26ST 陶瓷的介温谱，其中，ε-T 和 $\tan\delta$-T 曲

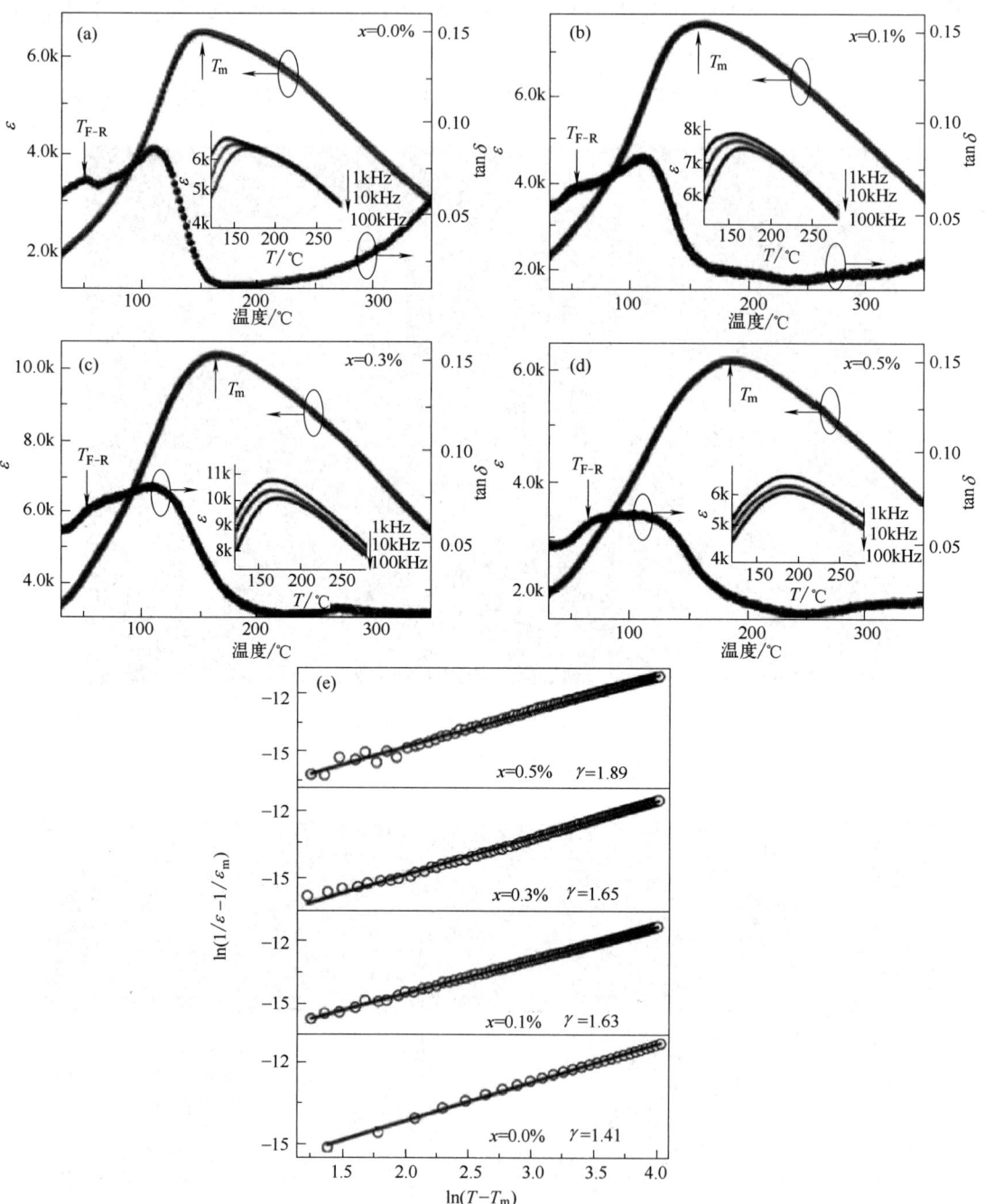

图 3.17　0.74NBT-0.26ST-xMn 陶瓷的介温谱

(a) $x=0.0\%$；(b) $x=0.1\%$；(c) $x=0.3\%$；(d) $x=0.5\%$；(e) $\ln(1/\varepsilon-1/\varepsilon_m)$-$\ln(T-T_m)$ 曲线

线的测试温度范围均为30～350℃。从ε-T的变化曲线可以看出，所有样品在T_m附近表现出较宽的介温峰，此现象证明MnO掺杂0.74NBT-0.26ST陶瓷具有较强的弛豫性。图（e）是根据公式（2.1）拟合的MnO掺杂0.74NBT-0.26ST陶瓷的弥散度曲线。从图中可以看出，所有样品的$\ln(T-T_m)$与$\ln(1/\varepsilon-1/\varepsilon_m)$均表现出良好的线性关系，且均可分别较好地拟合成一条直线。随着MnO含量增加，陶瓷的弥散度由1.41逐渐增大至1.89。

MnO掺杂后0.74NBT-0.26ST陶瓷弛豫性增强的原因主要有以下两个方面：一方面，对于NBT-ST基陶瓷而言，其A位被不同的离子占据，因而具有一定的弛豫性，当MnO掺杂后，主要以Mn^{2+}、Mn^{3+}存在于晶格中，其离子半径分别为0.067nm和0.0645nm，与B位Ti^{4+}（0.0605nm）的离子半径相差不大，所以MnO掺杂主要取代NBT基陶瓷B位的Ti^{4+}。Mn取代Ti后B位被两种离子占据，引起成分和结构起伏，打破了原来的长程有序，产生短程有序的极化微区，从而使得弛豫特性更加明显。另一方面，铁电体的弛豫性与复合离子半径之间的差值有很大关系，差值越小，阳离子分布越无序，弛豫性越强。由于Mn^{2+}、Mn^{3+}的离子半径与Ti^{4+}的相近，有利于重新构建晶格离子的无序分布，从而使弛豫性增强。此外，所有样品的$\tan\delta$-T的变化曲线均出现两个损耗峰，其中第一个损耗峰对应的温度为退极化温度T_d，所有样品的T_d均在室温附近，表明MnO掺杂后所有样品在室温时为R、T两相共存，与XRD分析结果一致。

3.4.2 准同型相界区受主掺杂NBT基陶瓷缺陷偶极子构建及应变性能研究

图3.18（a）～（d）为0.74NBT-0.26ST-xMn陶瓷在60kV/cm电场下的P-E和J-E曲线，图3.18（e）为P_{max}和P_r随MnO含量变化图。由图（e）可知，随着MnO含量增加，陶瓷的剩余极化强度P_r降低，最大极化强度P_{max}先增大后减小；当MnO含量为0.3%（摩尔分数）时，P_{max}的值最大，其大小为46.8μC/cm^2。P_{max}的变化与平均晶粒尺寸和相结构有关。一方面，随着MnO含量的增加，产生了更多的氧空位，导致缺陷偶极子的数目增多，致使晶粒尺寸明显增大，抑制畴翻转的晶界显著减小，导致P_{max}增强；另一方面，由于T相的含量随MnO含量增加一直在增多，畴变小而更容易翻转，因此引起P_{max}和P_r出现一定程度的降低。由此可见，对于R、T共存相区0.74NBT-0.26ST二元体系陶瓷而言，适量的MnO掺杂能够增强其铁电性。

由J-E曲线可知，所有样品均在高于某一电场E下出现4个峰，表明室温时样品的相结构为R、T两相共存，与XRD分析结果一致。在J-E曲线中，峰Ⅰ和峰Ⅲ分别代表施加及去除电场时弛豫相与铁电相的相变峰，峰Ⅱ和峰Ⅳ分别代表施加及去除电场时铁电相与弛豫相的相变峰。由于MnO含量的不同，J-E曲线中峰形和峰的

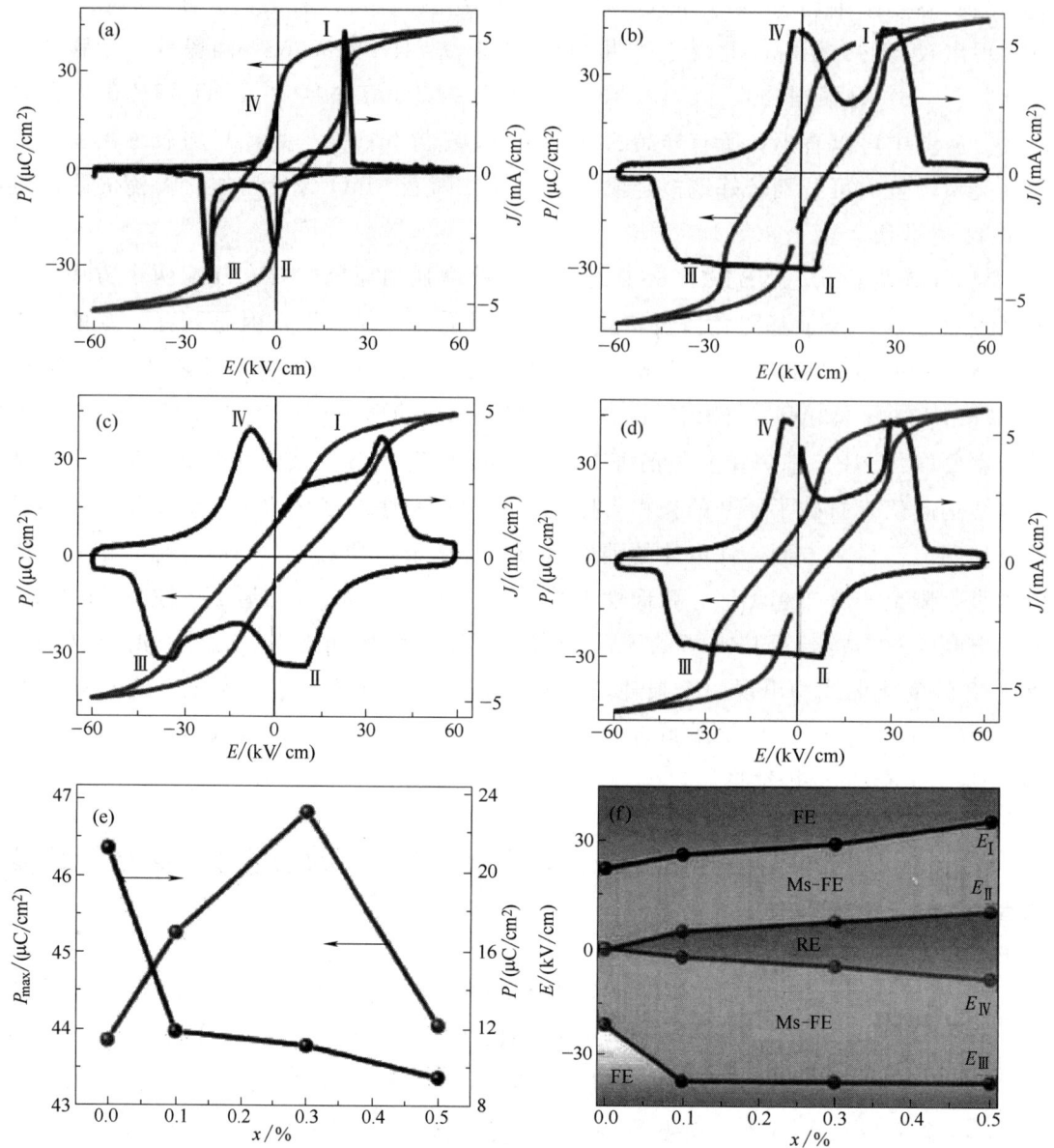

图 3.18 0.74NBT-0.26ST-xMn 陶瓷的 $x=0.0\%$ (a)、$x=0.1\%$ (b)、$x=0.3\%$ (c)、$x=0.5\%$ (d) P-E 和 J-E 曲线;P_{max} 和 P_r 随 x 变化图 (e);E_I、E_II、E_III 和 E_IV 随 x 的变化图 (f)

位置有明显变化。首先,未掺杂 MnO 的 0.74NBT-0.26ST 陶瓷表现出 4 个尖锐峰,掺杂 MnO 后 J-E 峰明显变宽。其次,未掺杂 MnO 的 0.74NBT-0.26ST 陶瓷的峰 Ⅱ 位于第三象限,第四象限内没有出现衍射峰,表明铁电相与弛豫相的相变是不可逆的。掺杂 MnO 后的陶瓷的峰 Ⅱ 出现在第四象限,表明铁电相与弛豫相的相变是可逆的。这一现象主要是由于 MnO 掺杂后引入缺陷偶极子,缺陷偶极子经老化后,能够形成缺陷偶极矩,从而提供使畴翻转的恢复力造成的。图 3.18 (f) 所示为 E_I、E_II、

E_{III} 和 E_{IV} 随 x 的变化结果。从图中可以看出，当外加正电场强度大于某一临界值 E_{I} 时，亚铁电相转变为铁电相，由于缺陷偶极子产生的畴稳定效应，E_{I} 值随着 MnO 含量的增加而向高电场强度方向移动，这意味着需要更高的正电场强度才能引发 RE/FE 相变。在将电场强度减小到 E_{II} 的后续过程中，电场诱导的 FE 相将经历到 RE 相的逆转变，对于 MnO 掺杂的样品，在电场强度降低到零之前发生反向转变，并且在零电场强度下完全回到其原始 RE 状态，因此，通常认为来自 RE 组合物的电场诱导铁电相是亚铁电体（Ms-FE）。Ms-FE 的出现与弛豫型铁电体的遍历性增强有关，这是由于随着 MnO 含量的增加缺陷偶极子的浓度增加，高浓度的点缺陷可以将正常铁电体转换成以纳米畴结构为特征的弛豫型铁电体，同时减小极性纳米微区（PNRs）的尺寸并增加它们的活性，最终导致弛豫型铁电体遍历性的增加。

图 3.19（a）和（b）为 0.74NBT-0.26ST-xMn 陶瓷在 60kV/cm 电场时的 S-E 曲线和逆压电系数（d_{33}^*）随成分的变化图。结果显示，随着 MnO 含量的增加，应变 S 和 d_{33}^* 先增大后减小。当 MnO 含量为 0.3% 时，应变和 d_{33}^* 最大达到 0.62% 和 1033pm/V。图（c）和（d）为 $x=0.3$% 时 S、d_{33}^* 和 H 随电场强度的变化情况。其中，当电场强度高于 20kV/cm 时，应变 S 出现明显增大，相应的 d_{33}^* 随电场强度先增大后略有减小，其最大值为 1333pm/V。此外，当电场强度≥50kV/cm 时，应变滞后性也出现明显降低。最终，得到在 60kV/cm 电场时 $S=0.62$%、$d_{33}^*=1033$pm/V

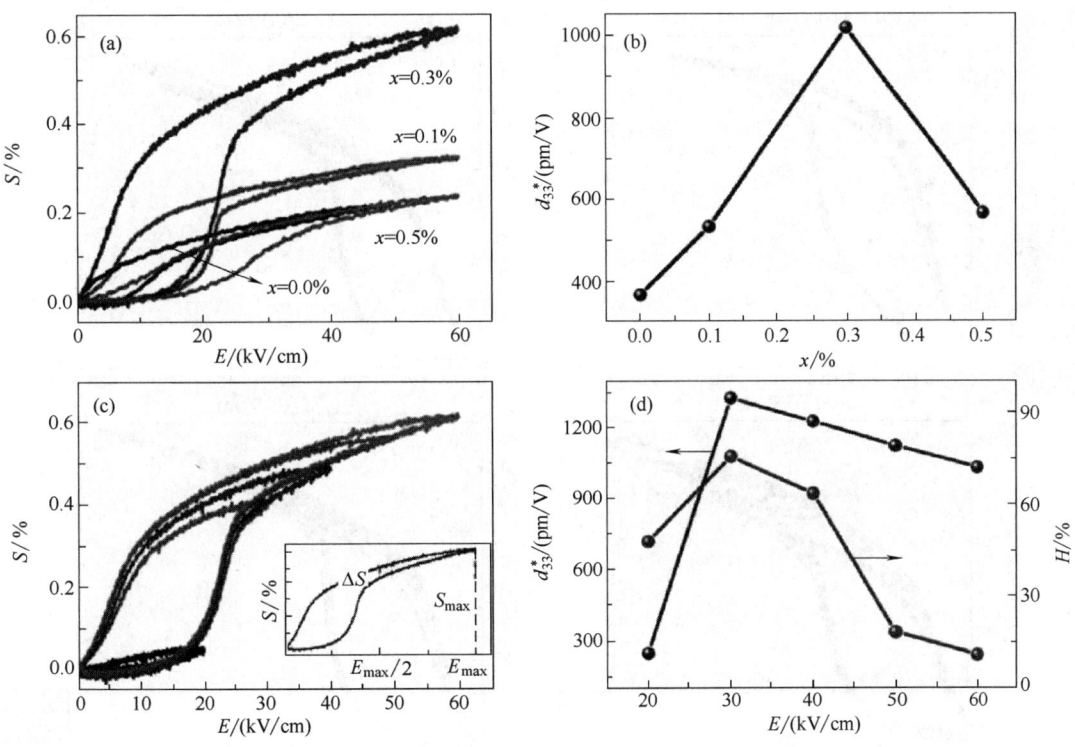

图 3.19　0.74NBT-0.26ST-xMn 陶瓷的（a）S-E 曲线；（b）d_{33}^* 随成分的变化图；
（c）$x=0.3$% 时的 S-E 曲线；（d）$x=0.3$% 时 d_{33}^* 和 H 随电场的变化图

和 $H=10.9\%$ 的优异驱动材料。

为了进一步分析 MnO 掺杂 0.74NBT-0.26ST 陶瓷产生大应变的来源,图 3.20 给出了在 $30\sim60\text{kV/cm}$ 电场下 0.74NBT-0.26ST-xMn 陶瓷的单边 P-E 曲线、S-E 曲线及 S、H 和 d_{33}^* 值的变化图。从图中可以看出,陶瓷的极化强度随着 MnO 含量的增加呈现出一种先增大后减小的趋势,当 MnO 含量为 0.3% 时,陶瓷的极化强度达到最大。随着电场强度的增加,应变增大,当电场强度为 60kV/cm 时,NBST$_{0.997}$Mn$_{0.003}$ 陶瓷获得了 0.62% 的大应变值和 1033pm/V 的 d_{33}^*。相反,H 和 d_{33}^* 值随着电场强度的增加有不同程度的减小,当电场强度从 40kV/cm 增加到 50kV/cm 时,观察到三个样品的 H 显著降低,当电场强度为 60kV/cm 时,NBST$_{0.997}$Mn$_{0.003}$

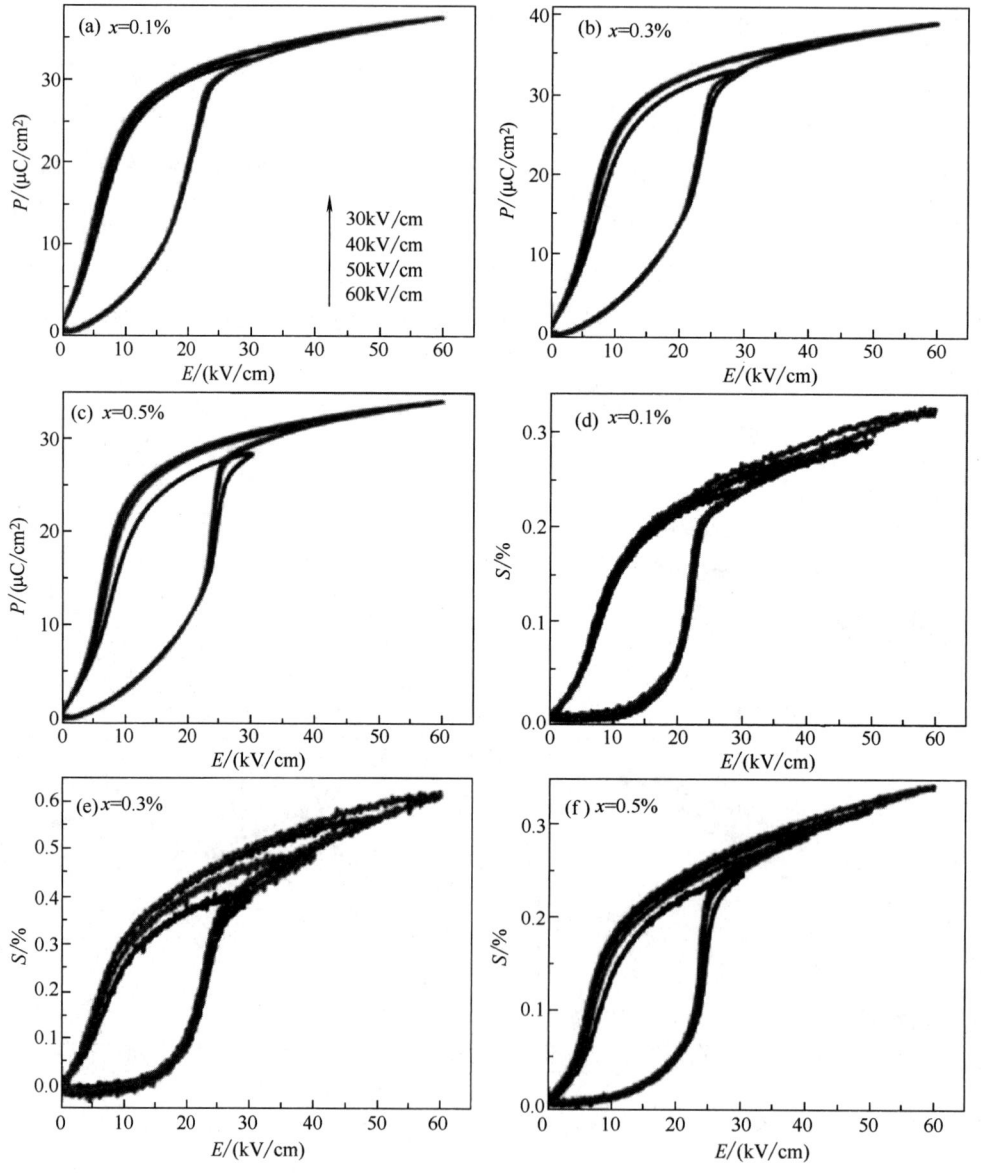

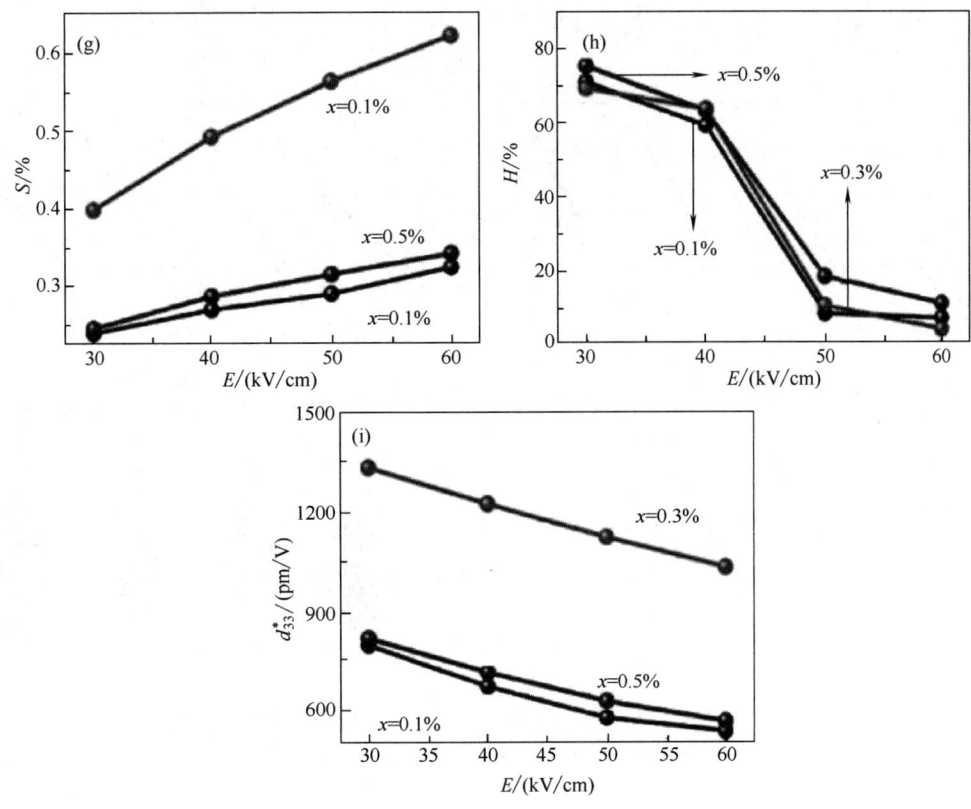

图 3.20 在不同电场下测量的 0.74NBT-0.26ST-xMn 陶瓷 (a)～(c) 单边 P-E，(d)～(f) 单边 S-E 曲线；(g) S、(h) H 与 (i) d_{33}^* 值的变化图

样品的 H 降低至 10.9%。当电场强度从 20kV/cm 增加到 30kV/cm 时，观察到 NBST$_{0.997}$Mn$_{0.003}$ 样品的应变显著增大至 0.4%，这源于电场诱导的 RE/FE 相变和缺陷偶极子引起的可逆畸变。在低电场 30kV/cm 下 NBST$_{0.997}$Mn$_{0.003}$ 样品获得 1333pm/V 的 d_{33}^* 值，当外加电场强度超过 40kV/cm 时，NBST$_{1-x}$Mn$_x$ 陶瓷 S-E 曲线成线性关系，这意味着在高电场强度下出现电致伸缩应变。

图 3.21 (a)～(c) 给出了在不同电场下 0.74NBT-0.26ST-xMn 陶瓷的 S-P^2 图。从图中可以看出，在低电场强度下 S-P^2 图表现出非线性关系，在高电场强度下表现出近似线性关系，S-P^2 曲线的斜率仅用于确定有效电致伸缩系数 Q_{33}，因此，表明 0.74NBT-0.26ST-xMn 陶瓷在高电场强度下出现电致伸缩应变。图 3.21 (d) 给出了在不同电场下 0.74NBT-0.26ST-xMn 陶瓷的 Q_{33} 值变化图。从图中可以看出，随着电场强度的升高，三个样品的 Q_{33} 值出现不同程度的增大，随着 MnO 含量的增加，三个样品的 Q_{33} 值先增大后减小，当电场强度为 60kV/cm 时，NBST$_{0.997}$Mn$_{0.003}$ 陶瓷的 Q_{33} 值达到最大为 0.043m^4/C^2。高电场强度下的电致伸缩应变对 0.74NBT-0.26ST-xMn 陶瓷的大应变和低滞后起着重要的作用，因此，当电场强度为 60kV/cm 时，NBST$_{0.997}$Mn$_{0.003}$ 陶瓷获得了 0.62% 的大应变值和 10.9% 的滞后性。综上所述，场致相变和可逆畸变有助于 NBST$_{1-x}$Mn$_x$ 陶瓷在低电场强度条件下应变值的增大，

而电致伸缩应变有利于 0.74NBT-0.26ST-xMn 陶瓷在高电场强度条件下进一步增大应变值和减小滞后性。

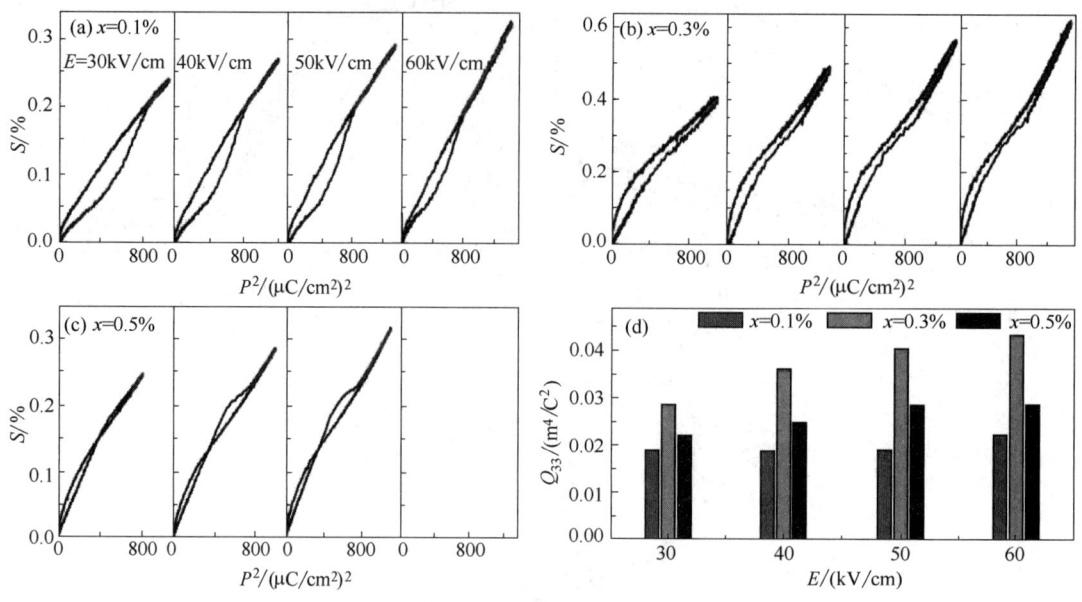

图 3.21　不同电场强度下 0.74NBT-0.26ST-xMn 陶瓷
(a)～(c) S-P^2 图；(d) Q_{33} 值变化图

3.4.3　相结构与缺陷偶极子耦合作用诱导大应变机制分析

通过 MnO 掺杂在准同型相界区内获得大应变主要是由于低电场强度下铁电相与弛豫相的相变、缺陷偶极子诱发的畴翻转可逆和引发的遍历性增强以及高电场强度下的电致伸缩性能引起的。根据化学成分设计，由于 $Mn^{2+/3+}$ 取代 Ti^{4+} 后电价不平衡，在 0.74NBT-0.26ST 晶格中产生了氧空位（$V_O^{\cdot\cdot}$）。图 3.22 给出了利用 XPS 测试 $NBST_{1-x}Mn_x$ 陶瓷中氧空位的含量情况。从图中可以看出，在结合能 529eV 附近出现的吸收峰代表晶格氧（V_L），在结合能 532eV 附近出现的吸收峰代表氧空位（$V_O^{\cdot\cdot}$），所有样品均有两个 O_{1s} 的吸收峰，这表明所有样品中均含有氧空位。通过对拟合结果的分析，发现随着 MnO 含量的增加，陶瓷中氧空位对应吸收峰的面积比逐渐增加，面积比分别为 31.1%、54.0%、55.1% 和 57.5%，这表明氧空位在一定程度上是随着 MnO 掺杂量的增加而增多的。0.74NBT-0.26ST 陶瓷中氧空位主要来源于：未掺杂 MnO 时，0.74NBT-0.26ST 陶瓷在烧结过程中 A 位 Bi 元素的挥发；掺杂 MnO 后，除了 0.74NBT-0.26ST 陶瓷在烧结过程中 A 位 Bi 元素的挥发外，Mn^{2+} 取代 Ti^{4+} 后电价不平衡，为了使电价平衡陶瓷晶格中会产生氧空位。氧空位含量的增多有利于在陶瓷中形成缺陷偶极子，使畴翻转可逆并改善应变性能。

$V_O^{\cdot\cdot}$ 浓度增大有利于在陶瓷晶格内形成缺陷偶极子，准同型相界区内的缺陷偶极

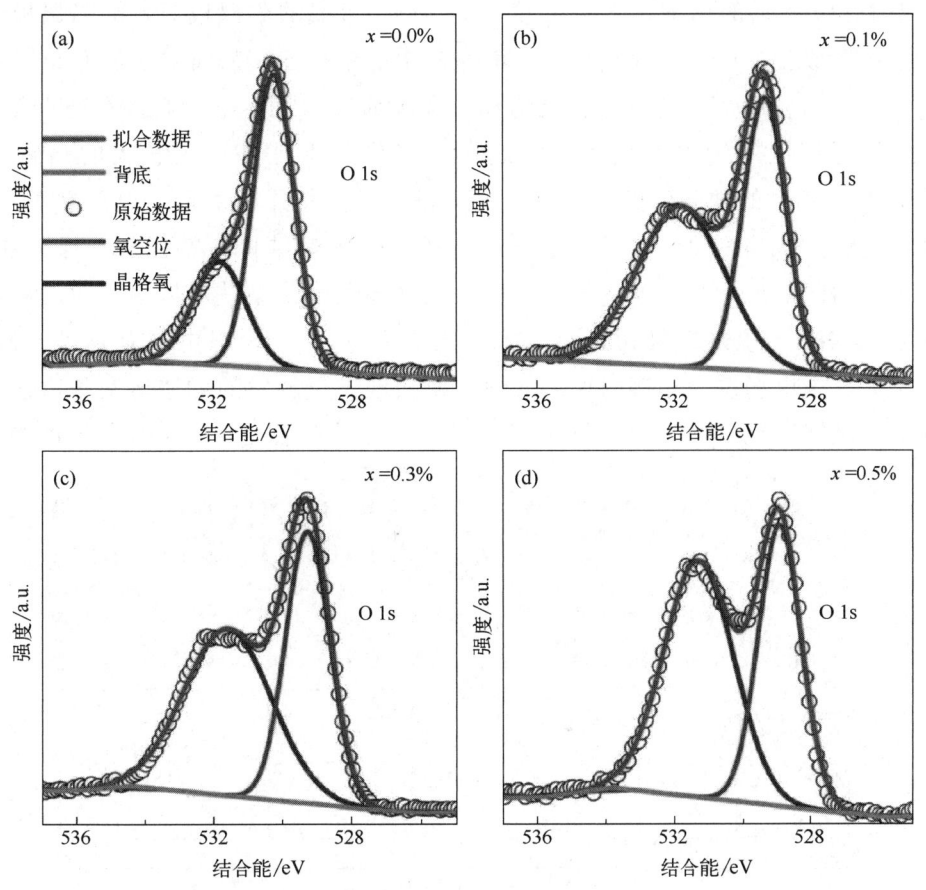

图 3.22 0.74NBT-0.26ST-xMn 陶瓷 O1s 的 XPS 图谱
(a) $x=0.0\%$；(b) $x=0.1\%$；(c) $x=0.3\%$；(d) $x=0.5\%$

子有两个作用，图 3.23（a）给出了 NBST$_{1-x}$Mn$_x$ 陶瓷的微观结构和极化反转过程的示意图。从图中可以看出，随着 MnO 含量的增加，Mn^{2+} 会替代 Ti^{4+} 的位置，导致了更多的氧空位在晶体结构中形成，氧空位和 Mn^{2+} 会形成缺陷偶极子。未加电场时，整个陶瓷中的铁电畴为无序状态，缺陷偶极子产生平行于晶胞的自发极化（P_s）方向的缺陷偶极矩（P_D）；当施加电场时，P_s 转向电场的方向，而 P_D 无法跟上电场的变化而保留原来的取向，从而产生畴稳定效应。当电场被移除时，P_D 可以提供一个使已转向的自发极化恢复到施加电场前的无序状态的力。畴翻转可逆能够触发一个大的可恢复应变性能。另外，P_D 能够增加陶瓷内部局部随机电场，改善准同型相界区内的纳米极性微区（PNRs）的尺寸及活性，增强陶瓷遍历性，提高电场诱导相变的可恢复性，从而调整了应变特性。同时，增强的遍历性有利于得到优异的电致伸缩性能，进一步增大应变大小。在准同型相界区内诱发的畴翻转可逆和电场诱导相变的共同作用下，能够获得大应变小滞后的驱动材料。

电致伸缩效应随着钙钛矿铁电体中 B 位阳离子有序度的增加和遍历性的提高而变大。图 3.23（b）给出了 0.74NBT-0.26ST-xMn 陶瓷的 Q_{33} 模型图。从图中可以看出，随着 MnO 含量的增加，氧空位和 B 位 Mn^{2+} 形成缺陷偶极子，缺陷偶极子的形成限制了自发极化的旋转，并造成氧八面体产生晶格畸变，从而限制了 B 位阳离子的活动空间，使 B 位阳离子的有序程度增加。文献研究表明，Q_{33} 随着钙钛矿铁电体中 B 位阳离子有序度的增加而变大，因此在电场作用下能够产生较大的电致伸缩效应[28]。同时，引入的缺陷偶极子能有效地促进局域偶极子的关联，改变有序/无序状态，高浓度的点缺陷可以将正常铁电体转换成以纳米畴结构为特征的弛豫型铁电体，同时减小 PNRs 的尺寸并增加它们的活性，最终导致弛豫型铁电体遍历性的增加。因此，在 0.74NBT-0.26ST-xMn（$x=0.3\%$）陶瓷样品中，当电场强度为 60kV/cm 时，由于提高了电场诱导相变的可恢复性、缺陷偶极子触发的可逆畸变和增强的电致伸缩效应，最终实现了 0.62% 的大应变、10.9% 的低滞后性和 1033pm/V 的高 d_{33}^*。

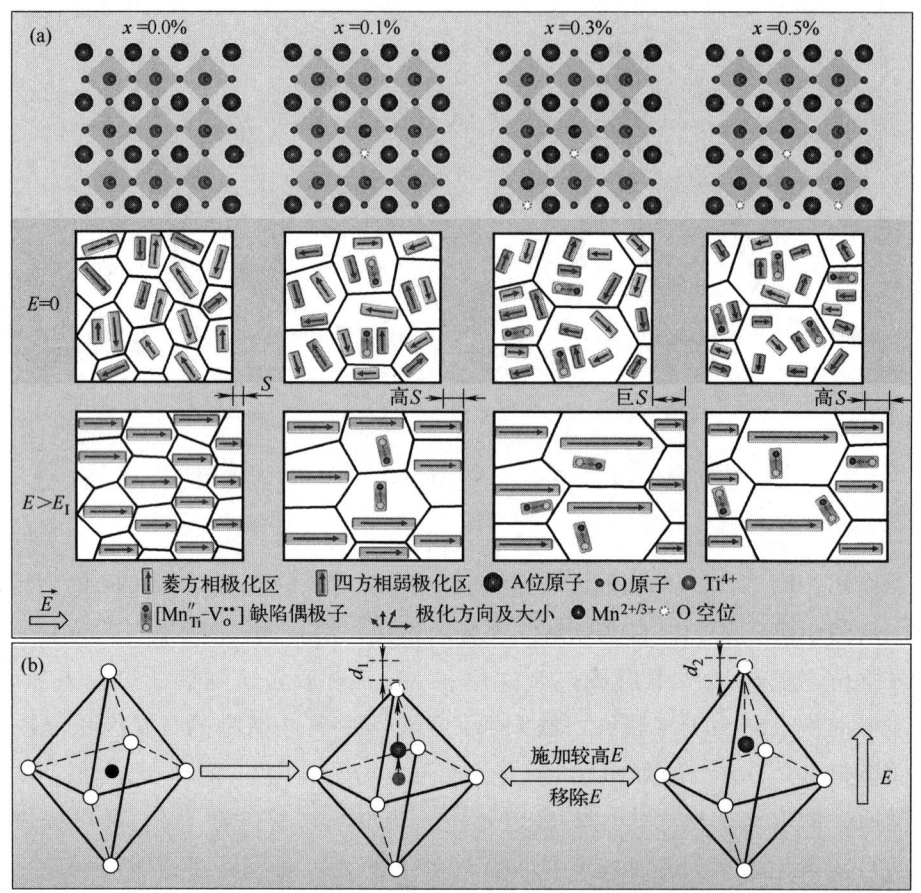

图 3.23　0.74NBT-0.26ST-xMn 陶瓷
(a) 微观结构和极化反转示意图；(b) Q_{33} 模型图

3.4.4　准同型相界区施主掺杂 NBT 基陶瓷相结构及应变性能研究

在准同型相界区进行受主掺杂构建缺陷偶极子能够得到大应变小滞后的驱动材料，为了进一步优化 NBT 基陶瓷的应变性能，在准同型相界区的 NBT 基陶瓷中进行了施主掺杂的研究。采用传统固相球磨法制备了施主 Nb_2O_5 掺杂 R、T 两相共存区 0.75NBT-0.25ST（0.75NBT-0.25ST-xNb，$x=0\%$、0.5%、1.0%、1.5%、2.0%、2.5%），其室温下的 XRD 图谱如图 3.24 所示。所有样品均为 ABO_3 结构，没有第二相产生。由于 Nb 元素的离子半径和 Ti 元素的离子半径相差不大，故掺杂 Nb 后衍射峰的峰位没有太大变化。

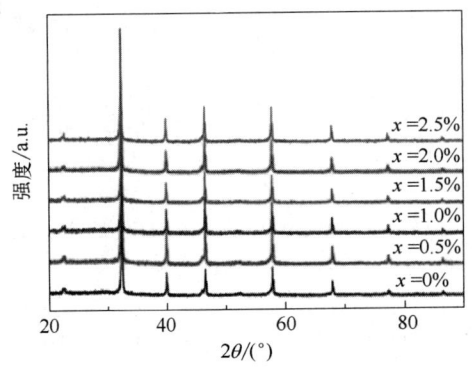

图 3.24 0.75NBT-0.25ST-xNb 陶瓷的 XRD 图谱

0.75NBT-0.25ST-xNb 陶瓷在不同电场下的 P-E 曲线如图 3.25 所示。由图可知，随着 Nb 掺杂量的增加，样品的 P-E 曲线逐渐变窄细，剩余极化强度 P_r 和矫顽场 E_c 逐渐减小，最大极化强度 P_{max} 出现小幅度降低。

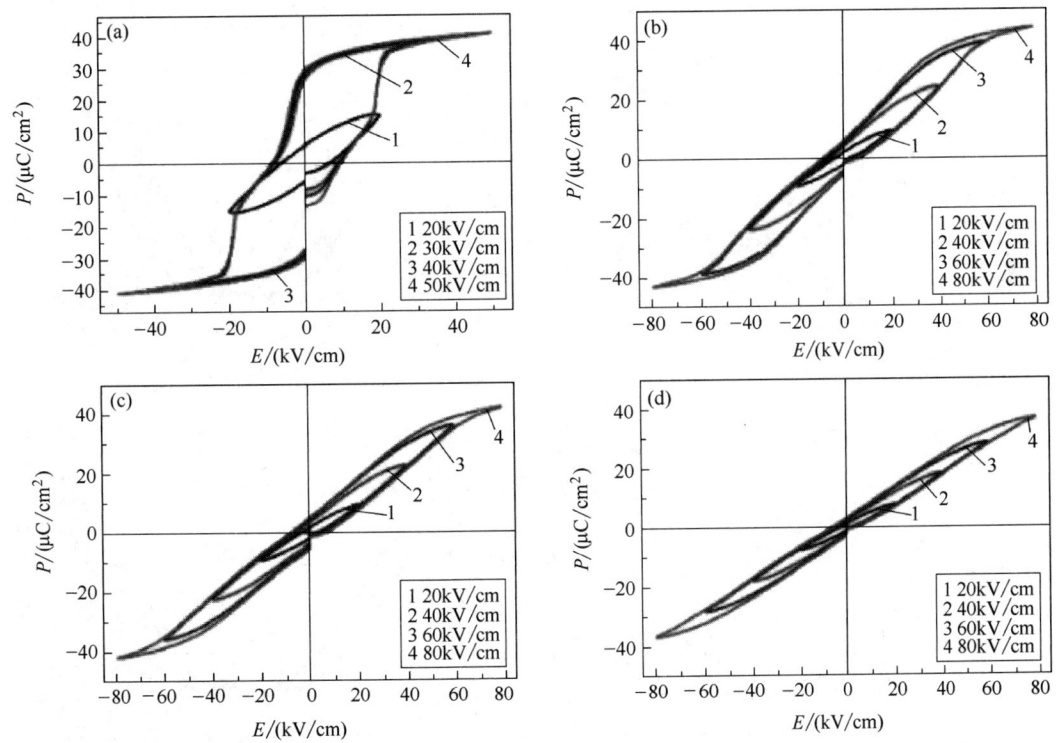

图 3.25

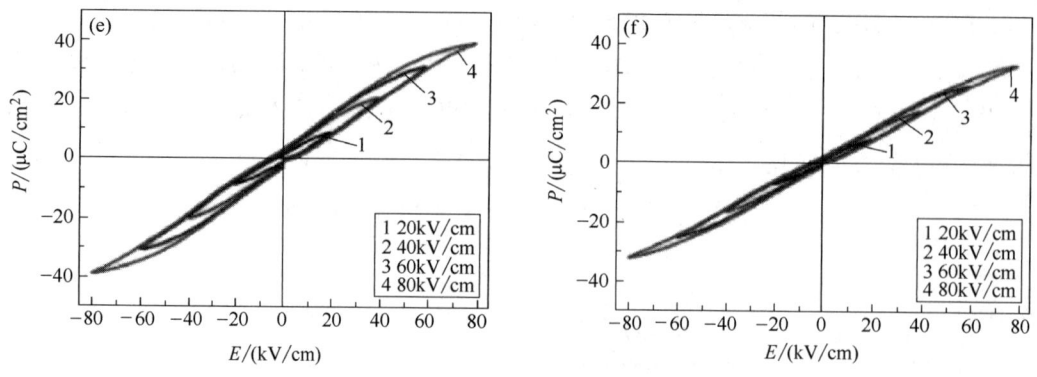

图 3.25 0.75NBT-0.25ST-xNb 陶瓷的 P-E 曲线

(a) $x=0.0\%$; (b) $x=0.5\%$; (c) $x=1.0\%$; (d) $x=1.5\%$; (e) $x=2.0\%$; (f) $x=2.5\%$

图 3.26 为室温下 0.75NBT-0.25ST-xNb 陶瓷在不同电场下的 S-E 曲线。由图可知，Nb 掺杂后样品的 S-E 曲线的形状发生明显变化。0.75NBT-0.25ST 陶瓷存在一定大小的剩余应变 S_r。掺杂 Nb^{5+} 后，陶瓷的剩余应变均降低为 0。随着 Nb 含量增加，应变值 S 先增大后减小，滞后性 H 逐渐降低。其中，$x=0.5\%$ 时应变值最大为 0.36%，其滞后性 $H=36\%$。该结果表明在准同型相界区进行施主 Nb 掺杂在提高应

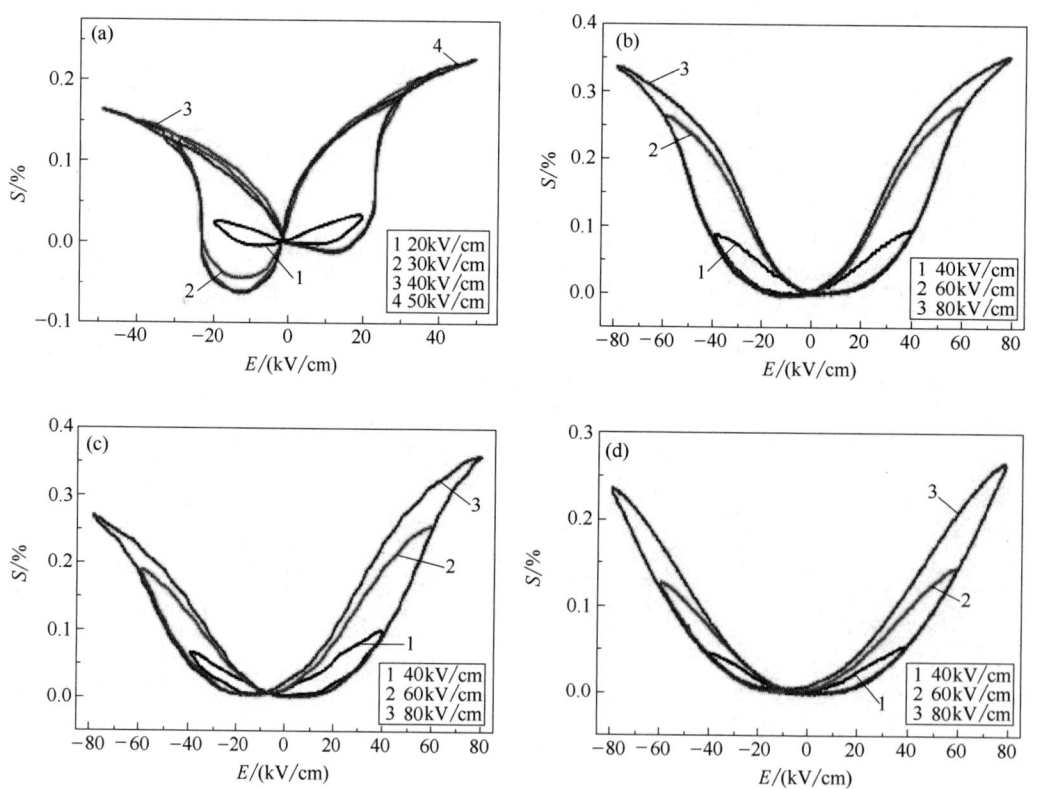

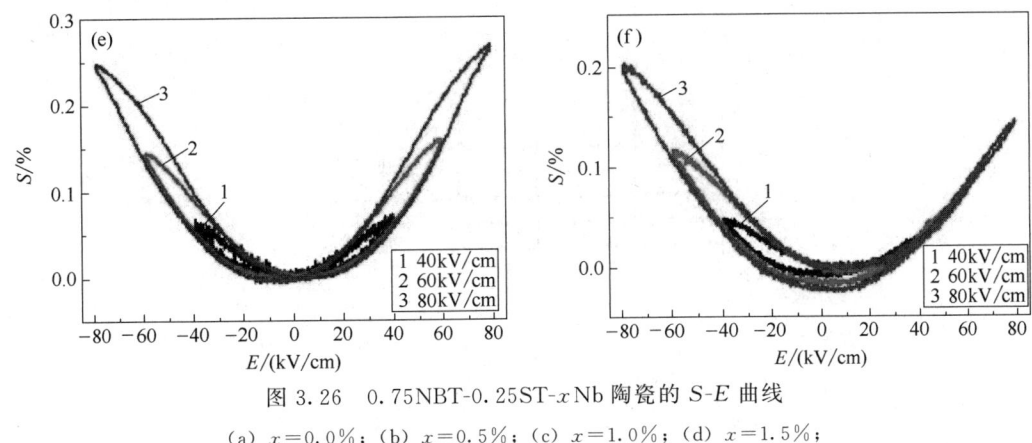

图 3.26　0.75NBT-0.25ST-xNb 陶瓷的 S-E 曲线

(a) $x=0.0\%$；(b) $x=0.5\%$；(c) $x=1.0\%$；(d) $x=1.5\%$；
(e) $x=2.0\%$；(f) $x=2.5\%$

变大小的同时，能降低应变滞后性。在准同型相界区进行施主 Nb 掺杂，Nb^{5+} 取代 NBT 基陶瓷 B 位 Ti^{4+}，由于电价不平衡，Ti^{4+} 变价为 Ti^{3+}，在静电能和电价平衡的约束下，易于形成 Nb^{5+} 和 Ti^{3+} 有序占位的"离子对"偶极子结构。离子对相当于一个自建电场，与缺陷偶极子作用效果一样，使畴翻转可逆以提高应变大小并降低滞后性。

3.4.5　准同型相界区施主-受主共掺杂 NBT 基陶瓷相结构及应变性能研究

准同型相界区受主掺杂能够形成缺陷偶极子，施主掺杂能够形成"离子对"偶极子结构，两种偶极子均能改善 NBT 基陶瓷的应变性能。本节主要研究了准同型相界区 Nb-Mn（施主-受主）共掺杂时 0.75NBT-0.25ST 体系的应变性能。由于 NBT-ST-1.0%Nb 陶瓷具有大应变和小滞后性，故本节在该组分陶瓷中进行受主 MnO 掺杂（0.75NBT-0.25ST-1.0%Nb-xMnO，$x=0\%$、0.25%、0.5%、0.75%、1.0%），利用施主-受主掺杂进一步优化 NBT 基陶瓷的应变性能。图 3.27 为共掺杂 0.75NBT-0.25ST-1.0%Nb-xMnO 陶瓷的 XRD 谱图。所有陶瓷样品都具有典型的钙钛矿结构，不存在第二相，说明 Nb、Mn 完全固溶形成 ABO_3 固溶体。

P-E 电滞回线（图 3.28）表明随着 MnO 含量的增加，P_{max} 先增大后减小，剩余极化强度 P_r 缓慢降低。当 MnO 掺杂含量为 0.25% 时，P_{max} 最大约为 39.5 $\mu C/cm^2$。S-E 曲线（图 3.29）显示随着 MnO 掺杂含量的增加，应变是先增加后减小的。其中 MnO 掺杂含量约为 0.25% 时，它的应变值最大约 0.28%，滞后性 H 约为 30.5%。该研究结果表明在准同型相界区共掺杂时，适当的 MnO 掺杂含量可以提高应变，同时也能降低滞后性，但是幅度都不太大。

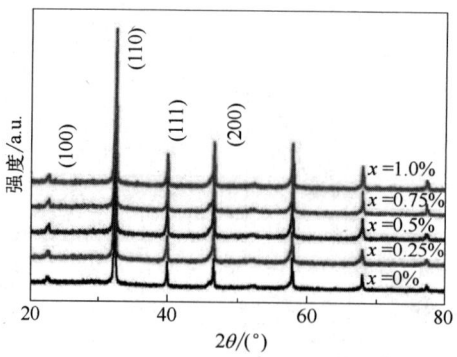

图 3.27 0.75NBT-0.25ST-1.0%Nb-xMnO 陶瓷的 XRD 谱图

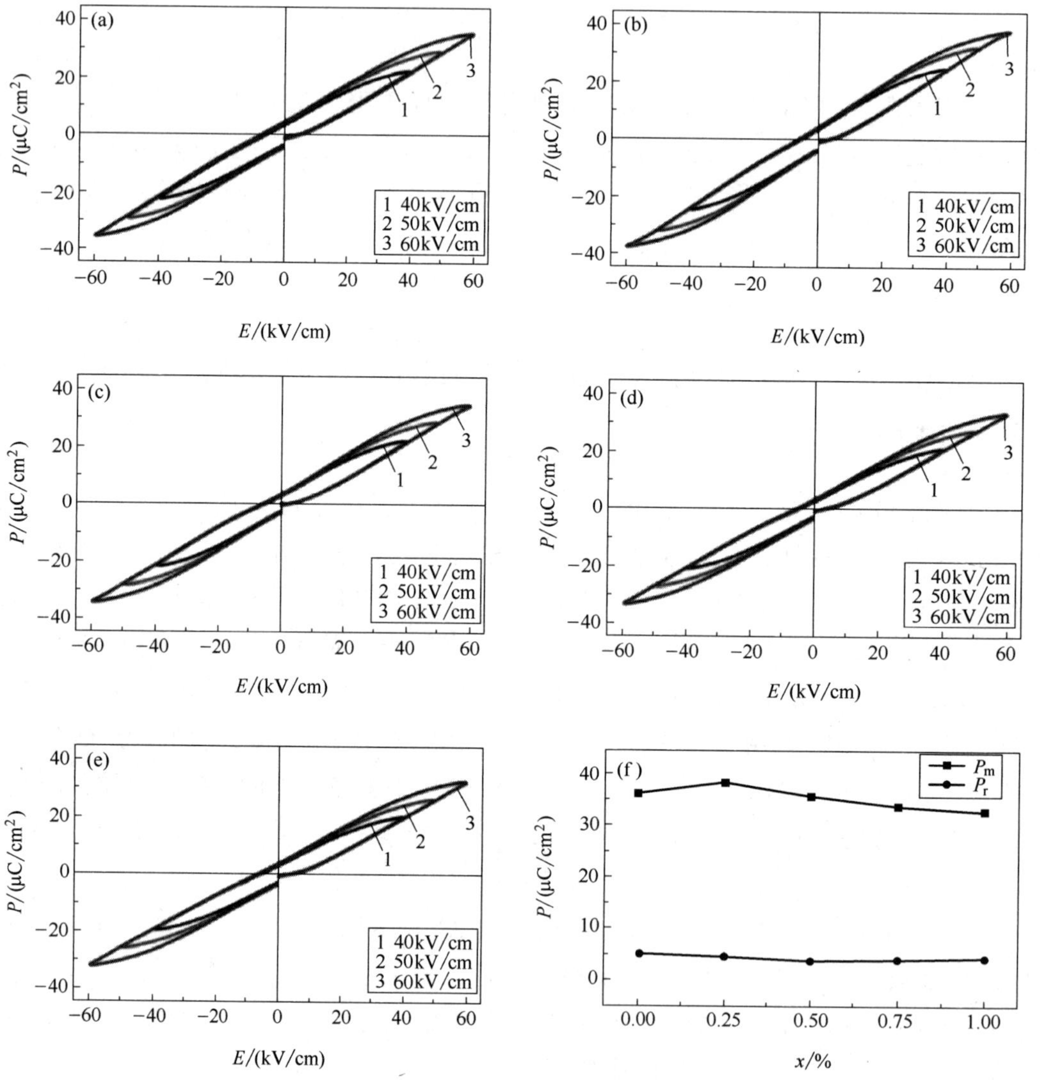

图 3.28 0.75NBT-0.25ST-1.0%Nb-xMnO 陶瓷
(a) $x=0\%$，(b) $x=0.25\%$，(c) $x=0.50\%$，(d) $x=0.75\%$，
(e) $x=1.0\%$ 的 P-E 曲线；(f) 极化强度随组分的变化

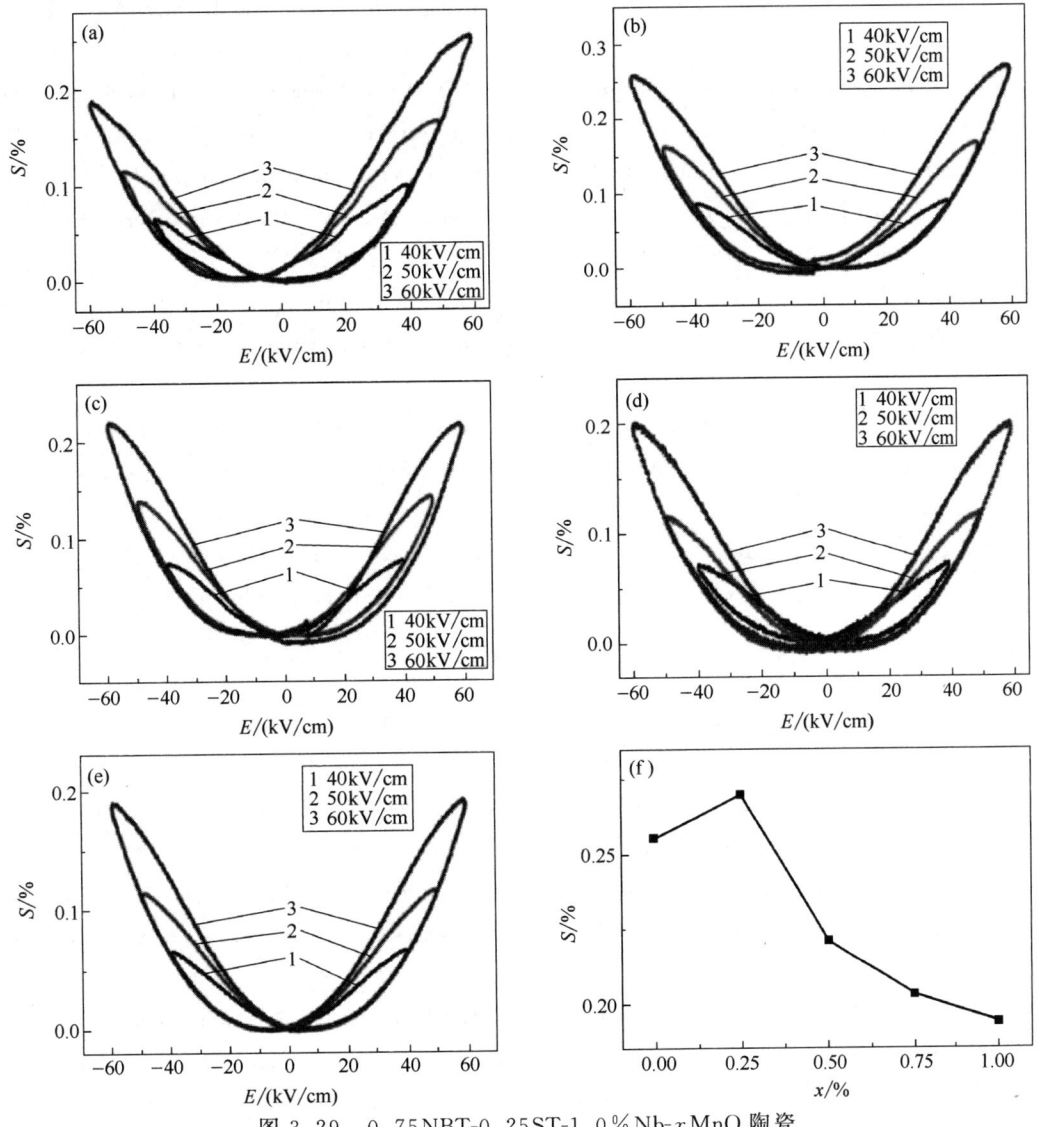

图 3.29　0.75NBT-0.25ST-1.0%Nb-xMnO 陶瓷

(a) $x=0\%$，(b) $x=0.25\%$，(c) $x=0.50\%$，(d) $x=0.75\%$，(e) $x=1.0\%$ 的 S-E 曲线；(f) 应变大小随组分的变化

参考文献

[1] Wang K, Yao F Z, Jo W, Gobeljic D, Shvartsman V V, Lupascu D C, Li J F, Rödel J. Temperature-insensitive (K, Na)NbO₃-based lead-free piezoactuator ceramics. Advanced Functional Materials, 2013, 23: 4079-4086.

[2] Khaliq A, Sheeraz M, Ullah A, Lee J S, Ahn C W, Kim I W. Large strain in $Bi_{0.5}(Na_{0.78}K_{0.22})_{0.5}TiO_3$-Bi

($Mg_{0.5}Ti_{0.5}$)O_3 based composite ceramics under low driving field. Sensors and Actuators A, 2017, 258: 174-181.

[3] Geng H F, Zeng K, Wang B Q, Wang J, Fu Z Q, Xu F F, Zhang S J, Luo H S, Vieh D, Guo Y P. Giant electric field-induced strain in lead-free piezoceramics. Science, 2022, 378: 1125-1130.

[4] Zhang S T, Kounga A B, Aulbach E, Ehrenberg H, Rödel J. Giant strain in lead-free piezoceramics $Bi_{0.5}Na0.5TiO_3$-$BaTiO_3$-$K_{0.5}Na_{0.5}NbO_3$ system. Applied Physics Letters, 2007, 91(11): 112906.

[5] Jo W, Granzow T, Aulbach E, Rödel J, Damjanovic D. Origin of the large strain response in ($K_{0.5}Na_{0.5}$)NbO_3-modified ($Bi_{0.5}Na_{0.5}$)TiO_3-$BaTiO_3$ lead-free piezoceramics. Journal of Applied Physics, 2009, 105 (9): 094102.

[6] Hiruma Y, Imai Y, Watanabe Y, Nagata H, Takenaka T. Large electrostrain near the phase transition temperature of $Bi_{0.5}Na_{0.5}TiO_3$-$SrTiO_3$ ferroelectric ceramics. Applied Physics Letters, 2008, 92: 262904.

[7] Wang K, Hussain A, Jo W, Rödel J. Temperature-dependent properties of ($Bi_{1/2}Na_{1/2}$)TiO_3-($Bi_{1/2}K_{1/2}$)TiO_3-$SrTiO_3$ lead-free piezoceramics. Journal of American Ceramic Society, 2012, 95 (7): 2241-2247.

[8] Liu L J, Shi D P, Knapp M, Ehrenberg H, Fang L, Chen J. Large strain response based on relaxor-antiferroelectric coherence in $Bi_{0.5}Na_{0.5}TiO_3$-$SrTiO_3$-($K_{0.5}Na_{0.5}$)NbO_3 solid solutions. Journal of Applied Physics, 2014, 116: 184104.

[9] Ullah A, Ahn C W, Ullah A, Kim I W. Large strain under a low electric field in lead-free bismuth-based piezoelectrics. Applied Physics Letters, 2013, 103: 022906.

[10] Cao W P, Li W L, Bai T R G L, Yu Y, Zhang T D, Hou Y F, Feng Y, Fei W D. Enhanced electrical properties in lead-free NBT-BT ceramics by series ST substitution. Ceramics International, 2016, 42: 8438-8444.

[11] Dinh T H, Bafandeh M R, Kang J K, Hong C H, Jo W, Lee J S. Comparison of structural, ferroelectric and strain properties between A-site donor and acceptor doped $Bi_{1/2}(Na_{0.82}K_{0.18})_{1/2}TiO_3$ ceramics. Ceramics International, 2015, 41: S458-S463.

[12] Nguyen V Q, Han H S, Kim K J, Dang D D, Ahn K K, Lee J S. Strain enhancement in $Bi_{1/2}(Na_{0.82}K_{0.18})_{1/2}TiO_3$ lead-free electromechanical ceramics by co-doping with Li and Ta. Journal of Alloys and Compounds, 2012, 511: 237-241.

[13] Liu X M, Tan X L. Giant strains in non-textured ($Bi_{1/2}Na_{1/2}$)TiO_3-based lead-free ceramics. Advanced Materials, 2016, 28: 574-578.

[14] Hao J G, Xu Z J, Chu R Q, Li W, Fu P, Du J, Li G R. Structure evolution and electrostrictive properties in ($Bi_{0.5}Na_{0.5}$)$_{0.94}Ba_{0.06}TiO_3$-M_2O_5 (M=Nb,Ta,Sb) lead-free piezoceramics. Journal of the European Ceramic Society, 2016, 36: 4003-4014.

[15] Liu X, Liu B H, Li F, Li P, Zhai J W, Shen B. Relaxor phase evolution and temperature-insensitive large strain in B-site complex ions modified NBT-based lead-free ceramics. Journal of Materials Science, 2018, 53: 309-322.

[16] Ren X B. Large electric-field-induced strain in ferroelectric crystals by point-defect-mediated reversible domain switching. Nature Materials, 2004, 3: 91-94.

[17] Zhang L X, Liu W F, Chen W, Ren X B, Sun J, Gurdal E A, Ural S O, Uchino K. Mn dopant on the "domain stabilization" effect of aged $BaTiO_3$ and $PbTiO_3$-based piezoelectrics. Applied Physics Letters, 2012, 101: 242903.

[18] Feng Z Y, Ren X. Aging effect and large recoverable electrostrain in Mn-doped $KNbO_3$-based ferroelectrics. Applied Physics Letters, 2007, 91: 032904.

[19] Wu J Y, Zhang H B, Huang C H, Tseng C W, Meng N, Koval V, Chou Y C, Zhang Z, Yan H X. Ultrahigh field-induced strain in lead-free ceramics. Nano Energy, 2020, 76: 105037.

[20] Li T Y, Lou X J, Ke X Q, Cheng S D, Mi S B, Wang X J, Shi J, Liu X, Dong G Z, Fan H Q, Wang Y Z, Tan X L. Giant strain with low hysteresis in a-site-deficient ($Bi_{0.5}Na_{0.5}$)TiO_3-based lead-free piezoceramics. Acta Materialia, 2017, 128: 337-344

[21] Jo W, Daniels J E, Jones J L, Tan X, Thomas P A, Damjanovic D, R? del J. Evolving morphotropic phase boundary in lead-free ($Bi_{1/2}Na_{1/2}$)TiO_3-$BaTiO_3$ piezoceramics. Journal of Applied Physics, 2011, 109 (1): 014110.

[22] Feng W, Luo B C, Bian S S, Tian E, Zhang Z L, Kursumovic A, MacManus-Driscoll J L, Wang X H, Li L T. Heterostrain-enabled ultrahigh electrostrain in lead-free piezoelectric. Nature Communications, 2022, 13: 5086.

[23] Geng H F, Zeng K, Wang B Q, Wang J, Fu Z Q, Xu F F, Zhang S J, Luo H S, Vieh D, Guo Y P. Giant electric field-induced strain in lead-free piezoceramics. Science, 2022, 378: 1125-1130.

[24] Xu D, Li W L, Wang L D, Wang W, Cao W P, Fei W D. Large piezoelectric properties induced by doping ionic pairs in $BaTiO_3$ ceramics. Acta Materials, 2014, 79: 84-92.

[25] Feng Y, Li W L, Xu D, Qiao Y L, Yu Y, Zhao Y, Fei W D. Defect engineering of lead-free piezoelectrics with high piezoelectric properties and temperature-stability. ACS Applied Materials & Interfaces, 2016, 8 (14): 9231.

[26] Song R X, Zhao Y, Li W L, Yu Y, Sheng J, Li Z, Zhang Y L, Xia H T, Fei W D. High temperature stability and mechanical quality factor of donor-acceptor co-doped $BaTiO_3$ piezoelectrics. Acta Materials, 2019, 181: 200-206.

[27] Huang Y L, Zhao C L, Yin J, Lv X, Ma J, Wu J G. Giant electrostrictive effect in lead-free barium titanate-based ceramics via a-site ion-pairs engineering. Journal of Materials Chemistry A, 2019, 7 (29): 17366-17375.

第4章

$Na_{0.5}Bi_{0.5}TiO_3$基铁电陶瓷材料电致伸缩性能

4.1 铁电陶瓷材料电致伸缩效应的概念及研究进展

4.1.1 电致伸缩效应的概念

随着电致伸缩材料在微位移器等诸多方面的应用越来越广泛,电致伸缩材料由于具有应变滞后小、不需要极化处理、响应速度快等优点,在精密定位技术中发挥着越来越重要的作用。电介质在电场作用下,由于感生极化会产生正比于电场强度(极化强度)平方的形变,这种现象称为电致伸缩效应。一般来说,当施加外电场时,电介质产生的应变大小与电场强度的关系如下:

$$S = dE + ME^2 = gP + QP^2 \tag{4.1}$$

式中,S 为应变;d、g 为压电系数;E 为电场强度;P 为极化强度。M、Q 为电致伸缩系数。从公式(4.1)可以看出,应变的大小来源于两个方面:一方面是由电介质的自发极化产生的正比于电场强度的应变,即逆压电效应的体现;另一方面是由电介质的感生极化产生的正比于电场强度平方的应变,即电致伸缩效应的体现。

根据对称性原理,对于具有对称中心的晶体而言,表征其物理性质的偶次阶张量存在非零分量,奇次阶张量的分量均为零;对于不具有对称中心的晶体而言,偶次阶张量和奇次阶张量均存在非零分量。由于压电系数是三阶张量,电致伸缩系数为四阶张量,因此,一切电介质晶体均具有电致伸缩效应,而压电效应仅存在于不具有对称中心的晶体中。由此可以得出,铁电材料的应变包含压电应变和电致伸缩应变。当铁电陶瓷处于顺电相或铁电相但未充分极化时,可忽略压电效应对应变的影响。式(4.2)变为:

$$S = QP^2 = Q(\varepsilon E^2) \tag{4.2}$$

通过公式可以看出,电致伸缩材料需要具有较大的应变、P_r 较小的电滞回线。除此之外，电致伸缩材料需要具有较好的温度稳定性，由于介电常数是温度的函数，因此电致伸缩材料一般选择介电常数随温度变化相对缓慢的弛豫型铁电体。

4.1.2 电致伸缩材料的研究进展

电致伸缩效应是离子因极化诱导离开了原子平衡位置，从而引起晶格参数的变化产生的，存在于所有的电介质材料中，但由于电致伸缩效应产生的应变非常微小，给实验研究带来较大的困难，所以对于电致伸缩材料的研究开展得比较晚。但是由于电致伸缩材料具有滞后小、无老化、可重复等优点，在驱动器、微位移器等领域具有重要的应用，因此其成为人们研究的重点。铌镁酸铅（$PbMg_{1/3}Nb_{2/3}O_3$）体系是最早被研究并在实际中得到广泛应用的电致伸缩材料。Cross 等人[1] 报道了 $Pb-Mg_{1/3}Nb_{2/3}O_3$ 单晶的相关参数，其电致伸缩系数 $Q_{33}=2.50\times10^{-2} m^4/C^2$。随后，镧锆钛酸铅（PLZT）和铌锌酸铅（PZN）等二元、三元体系材料的电致伸缩性能逐渐被发掘[2]。在这些电致伸缩材料中，由于其含铅量较高，对人类健康和环境造成较大的危害，因此，无铅电致伸缩材料逐渐成为研究的重点。

近年来的研究发现，无铅弛豫型铁电体由于弥散相变，可以获得较高的电致伸缩系数[3]。NBT 基陶瓷作为一种典型的无铅弛豫型铁电材料，成为目前研究较多的电致伸缩材料之一[4-11]。Ang 等[4] 首次报道了 $(Sr_{0.35}Na_{0.25}Bi_{0.35})TiO_3$ 陶瓷的电致伸缩性能，其电致伸缩系数 Q_{33} 为 $0.020 m^4/C^2$，且滞后可以忽略不计。随后，研究发现 $NaNbO_3$（NN）[5]、$SrTiO_3$（ST）[6] 和 $Sr_{(1-3x/2)}Bi_x□_{x/2}TiO_3$（"□"表示 A 位空位）（SBT）[7,8] 等掺杂能够提高 NBT 基陶瓷的电致伸缩性能。SBT 是一种典型的 A 位复合弛豫型铁电体，为了平衡 Bi^{3+} 被 Sr^{2+} 取代而形成的电荷错配，陶瓷中会形成 A 位空位（V_A）和氧空位（$V_O^{\cdot\cdot}$）。V_A 和 $V_O^{\cdot\cdot}$ 产生的局部缺陷会破坏 NBT 基陶瓷的铁电有序性，在零电场强度下形成纳米极性微区（PNRs）的"非极性"相，从而有效提高了 NBT 基陶瓷的电致伸缩性能。例如，Shi 等[8] 研究发现，SBT 掺杂能够在 NBT-BT-SBT 陶瓷体系中产生铁电纳米畴，并增强材料的频率弥散特性，得到电致伸缩系数高达 $0.0295 m^4/C^2$ 的优异性能。除了 V_A 和 $V_O^{\cdot\cdot}$ 产生的局部缺陷外，Mn 掺杂引起的 $Mn-V_O^{\cdot\cdot}$ 缺陷偶极子也能够改善 NBT 基陶瓷的电致伸缩特性[12,13]。

从应用上讲，电致伸缩材料要满足以下两点：①在相对不大的电场强度下具有大的应变，且应变与电场强度的关系没有滞后或滞后较小；②重复性好，温度效应较小。为此电致伸缩材料一般选择介电常数大的、相变温度在室温附近、室温时压电性能可忽略的弛豫型铁电体。Sn 和 ST 能够有效降低 NBT 基陶瓷的相变温度，室温下能够获得弛豫相电致伸缩材料。MnO 掺杂 T 相区 NBT-ST 陶瓷体系能够在室温为弛豫相的陶瓷中构建缺陷偶极子，进一步改善其电致伸缩性能。因此，在本章中，主要介绍了通过元素 Sn 掺杂和 ST 固溶降低相变温度以及利用受主掺杂构筑缺陷偶极子等改善 NBT 基陶瓷体系的电致伸缩性能。

4.2 调控相变温度改善 $Na_{0.5}Bi_{0.5}TiO_3$ 基陶瓷电致伸缩性能的研究

本节主要分析了元素 Sn 掺杂和 ST 固溶两种方式调控 NBT 基陶瓷的相变温度，室温下获得弛豫相的电致伸缩性能研究情况。

4.2.1 Sn 掺杂 $Na_{0.5}Bi_{0.5}TiO_3$-$BaTiO_3$ 基陶瓷的电致伸缩性能

图 4.1 为固相合成方法制备成 Sn 掺杂 NBT-BT 基陶瓷（NBT-BT-xSn）的 XRD 结果。由图（a）可见，所有陶瓷均显示纯钙钛矿（ABO_3）固溶体结构，无任何杂相产生说明 Sn^{4+} 完全溶解于 NBT-BT 基陶瓷结构。由图（b）可见，当 $x=0.05$ 时，（200）晶面的衍射峰出现微弱的劈裂，为双峰的特征，说明该组分的相结构为 T 相。当 $x \geqslant 0.08$ 时，（200）晶面的衍射峰变为单峰，此时陶瓷样品的相结构变为赝立方相。此外，c/a 的值随 Sn 含量的增加明显降低，同样表明相结构由 T 相变为赝立方相。

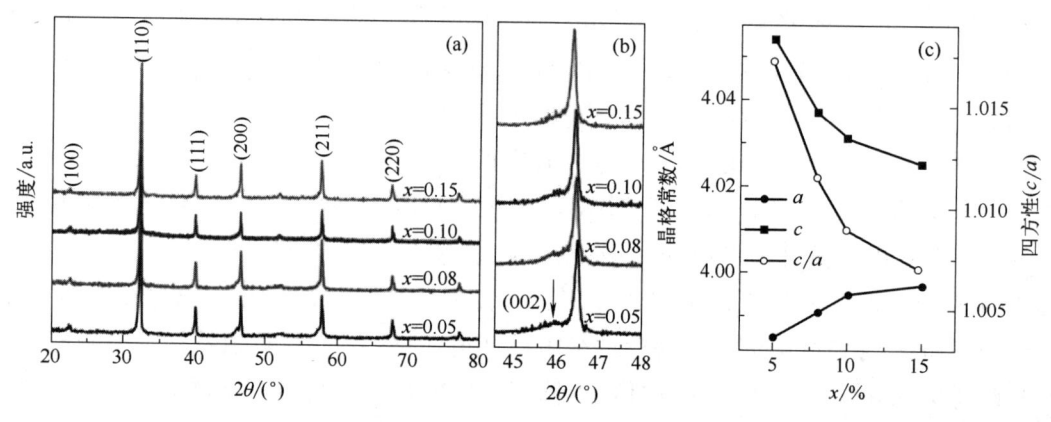

图 4.1 NBT-BT-xSn 陶瓷（a）20°~80°，（b）44°~48°
的 XRD 结果；（c）c/a 随 Sn 含量的变化结果

图 4.2 为 NBT-BT-xSn 陶瓷表面的 SEM 图谱。由图可见，所有陶瓷的表面均形成致密陶瓷，无明显孔洞。当 $x=0.05$ 时，陶瓷中含有大量的方形晶粒和少量的圆形晶粒；当 $x=0.08$、0.10 时，晶粒大小没有明显变化，但晶粒形状主要为圆形；当继续增加 Sn 的含量时，晶粒明显变大且不均匀。随着 Sn 含量增加，陶瓷的平均晶粒尺寸分别为 $3\mu m$、$3.5\mu m$、$3.2\mu m$ 和 $16\mu m$。

图 4.3 所示为 NBT-BT-xSn 陶瓷在不同频率（1kHz、10kHz、100kHz）下的介温谱。其中，测试温度范围为 35~500℃，升温速率为 2℃/min。由介电常数随温度

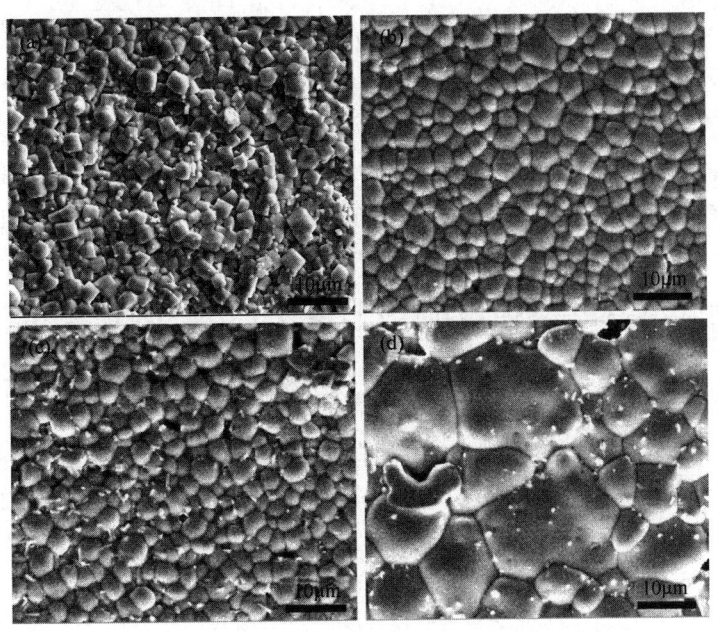

图 4.2 NBT-BT-xSn 陶瓷表面的 SEM 图谱

(a) $x=0.05$；(b) $x=0.08$；(c) $x=0.10$；(d) $x=0.15$

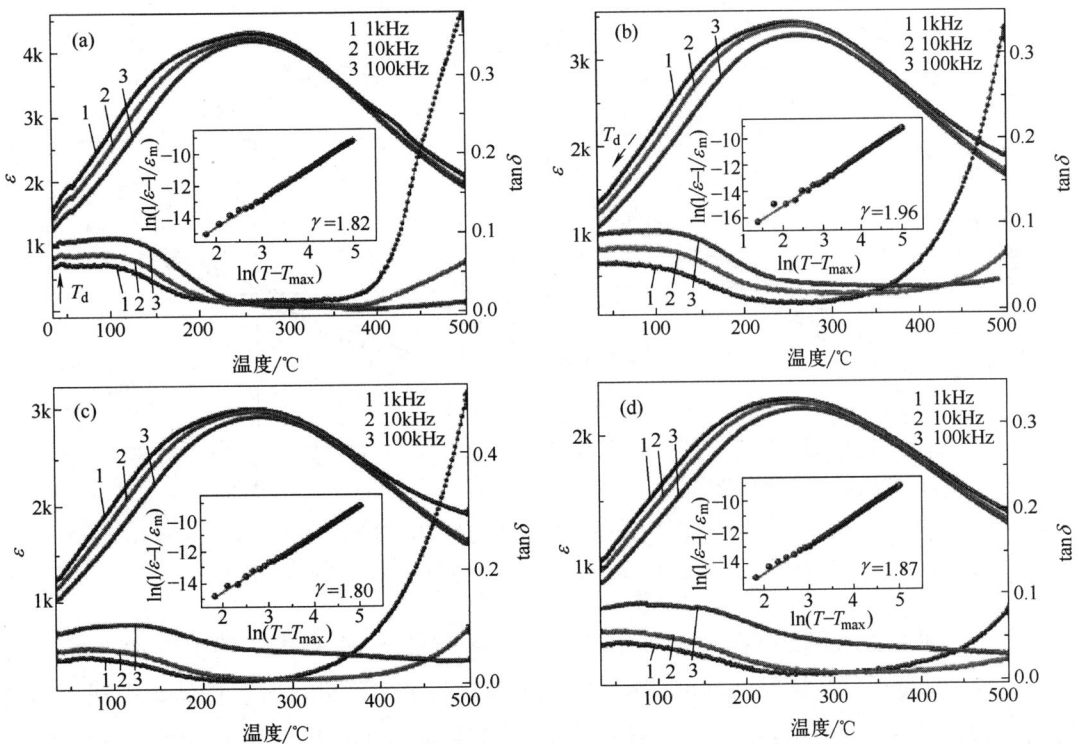

图 4.3 NBT-BT-xSn 陶瓷的介温谱

(a) $x=0.05$；(b) $x=0.08$；(c) $x=0.10$；(d) $x=0.15$

的变化情况可见所有陶瓷在居里温度附近的介电峰均表现出宽化现象，表明 NBT-BT-xSn 陶瓷具有弛豫型铁电体的性质。弛豫型铁电体的弥散程度可以用弥散度 γ 来表示，插图为 NBT-BT-xSn 陶瓷 $\ln(T-T_m)$ 与 $\ln(1/\varepsilon-1/\varepsilon_m)$ 的关系以及线性拟合结果，斜率即为相变介电弥散度 γ。随着 Sn 含量的增加，其 γ 值分别为 1.82、1.96、1.80 和 1.87，该结果表明 Sn 掺杂的陶瓷为弛豫型铁电体。由介电损耗随温度的变化情况可见，所有样品的退极化温度均降至室温以下，表明 Sn 掺杂能明显降低 NBT-BT 基陶瓷的退极化温度，从而在室温得到具有弛豫相结构的铁电陶瓷。

图 4.4 所示为 NBT-BT-xSn 陶瓷在不同电场时的 P-E 曲线，其中外加电场强度为 40~60kV/cm，周期为 500ms。随着电场强度的增加，所有样品的最大极化强度 P_{max} 出现不同程度的增加，但剩余极化强度 P_r 和矫顽场 E_c 变化不大。未掺杂 Sn 的 0.94NBT-0.06BT 为 R、T 两相共存的铁电陶瓷，其 P-E 曲线为宽胖型。掺杂 Sn 后，陶瓷均表现出较瘦的 P-E 曲线，由此可见，Sn 掺杂后陶瓷室温下的相结构为弛豫相。

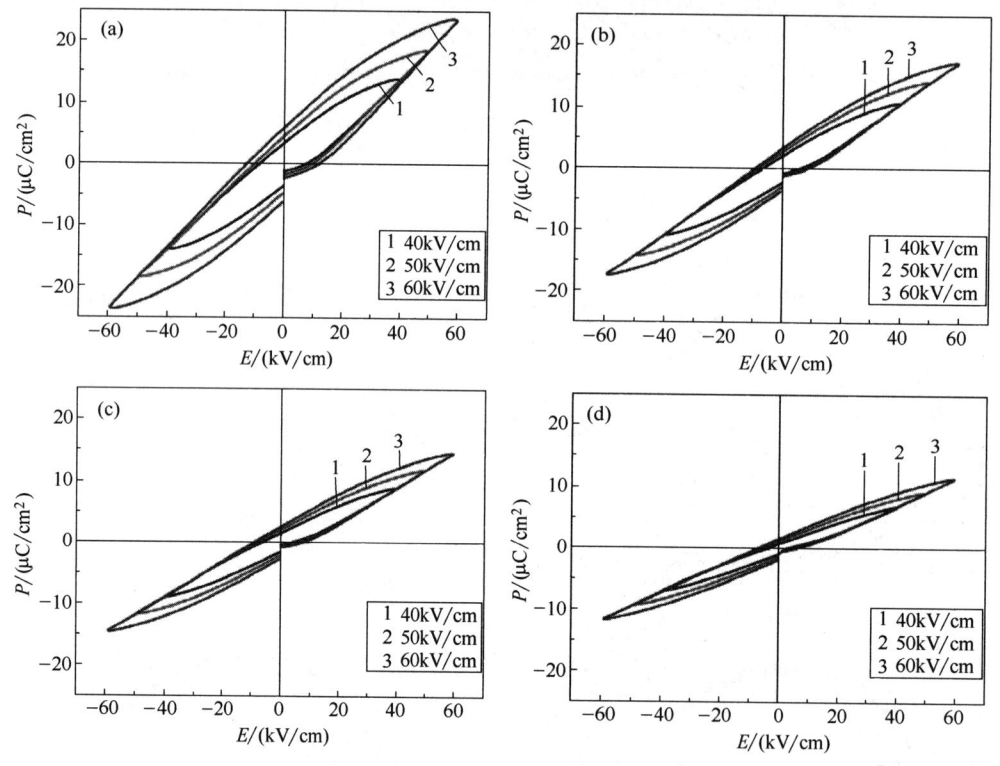

图 4.4 NBT-BT-xSn 陶瓷的 P-E 曲线
(a) $x=0.05$；(b) $x=0.08$；(c) $x=0.10$；(d) $x=0.15$

图 4.5 所示为 NBT-BT-xSn 陶瓷在不同电场时的 S-E 曲线，其中外加电场强度为 40~60kV/cm，周期为 500ms，循环次数为 3 次。由图可见，所有样品均表现出典型的弛豫型铁电材料的抛物线形 S-E 曲线，负应变基本为零，呈现出电致伸缩响应的特征。这一结果表明 Sn 掺杂能有效降低 NBT-BT 基陶瓷的铁电相与弛豫相的相变温度，从而在室温下得到弛豫相的铁电陶瓷材料。随着 Sn 含量增加，样品的应变值减小。在

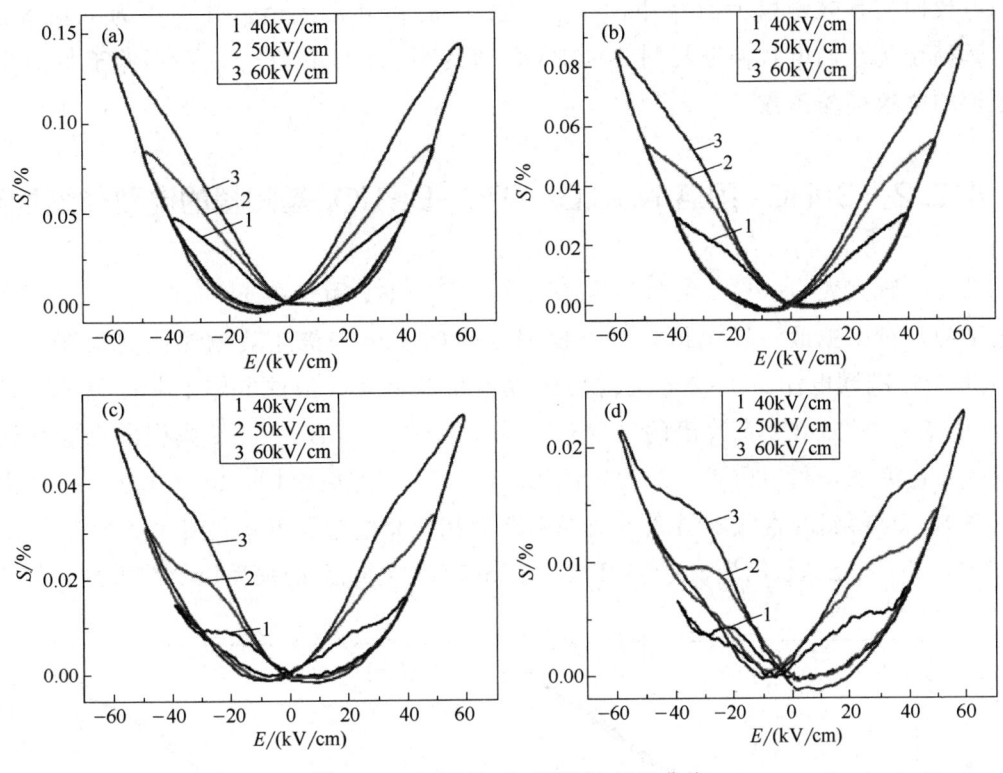

图 4.5 NBT-BT-xSn 陶瓷的 S-E 曲线

(a) $x=0.05$；(b) $x=0.08$；(c) $x=0.10$；(d) $x=0.15$

60kV/cm 电场下，其应变值大小分别为 0.142%、0.088%、0.054% 和 0.023%。

当电场-应变曲线为抛物线形，且负应变为零时，则该材料具有良好的电致伸缩效应。当换算成极化强度的平方与应变的关系曲线时，理想电致伸缩材料的 S-P^2 曲线为一条倾斜的直线。图 4.6（a）为室温下 NBT-BT-xSn 陶瓷的 S-P^2 曲线。由图可知，所有样品的 S-P^2 曲线均为一条倾斜的直线，说明 Sn 掺杂后陶瓷具有较好的电致伸缩效应。根据 $S=QP^2$ 可知，S-P^2 曲线的斜率即为陶瓷的电致伸缩系数，图（b）所示为 NBT-BT-xSn 陶瓷电致伸缩系数 Q 随 Sn 含量的变化情况。随着 Sn 含量的增

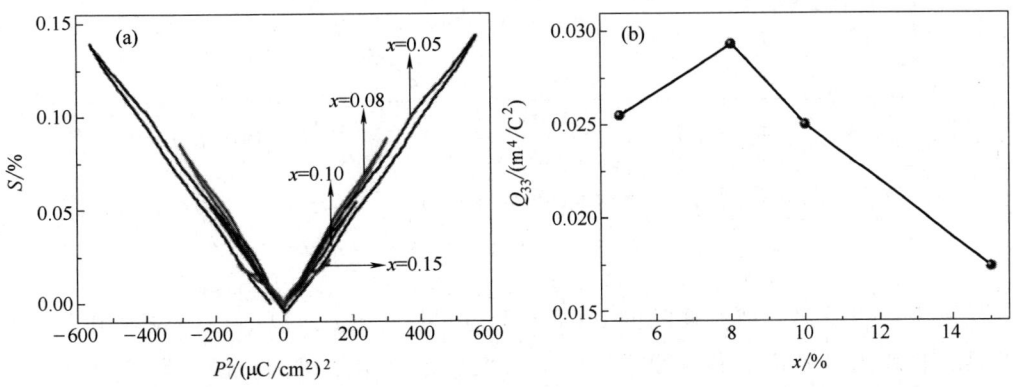

图 4.6 NBT-BT-xSn 陶瓷的（a）S-P^2 曲线；（b）电致伸缩系数随成分的变化

加,电致伸缩系数先增大后减小,在 $x=0.08$ 时达到最大值,其大小为 $0.0293\text{m}^4/\text{C}^2$,远高于传统的电致伸缩材料 PMN($Q$ 值约为 $0.017\text{m}^4/\text{C}^2$),且不低于目前文献中报道的电致伸缩系数[14-21]。

4.2.2　SrTiO$_3$ 固溶 Na$_{0.5}$Bi$_{0.5}$TiO$_3$-BaTiO$_3$ 基陶瓷的电致伸缩性能

第 2 章研究表明 $(1-x)[0.94\text{NBT}-0.06\text{BT}]-x\text{ST}$ 陶瓷在 $x=0.25\sim0.40$ 时为弛豫相结构,对于弛豫型铁电体,可以根据其弥散度 γ 来描述其弛豫性的程度。其中 $\gamma=1$ 时为标准铁电体,$\gamma=2$ 时为理想的弛豫型铁电体,当铁电体中存在弛豫型相变时 $1<\gamma<2$。根据第 2 章给出的 $(1-x)[0.94\text{NBT}-0.06\text{BT}]-x\text{ST}$ 陶瓷的介电性能随温度的变化关系,利用公式(2.1),以 $\ln(T-T_\text{m})$ 为横坐标,$\ln(1/\varepsilon-1/\varepsilon_\text{m})$ 为纵坐标作图,对得到的直线求斜率,则斜率即为相变介电弥散度 γ。图 4.7 为 10kHz 时 NBT-BT-ST 三元体系陶瓷 $\ln(T-T_\text{m})$ 与 $\ln(1/\varepsilon-1/\varepsilon_\text{m})$ 的关系以及线性拟合结果。

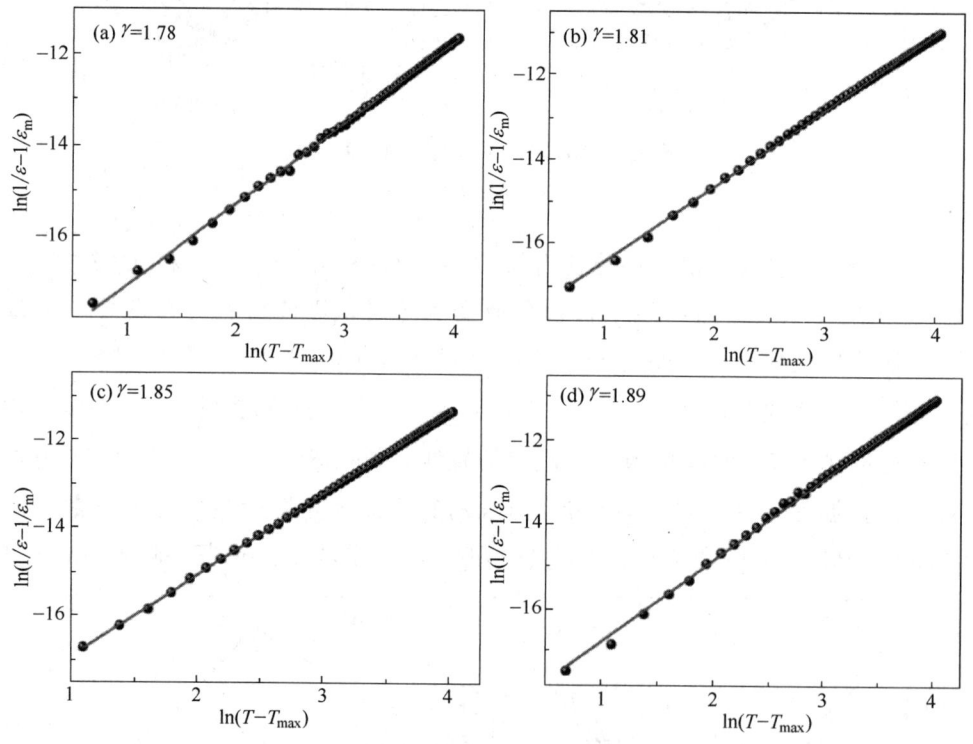

图 4.7　$(1-x)[0.94\text{NBT}-0.06\text{BT}]-x\text{ST}$ 陶瓷 $\ln(T-T_\text{m})$ 与 $\ln(1/\varepsilon-1/\varepsilon_\text{m})$ 的关系
(a) $x=0.25$;(b) $x=0.30$;(c) $x=0.35$;(d) $x=0.40$

从图中可以看出,所有样品的 $\ln(T-T_\text{m})$ 与 $\ln(1/\varepsilon-1/\varepsilon_\text{m})$ 均表现出良好的线性关系,且均可分别用一条直线进行拟合。根据拟合结果可知,所有陶瓷都表现出较大的弥散度($\gamma>1.7$),说明 $(1-x)[0.94\text{NBT}-0.06\text{BT}]-x\text{ST}$ 陶瓷在 $x=0.25\sim$

0.40 范围内均为弛豫型铁电体。随着 ST 含量的增加，γ 值逐渐增大，当 $x=0.40$ 时，陶瓷的弥散度最大，其大小为 1.89，表明其相变的弥散程度已经接近完全弥散。

对于弛豫型铁电体的解释主要有以下几种模型：成分起伏理论[23] 有序-无序理论[23] 和宏畴-微畴理论[24]。对于 NBT-BT-ST 陶瓷而言，其 A 位晶格由 Na^+、Bi^{3+}、Ba^{2+} 和 Sr^{2+} 四种离子占据，依据 Smolenskii 的成分起伏理论[23]，其化学组成和晶体结构必然在纳米尺度上分布不均匀，在电介质内部容易形成具有不同极化行为的微区或微畴，微区的出现会使材料在弱交变电场中产生极化弛豫现象，从而表现出较强的弛豫性。随着 ST 含量的增多，A 位离子分布更加无序，从而使陶瓷的弛豫性逐渐增强。

根据公式（4.2）可知，陶瓷的电致伸缩性能与其极化强度和电致伸缩应变有关。图 4.8 为 $(1-x)[0.94NBT-0.06BT]-xST$ 陶瓷在不同电场时的电滞回线，其中外加电场强度为 $30 \sim 60kV/cm$，周期为 500ms。由图可见，所有样品在室温下都表现出 P_r 较小的电滞回线。随着电场强度的增大，陶瓷的矫顽场 E_c 和剩余极化强度 P_r 基本不变，最大极化强度 P_{max} 出现不同程度的增加。

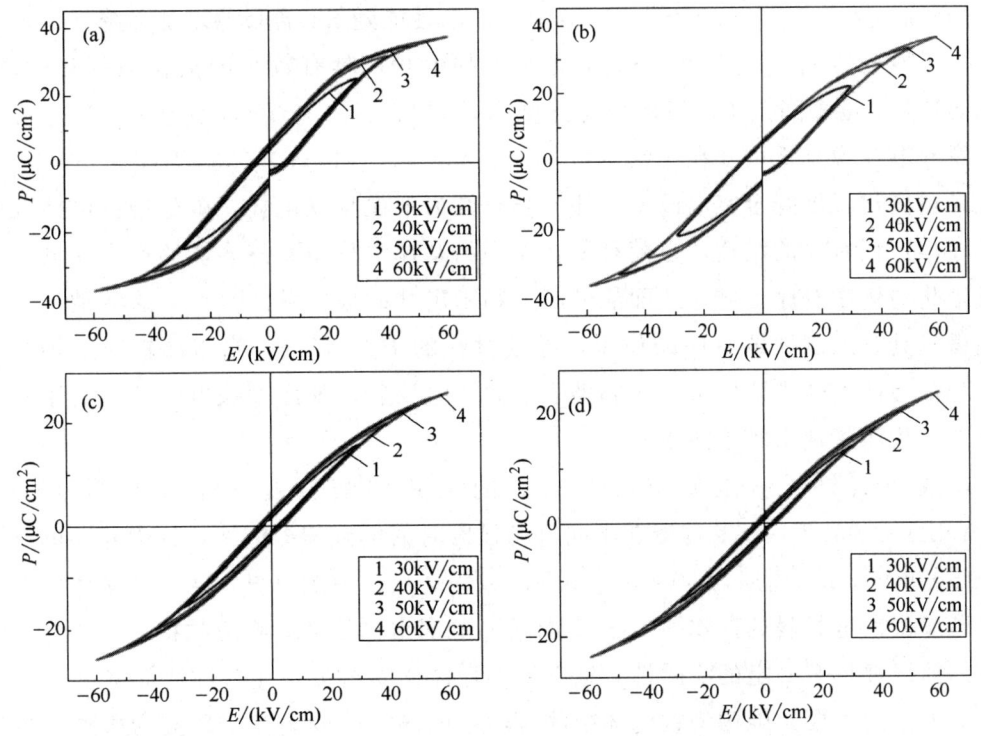

图 4.8 $(1-x)[0.94NBT-0.06BT]-xST$ 陶瓷室温时的电滞回线
(a) $x=0.25$；(b) $x=0.30$；(c) $x=0.35$；(d) $x=0.40$

为了比较 ST 含量对陶瓷铁电性能的影响，图 4.9 给出了 $(1-x)[0.94NBT-0.06BT]-xST$ 陶瓷在 $60kV/cm$ 电场下剩余极化强度 P_r、最大极化强度 P_{max} 以及矫顽场 E_c 随 ST 含量的变化情况。由图可见，在 $60kV/cm$ 电场时所有样品均具有较小的 P_r 和 E_c 值，且随着 ST 含量的增加，P_r 和 E_c 略有降低，其中 P_r 由 $6.16\mu C/cm^2$

降至 $2\mu C/cm^2$，E_c 由 $6.14kV/cm$ 降至 $2.66kV/cm$。此外，随着 ST 含量的增加，P_{max} 明显降低。当 ST 含量由 0.25 增加到 0.4 时，陶瓷的 P_{max} 分别为 $36.7\mu C/cm^2$、$32.7\mu C/cm^2$、$25.8\mu C/cm^2$ 和 $23.5\mu C/cm^2$。

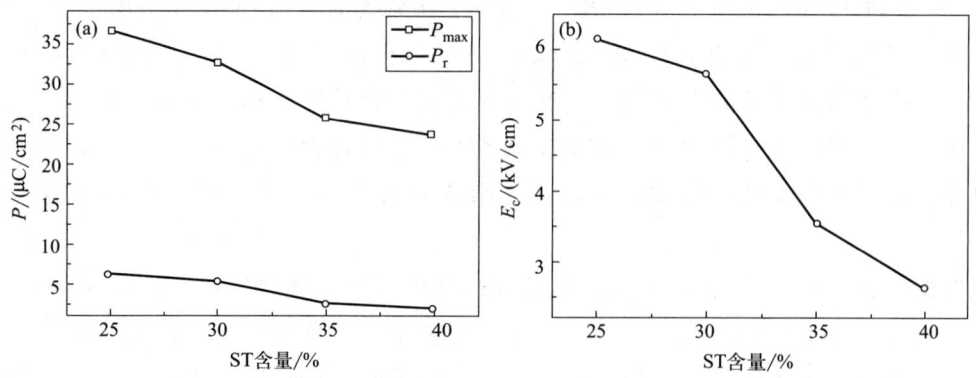

图 4.9 $(1-x)[0.94NBT-0.06BT]-xST$ 陶瓷 P_r、P_{max} 和 E_c 随成分的变化
(a) P_r 和 P_{max} 的变化图；(b) E_c 随 ST 含量的变化图

$(1-x)[0.94NBT-0.06BT]-xST$ 陶瓷铁电性能随 ST 含量的增加而降低的原因主要有以下两个方面：一方面，ST 室温时为顺电相，具有较小的极化强度和矫顽场，所以 ST 含量增多降低了陶瓷的极化强度和矫顽场。另一方面，通过第 3 章介温谱及第 5 章介电弛豫分析可知在 $x=0.25\sim0.40$ 范围内，$(1-x)[0.94NBT-0.06BT]-xST$ 陶瓷的退极化温度降至室温以下，即室温时其为弛豫型铁电体。弛豫型铁电体存在长程无序但短程有序的结构，也就是说在无序的基体中分布着许多能够产生局域电场或自发极化的化学有序区域，从而能够产生纳米尺寸的极性微区[25,26]。这些纳米尺寸的极性微区具有抑制铁电有序的作用，导致材料的 P_{max} 降低。当施加较强电场时，能够在弛豫型铁电体中诱发出长程偶极子，撤去电场后，弛豫型铁电体又回到短程有序的状态，从而展现出较小的 P_r。

电致伸缩材料一般要求具有较大的电致伸缩应变，图 4.10 为 $(1-x)[0.94NBT-0.06BT]-xST$ 陶瓷在不同电场强度时的电致伸缩应变，其中外加电场强度为 $30\sim60kV/cm$，周期为 $500ms$，循环次数为 3 次。由图可见，四组样品均表现出典型的弛豫型铁电材料的抛物线形 S-E 曲线，呈现出电致伸缩响应的特征。此外，所有样品的曲线都具有一定的滞后性，且随着 ST 含量的增加，滞后性明显降低。应变滞后产生的原因主要是弛豫型铁电体中的微畴在电场中的取向和场致应变所致。当样品居里温度较高时，根据微畴-宏畴转变理论，室温时弛豫型铁电体中微畴数目较多，位移量较大，但回零性较差，即滞后较大。随着 ST 含量增加，NBT-BT-ST 基陶瓷居里温度逐渐降低，室温时微畴数目减少，位移量减小，回零性改善，即滞后性降低。从图 4.10 中还可以看出，在电场作用下所有陶瓷应变均为正值，且随着电场强度的增大，应变都增大。

为了分析 ST 含量对 NBT-BT-ST 基陶瓷应变的影响，图 4.11 给出了 NBT-BT-

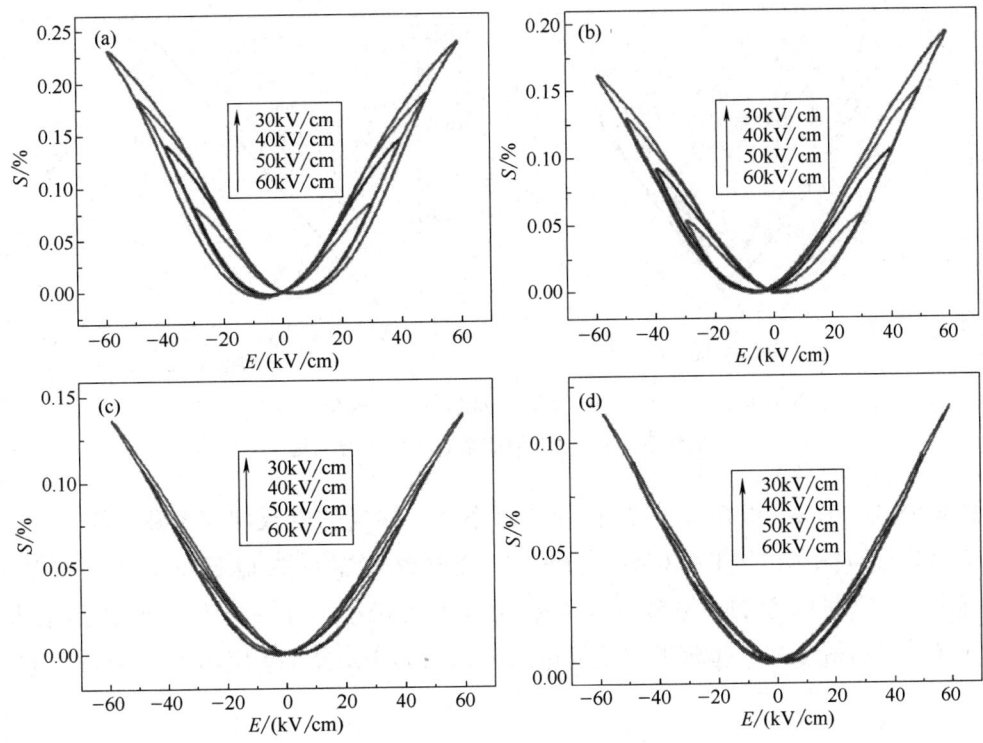

图 4.10　不同电场强度时 $(1-x)[0.94NBT-0.06BT]-xST$ 陶瓷的 S-E 曲线
(a) $x=0.25$；(b) $x=0.30$；(c) $x=0.35$；(d) $x=0.40$

ST 基陶瓷在 60kV/cm 电场时应变随 ST 含量的变化。由图可见，随着 ST 含量的增加，电致伸缩应变逐渐降低，在 60kV/cm 电场下分别为 0.24%、0.19%、0.14% 和 0.11%。大应变的产生主要是由于弛豫型铁电体在较大的电场作用下诱发长程有序偶极子，当撤去电场后，系统自发转化为初始的弛豫状态，从而产生较大的可逆应变。随着 ST 含量的增加，NBT-BT-ST 基陶瓷的居里温度逐渐降低，室温时弛豫相增多，铁电相减少，在强电场作用下诱导的长程有序偶极子的数目降低，因此，撤去电场后产生的可逆应变减小。

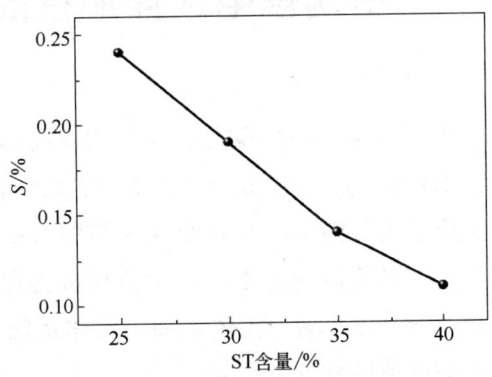

图 4.11　$(1-x)[0.94NBT-0.06BT]-xST$ 陶瓷的应变随成分的变化

当电场-应变曲线为抛物线形，且负应变为零时，则该材料具有良好的电致伸缩效应。当换算成极化强度的平方与应变的关系曲线时，理想电致伸缩材料的 S-P^2 曲线为一条倾斜的直线。图 4.12(a) 为室温下 $(1-x)[0.94NBT-0.06BT]-xST$ 陶瓷的 S-P^2 曲线。由图可知，所有样品的 S-P^2 曲线均为一条倾斜的直线，说明该体系陶瓷在 ST 含量为 0.25~0.40 时具有较好的电致伸缩效应。

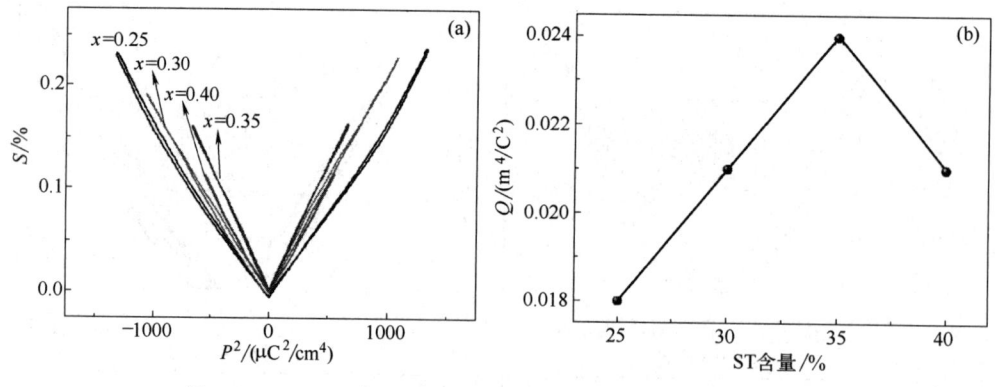

图 4.12 $(1-x)[0.94NBT-0.06BT]-xST$ 陶瓷的 (a) $S-P^2$
曲线和 (b) 电致伸缩系数随成分的变化

根据公式（4.2）可知，$S-P^2$ 曲线的斜率即为陶瓷的电致伸缩系数，图 4.12（b）所示为 $(1-x)[0.94NBT-0.06BT]-xST$ 陶瓷电致伸缩系数 Q 随 ST 含量的变化情况。随着 ST 含量的增加，电致伸缩系数先增大后减小，在 $x=0.35$ 时达到最大值，其大小为 $0.024m^4/C^2$，远高于传统的电致伸缩材料 PMN（Q 值约为 $0.017m^4/C^2$）。

4.3　构筑 Mn^{2+}-$V_O^{..}$ 缺陷偶极子改善 $Na_{0.5}Bi_{0.5}TiO_3$ 基陶瓷电致伸缩性能

由于缺陷偶极子能够提供使畴翻转可逆的驱动力，在 T 相区的 MnO 掺杂 0.7NBT-0.3ST、0.65NBT-0.35ST 二元体系陶瓷和 NBT-BT-ST 三元体系陶瓷中得到了应变大、滞后小且负应变为零的 $S-E$ 曲线（参见第 3 章）。当电场-应变曲线为抛物线形，且负应变为零时，则该材料具有良好的电致伸缩效应。本节分析了 MnO 掺杂 T 相区 NBT 基二元体系和三元体系陶瓷中构筑缺陷偶极子，利用缺陷偶极子改善陶瓷电致伸缩性能的研究。

4.3.1　MnO 掺杂 $Na_{0.5}Bi_{0.5}TiO_3$-$SrTiO_3$ 二元体系陶瓷电致伸缩性能研究

图 4.13（a）为室温下 MnO 掺杂 0.7BNT-0.3ST 陶瓷的 $S-P^2$ 曲线，其斜率即为陶瓷的电致伸缩系数。结果显示，未掺杂 MnO 的 0.7NBT-0.3ST 陶瓷由于具有相对较大的滞后性，故 $S-P^2$ 曲线存在一定的偏离，其电致伸缩系数 Q_{33} 为 $0.019m^4/C^2$。掺杂 MnO 样品的 $S-P^2$ 曲线均为一条倾斜的直线，说明 MnO 掺杂该体系陶瓷具有较好的电致伸缩效应。由于 MnO 掺杂能够提高应变大小，因而具有优异的电致伸缩系

数。当 MnO 掺杂量为 0.1% 和 0.5% 时，陶瓷的 Q_{33} 分别为 $0.0215\text{m}^4/\text{C}^2$ 和 $0.0210\text{m}^4/\text{C}^2$ [图 4.13 (b)]。

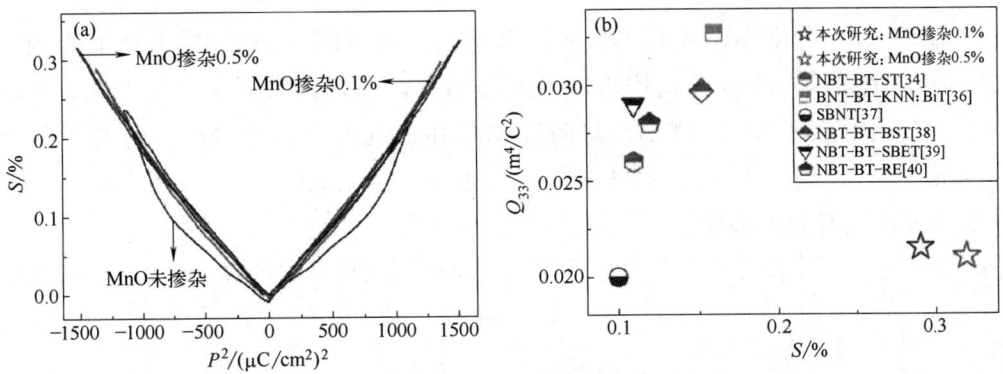

图 4.13 (a) MnO 掺杂 0.7BNT-0.3ST 陶瓷的 S-P^2 曲线和 (b) 电致伸缩性能对比图

当 ST 的含量增大至 35% 时，未掺杂 MnO 样品的 S-P^2 曲线存在一定大小的滞后，MnO 掺杂后 0.65NBT-0.35ST-xMn 陶瓷的 S-P^2 曲线同样均为一条倾斜的直线，但其电致伸缩系数随 MnO 含量的增加略有降低。其中，MnO 含量为 0.30 时，其应变大小及电致伸缩系数分别为 0.19% 和 $0.022\text{m}^4/\text{C}^2$（见图 4.14）。

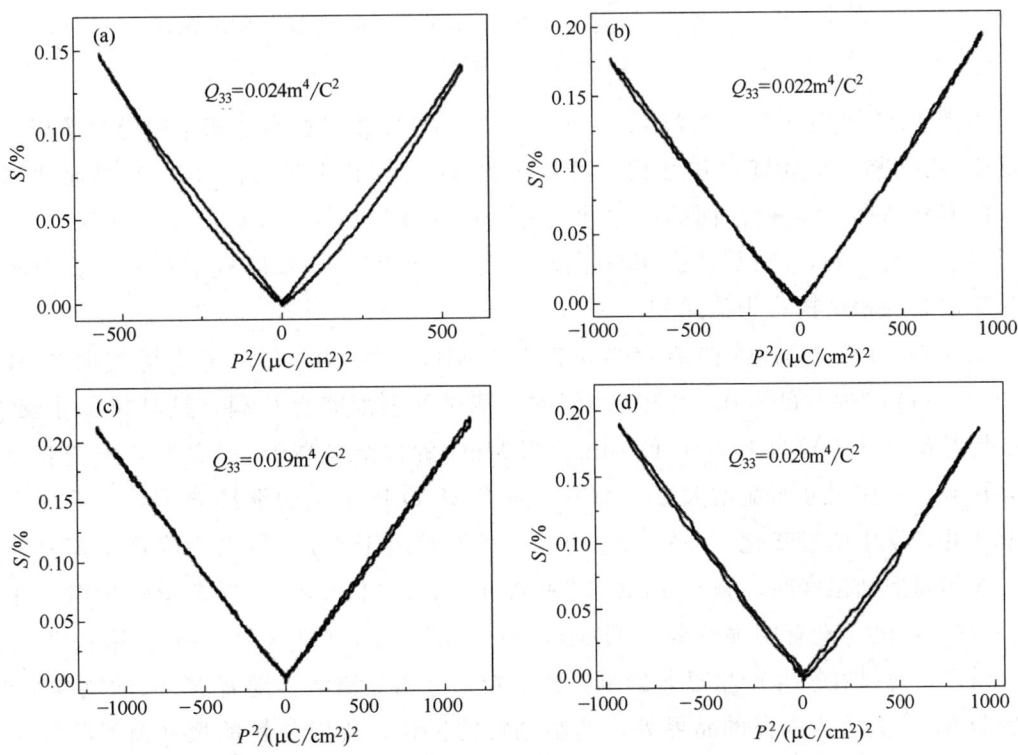

图 4.14　0.65NBT-0.35ST-xMn 陶瓷的 S-P^2 曲线
(a) $x=0.25$；(b) $x=0.30$；(c) $x=0.35$；(d) $x=0.40$

4.3.2　MnO 掺杂 NBT-BT-ST 三元体系陶瓷电致伸缩性能研究

图 4.15（a）为室温下不同 MnO 掺杂 0.7[0.94NBT-0.06BT]-0.3ST 陶瓷时的 XRD 图谱。由图可知所有陶瓷均表现出纯的钙钛矿结构，没有第二相产生，由此可见 Mn^{2+} 完全固溶到 NBT-BT-ST 基陶瓷结构中。此外，由于 Mn^{2+} 的离子半径为 0.067nm，Ti^{4+} 的离子半径为 0.0605nm，二者离子半径相差不是很大，所以各晶面衍射峰的峰位没有太大偏移。

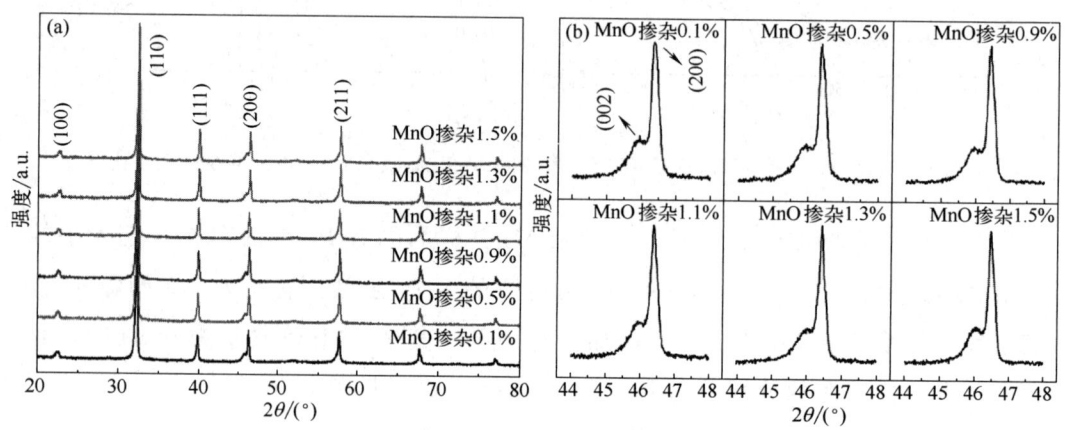

图 4.15　MnO 掺杂 0.7[0.94NBT-0.06BT]-0.3ST 陶瓷的 XRD 图谱
(a) 20°～80°；(b) 44°～48°

由图 4.15 可知 0.7[0.94NBT-0.06BT]-0.3ST 陶瓷室温时的相结构为弛豫相，为了确定 Mn^{2+} 掺杂后陶瓷的相结构，可参照图（b）给出的陶瓷在（200）晶面的精扫图。所有样品在（200）晶面的峰均劈裂为（002）和（200）双峰，和未掺杂 Mn^{2+} 的峰形没有太大区别，所以 Mn^{2+} 掺杂没有改变 NBT-BT-ST 基陶瓷的相结构，即所有样品室温时的相结构均为弛豫相。

图 4.16 为不同 MnO 掺杂量的 0.7[0.94NBT-0.06BT]-0.3ST 陶瓷表面的 SEM 图。当 MnO 的掺杂量为 0.1% 和 0.5% 时，陶瓷的表面略有孔洞，且晶粒尺寸较小，其平均晶粒尺寸分别为 1.7μm 和 2μm。当 MnO 的掺杂量高于 0.5% 时，陶瓷表面致密无孔洞，晶粒尺寸明显增大且不均匀，随着 MnO 掺杂量的继续增大，晶粒的尺寸及形状并未发生明显变化。晶粒尺寸的增大可能是由于 MnO 掺杂后降低了陶瓷的熔点，在相同烧结温度时，掺杂 MnO 造成晶粒长大。当 MnO 的掺杂量较少时，掺杂 MnO 对晶粒尺寸没有明显影响；当 MnO 的掺杂量高于 0.5% 时，Mn^{2+} 取代 Ti^{4+} 的数量增多，对晶粒尺寸产生显著影响，使晶粒尺寸明显增大。随着 Mn^{2+} 的继续增加，过量的 Mn^{2+} 会进入陶瓷的晶界处，抑制晶粒的生长，所以晶粒的尺寸及形状并未发生明显变化。

图 4.17 为不同 MnO 含量的 0.7[0.94NBT-0.06BT]-0.3ST 陶瓷的介温谱，其中，ε-T 和 $\tan\delta$-T 曲线的测试温度范围均为 30～420℃，升温速率为 2℃/min。从 ε-

T 的变化曲线可以看出,所有样品都只有一个相变峰,对应的是弛豫相向顺电相的相变。此现象也证明在室温时,MnO 掺杂 NBT-BT-ST 基陶瓷的相结构为 T 相,与 XRD 的分析结果一致。从 $\tan\delta$-T 的变化曲线可以看出,样品介电损耗曲线的第一个峰即退极化温度对应峰的峰位降至室温以下,说明 MnO 掺杂后所有样品在室温时为弛豫相,该相结构的陶瓷在室温时具有 P_r 较小的电滞回线,有利于得到优异的储能性能及电致伸缩应变。

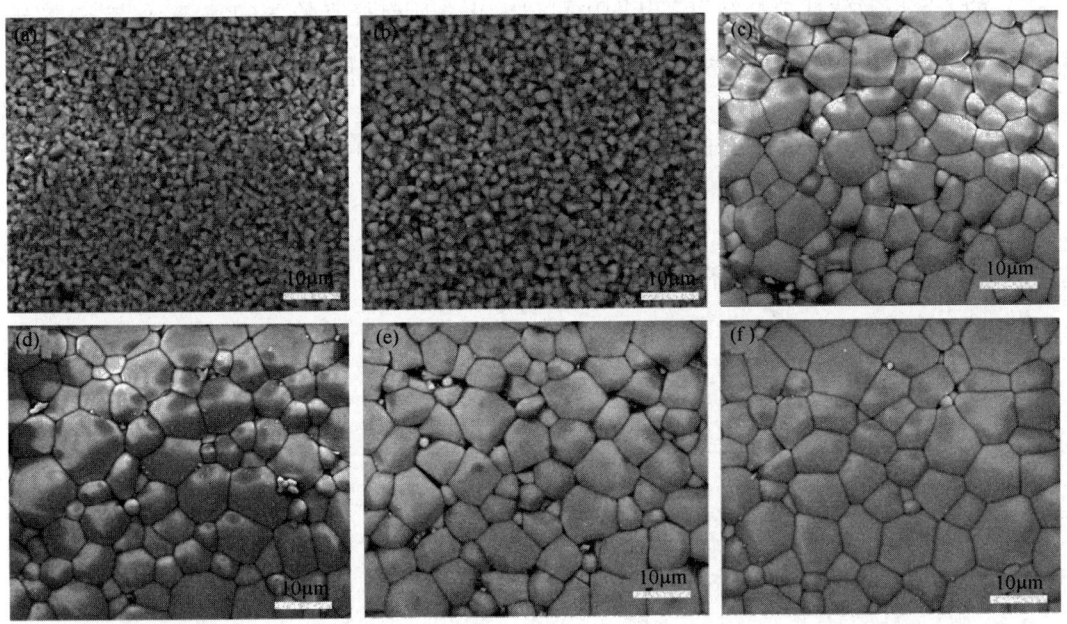

图 4.16 MnO 掺杂 0.7[0.94NBT-0.06BT]-0.3ST 陶瓷表面的 SEM 图
(a) 0.1%;(b) 0.5%;(c) 0.9%;(d) 1.1%;(e) 1.3%;(f) 1.5%

为了比较 MnO 掺杂量对 NBT-BT-ST 基陶瓷居里温度的影响,图 4.17(b)的插图中给出了陶瓷居里温度随 MnO 掺杂量的变化。随着 MnO 掺杂量的增加,NBT-BT-ST 基陶瓷的居里温度先升高后降低。当 MnO 的掺杂量为 1.3% 时,陶瓷居里温度

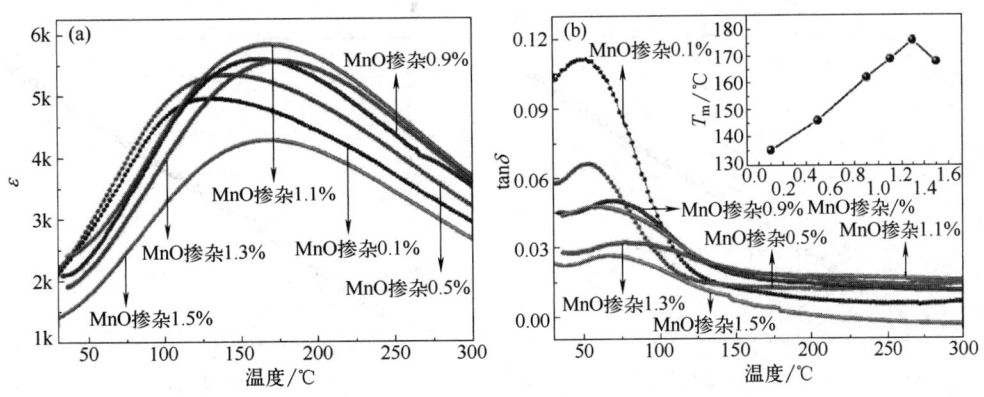

图 4.17 MnO 掺杂 0.7[0.94NBT-0.06BT]-0.3ST 陶瓷的介温谱
(a) 介电常数;(b) 介电损耗

最高，其值为 176℃。陶瓷居里温度的提高有利于改善储能密度及电致伸缩应变的温度稳定性，因此，MnO 掺杂能够扩宽 NBT-BT-ST 基陶瓷储能性能及电致伸缩应变的温度稳定区间。

由于弥散度能够表征弛豫型铁电体的弥散程度，利用公式（2.1），以 $\ln(T-T_m)$ 为横坐标、$\ln(1/\varepsilon-1/\varepsilon_m)$ 为纵坐标作图，对得到的直线求斜率，则斜率即为相变介电弥散度 γ。图 4.18 为 10kHz 时 MnO 掺杂 NBT-BT-ST 基陶瓷 $\ln(T-T_m)$ 对 $\ln(1/\varepsilon-1/\varepsilon_m)$ 的关系以及线性拟合结果。从图中可以看出，所有样品的 $\ln(T-T_m)$ 与 $\ln(1/\varepsilon-1/\varepsilon_m)$ 均表现出良好的线性关系，且均可分别用一条直线进行较好的拟合。

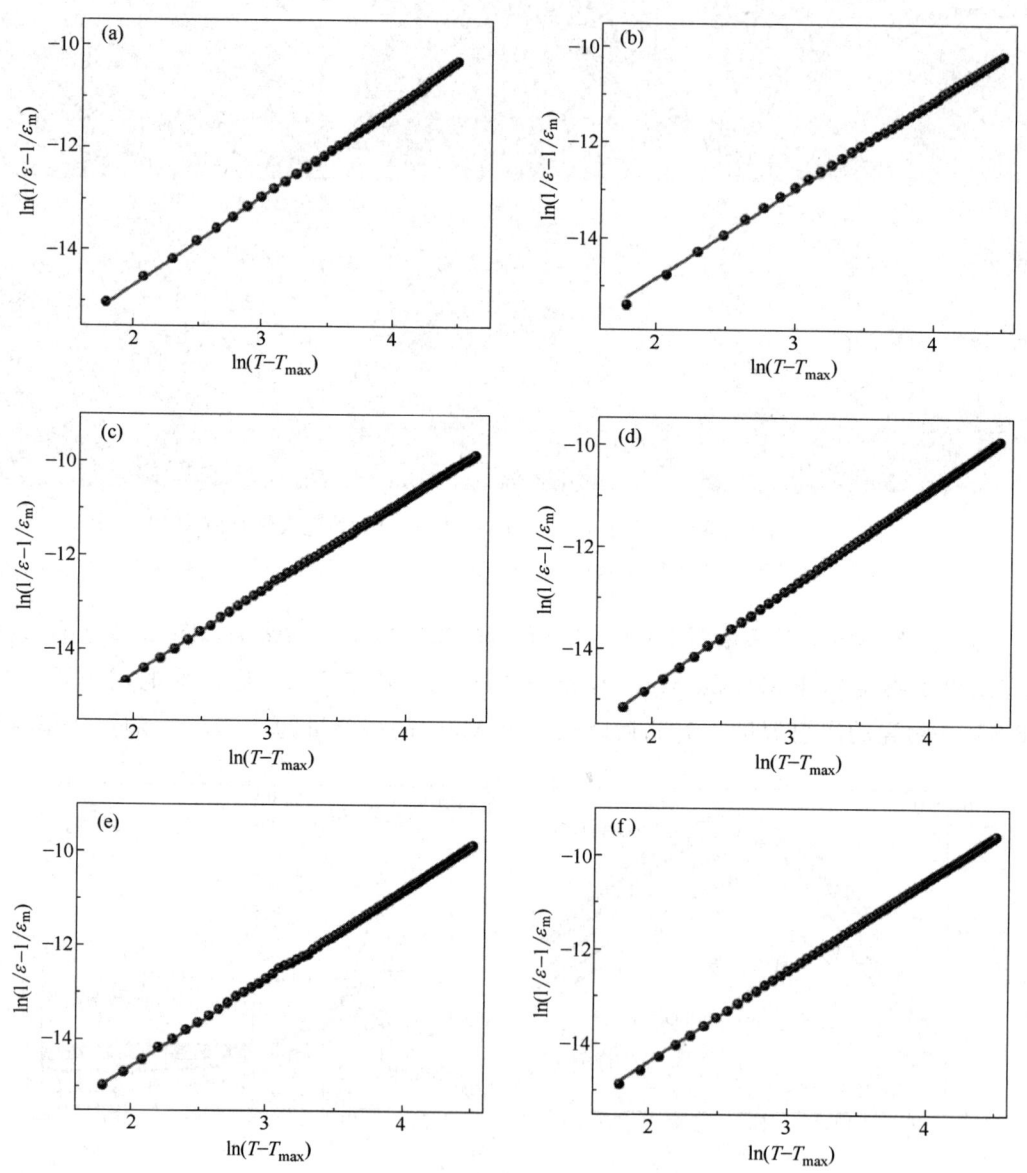

图 4.18　MnO 掺杂 NBT-BT-ST 基陶瓷 $\ln(T-T_m)$ 与 $\ln(1/\varepsilon-1/\varepsilon_m)$ 的线性拟合
(a) 0.1%；(b) 0.5%；(c) 0.9%；(d) 1.1%；(e) 1.3%；(f) 1.5%

为了比较 MnO 掺杂量对 NBT-BT-ST 基陶瓷弥散度的影响，图 4.19 中给出了 NBT-BT-ST 基陶瓷弥散度 γ 随 MnO 掺杂量的变化。由图可知，当 MnO 掺杂量为 0.1% 时，陶瓷的弥散度 γ 为 1.76。当 MnO 掺杂量高于 0.5% 时，样品的弥散度显著提高，其数值均大于 1.85，说明 MnO 掺杂后陶瓷具有很强的弛豫性。在 MnO 掺杂量为 1.1% 时，样品的弥散度最大，其值可达到 1.92。MnO 掺杂后 NBT-BT-ST 基陶瓷弛豫性增强的原因主要有以下两个方面：一方面，对于 NBT-BT-ST 基陶瓷而言，其 A 位被不同的离子占据，因而具有一定的弛豫性，当 MnO 掺杂后，MnO 主要是以 Mn^{2+}、Mn^{3+} 存在于晶格中，其离子半径分别为 0.067nm、0.0645nm，与 B 位 Ti^{4+}（0.0605nm）的离子半径相差不大，所以 MnO 掺杂主要是 Mn 离子取代 NBT-BT-ST 基陶瓷 B 位的 Ti^{4+}。Mn 取代 Ti 后 B 位被两种离子占据，引起成分和结构起伏，打破了原来的长程有序，产生短程有序的极化微区，从而使得弛豫特性更加明显。另一方面，Siny[27-29] 等人认为铁电体的弛豫性与复合离子半径之间的差值有很大关系，差值越小，阳离子分布越无序，弛豫性越强。由于 Mn^{2+}、Mn^{3+} 的离子半径与 Ti^{4+} 的相近，有利于重新构建晶格离子的无序分布，从而使弛豫性增强。

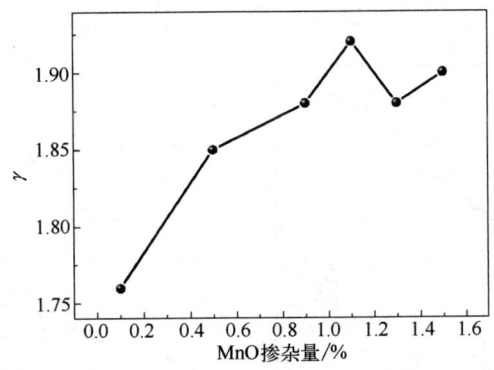

图 4.19　MnO 掺杂 NBT-BT-ST 基陶瓷弥散度随 MnO 掺杂量的变化

MnO 掺杂 NBT-BT-ST 基陶瓷具有较强的弛豫性，即室温时为弛豫型铁电体。根据公式 (4.2) 可知弛豫型铁电体的电致伸缩性能主要取决于陶瓷的极化强度和应变的大小。图 4.20 所示为 MnO 掺杂 0.7[0.94NBT-0.06BT]-0.3ST 陶瓷在不同电场强度时的电滞回线，测试周期为 500ms，外加电场强度范围为 20~80kV/cm，由于 0.1% MnO 掺杂时陶瓷的击穿场强为 70kV/cm，所以测试电场强度范围为 20~70kV/cm。

由图可见，随着 MnO 掺杂量的增加，样品的电滞回线形状发生明显的改变。当 MnO 掺杂量不高于 0.5% 时，样品具有较小的矫顽场（E_c）和剩余极化强度（P_r），展现出类反铁电相的电滞回线；当 MnO 的掺杂量高于 0.5% 时，样品的矫顽场及剩余极化强度基本降低至零，表现出反铁电相的双电滞回线的线形。随着电场强度的增加，所有样品的最大极化强度都明显增大，0.1%~0.5% MnO 掺杂的样品的剩余极化强度和矫顽场略有提高，0.9%~1.5% MnO 掺杂的样品的剩余极化强度和矫顽场基本不变。

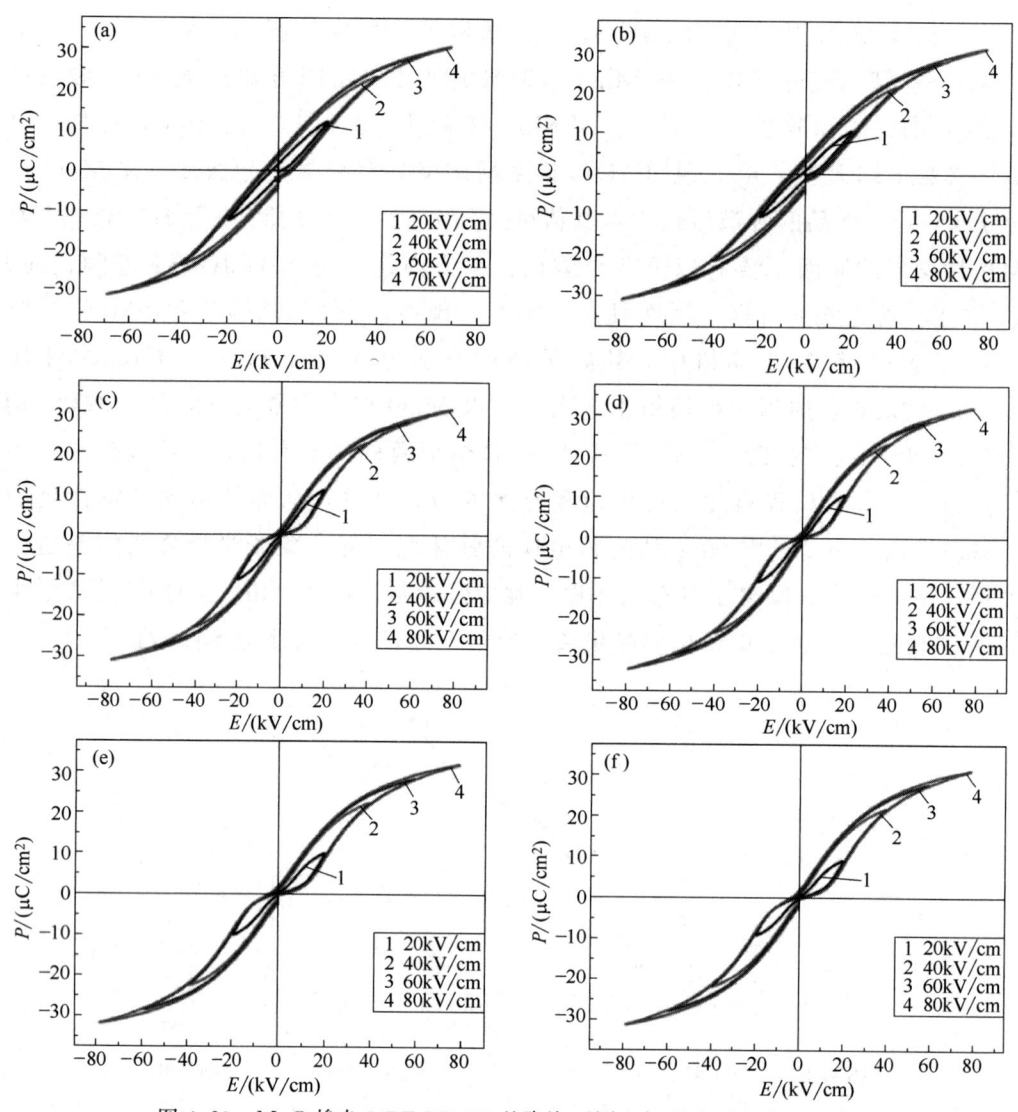

图 4.20 MnO 掺杂 NBT-BT-ST 基陶瓷不同电场强度时的电滞回线
(a) 0.1%；(b) 0.5%；(c) 0.9%；(d) 1.1%；(e) 1.3%；(f) 1.5%

双电滞回线的出现主要是 MnO 掺杂后晶体中产生缺陷偶极子造成的。图 4.21 给出了 T 相区 MnO 掺杂 NBT-BT-ST 基陶瓷的晶体结构及缺陷对称原理。锰离子在晶体中主要是以 Mn^{2+} 和 Mn^{3+} 的形式存在，当锰离子取代晶体中的 Ti^{4+} 时，为了保持电价的平衡，陶瓷晶格内会产生氧空位，由于氧空位容易扩散，从而能够与 B 位的锰离子形成缺陷偶极子。根据 Ren 等[30-35] 提出的点缺陷的短程有序对称一致性原理，MnO 掺杂后容易在图中左侧所示的 "6" 号位置形成氧空位。

图 4.21 中右侧大方框代表晶胞的对称性，小方框代表缺陷的对称性，在平衡状态下，缺陷偶极子的取向分布均与缺陷偶极子所在的晶胞的对称性一致。根据第 3 章分析可知，MnO 掺杂后陶瓷室温时的晶体结构均为 T 相，当施加电场时，会诱导晶格中产生 90°畸变，如图所示，自发偶极矩 P_s 转向电场的方向。由于氧空位的迁移率相对较慢，相应的缺陷偶极矩 P_D 无法跟上电场的变化而保留原来的取向。因此，当

撤掉电场后，与自发极化垂直的缺陷偶极子会提供一个恢复力，已转向的自发极化在恢复力的作用下会恢复到施加电场前的无序状态。从宏观上来讲，去掉电场后极化强度会降低，甚至回零，从而出现双电滞回线。除了缺陷偶极子的贡献之外，双电滞回线的出现还可能是由于 MnO 掺杂后 NBT-BT-ST 基陶瓷中出现了反铁电相，从而造成 P_r 和 E_c 基本为零的电滞回线。当 MnO 的掺杂量低于 0.9% 时，晶体中形成的缺陷偶极子的数目较少，不能使足够多的自发极化恢复到施加电场前的无序状态，因此未出现双电滞回线。随着 MnO 掺杂量的增加，缺陷偶极子的数目增多，自发极化恢复到无序状态的数目增多，因而出现双电滞回线。由于缺陷偶极子诱发的双电滞回线具有较小的剩余极化强度和矫顽场，有利于提高陶瓷的储能密度及电致伸缩系数。

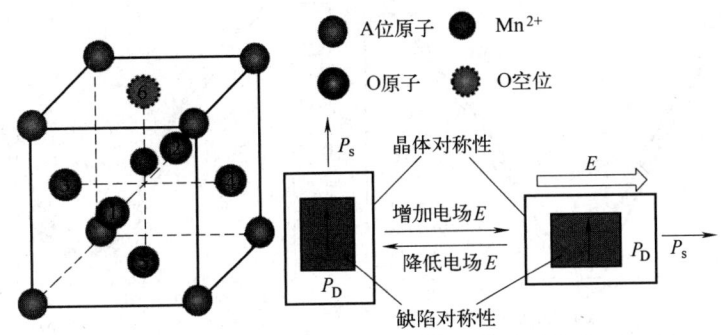

图 4.21 MnO 掺杂 NBT-BT-ST 基陶瓷的晶体结构以及缺陷对称原理

电致伸缩材料一般需要具有较大的应变，图 4.22 为不同 MnO 掺杂量的 0.7[0.94NBT-0.06BT]-0.3ST 陶瓷应变随电场强度的变化，其中外加电场强度范围为 20～80kV/cm，周期为 500ms，循环次数为 3 次，由于 0.1% MnO 掺杂陶瓷的击穿场强为 70kV/cm，所以其测试电场强度范围为 20～70kV/cm。由图可见，所有样品均表现出典型的弛豫型铁电材料的抛物线形 S-E 曲线，呈现出电致伸缩响应的特征。随着 MnO 掺杂量的增加，样品的 S-E 电滞回线形状发生明显的改变。当 MnO 掺杂量不高于 0.5% 时，样品具有很小的剩余应变（S_r：电场为零时对应的应变大小），当 MnO 掺杂量高于 0.5% 时，样品的剩余应变基本为零。此外，所有样品的 S-E 曲线均具有一定的滞后性，但与未掺杂 MnO 的 0.7[0.94NBT-0.06BT]-0.3ST 陶瓷相比，其滞后性明显改善。随着电场强度的增加，样品的应变发生不同程度的增大。

为了比较 MnO 的掺杂量对 NBT-BT-ST 基陶瓷应变的影响，图 4.23 给出了相同电场强度下不同 MnO 掺杂量时 NBT-BT-ST 陶瓷应变的变化情况。由图可以看出，随着 MnO 掺杂量的增加，NBT-BT-ST 基陶瓷的应变先增大后减小，当掺杂量为 1.1% 时，样品的应变达到最大，在 80kV/cm 电场下其值为 0.24%，明显高于未掺杂 MnO 时 NBT-BT-ST 基陶瓷的应变（0.19%）。

铁电材料电致伸缩应变的大小主要是由内在和外在的贡献决定的。内在的贡献主要涉及晶格畸变的变化，且与施加的电场强度大小成正比。增强内在贡献的主要方法是调节化学组分，使样品具有两相或者多相共存，当施加电场使其发生相变时，会伴随着晶格畸变从而产生较大的应变。在 NBT 基陶瓷体系中已报道了很多由于内在的

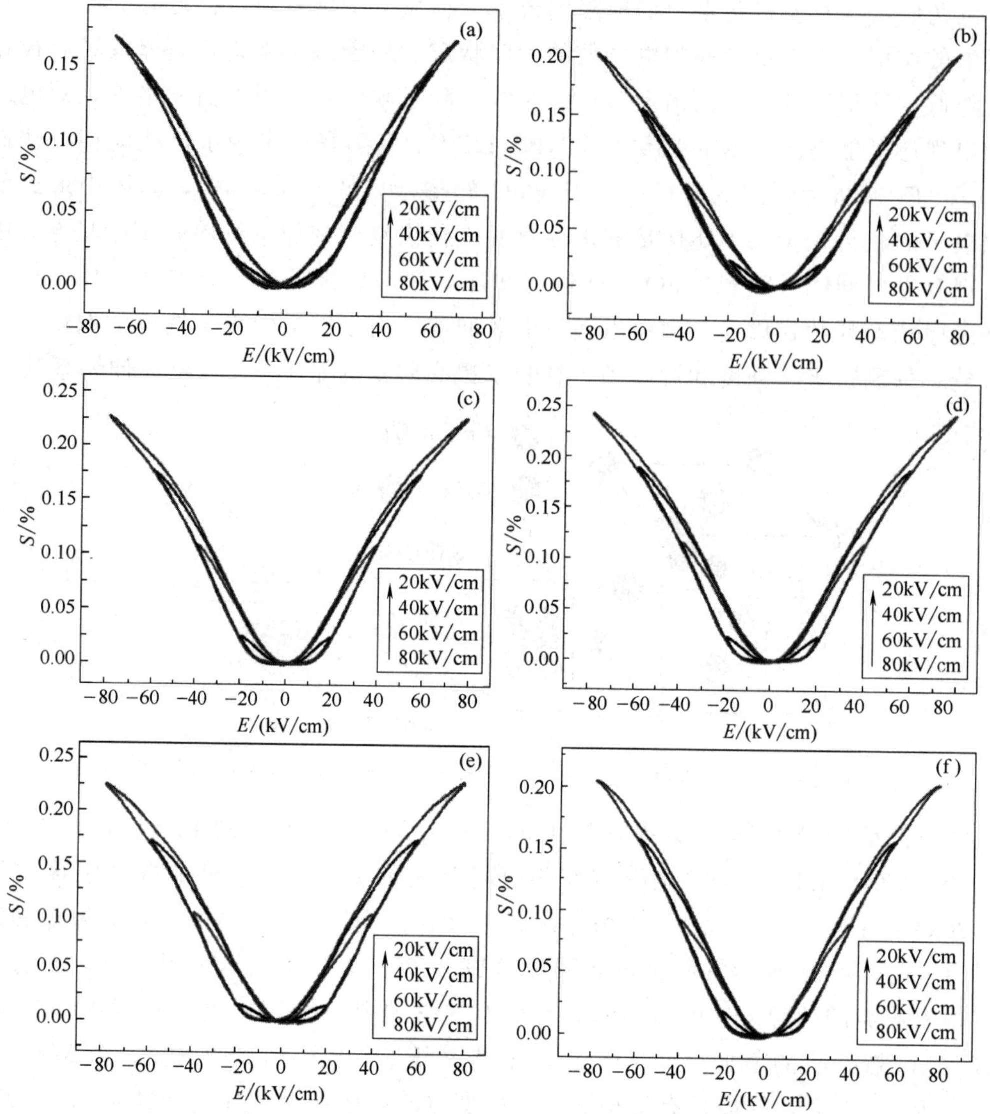

图 4.22 不同 MnO 掺杂量的 NBT-BT-ST 基陶瓷 S-E 曲线随电场的变化
(a) 0.1%；(b) 0.5%；(c) 0.9%；(d) 1.1%；(e) 1.3%；(f) 1.5%

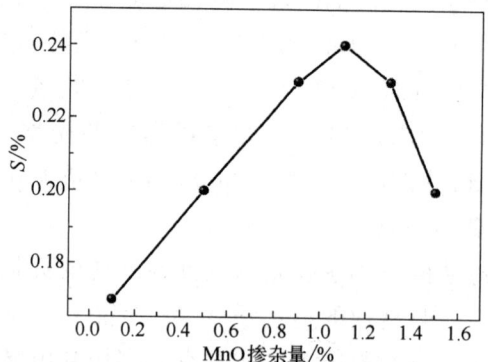

图 4.23 MnO 掺杂 NBT-BT-ST 基陶瓷应变随成分的变化

贡献而得到的较大的应变，其应变值可达到 0.3%～0.5%，但是在这些体系中存在的一个问题是滞后性比较严重。应变的外在贡献主要涉及电畴翻转，在电场的作用下，改变铁电材料的自发极化状态。电畴翻转产生的电致伸缩应变依赖电畴的类型和晶格各向异性的程度。Ren 等[31]通过掺杂和老化在 BT、BST 等体系中构造缺陷偶极子，使电畴的翻转可逆，从而得到了较大的可逆应变。

MnO 掺杂 NBT-BT-ST 陶瓷体系中滞后性改善的大应变主要是由内在和外在贡献结合实现的。一方面，由于 MnO 掺杂 NBT-BT-ST 基陶瓷室温时为弛豫型铁电体，存在极性相和非极性相的相变，有利于得到较大的应变。另一方面，MnO 掺杂后在 NBT 基陶瓷的晶格中容易形成缺陷偶极子，在去掉电场后，缺陷偶极子能够提供一个恢复力使 90°电畴恢复到未加电场时的状态，从而得到滞后性改善的可逆应变。

图 4.24（a）为室温时不同 MnO 掺杂量的 0.7[0.94NBT-0.06BT]-0.3ST 陶瓷的 S-P^2 曲线，其斜率即为陶瓷的电致伸缩系数。由图可知，所有样品的 S-P^2 曲线均为一条倾斜的直线，说明 MnO 掺杂后该体系陶瓷具有较好的电致伸缩效应。图（b）所示为 0.7[0.94NBT-0.06BT]-0.3ST 陶瓷电致伸缩系数 Q 随 MnO 掺杂量的变化，随着 MnO 掺杂量的增加，电致伸缩系数先增大后减小，在 MnO 的掺杂量为 1.1% 时达到最大值，其大小为 $0.022 \text{m}^4/\text{C}^2$。与未掺杂的 NBT-BT-ST 基陶瓷相比，MnO 掺杂不仅增大了陶瓷的应变和电致伸缩系数，同时还明显改善了陶瓷应变的滞后性问题。

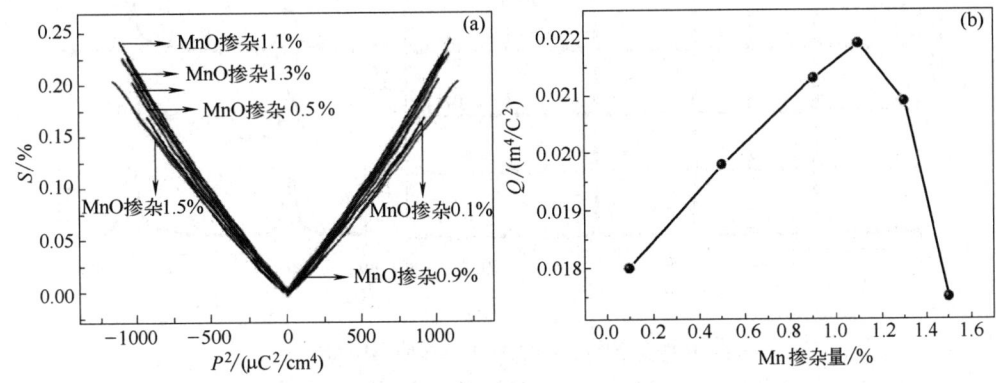

图 4.24 室温时 MnO 掺杂 NBT-BT-ST 基陶瓷的 S-P^2 曲线（a）和电致伸缩系数的变化（b）

4.4 构筑 Mn-$V_O^{\cdot\cdot}$ 和 V_A-$V_O^{\cdot\cdot}$ 复合偶极子改善 NBT 基陶瓷电致伸缩性能

除了 Mn-$V_O^{\cdot\cdot}$ 能在 NBT 基陶瓷中产生缺陷改善 NBT 基陶瓷的电致伸缩特性，A 位空位（V_A）和氧空位（$V_O^{\cdot\cdot}$）产生的局部缺陷同样会破坏 NBT 基陶瓷的铁电有序，在零电场强度下形成纳米极性微区（PNRs）的"非极性"相，从而能够有效提高

NBT 基陶瓷的电致伸缩性能。在 V_A-$V_O^{\cdot\cdot}$ 局部缺陷和 Mn-$V_O^{\cdot\cdot}$ 缺陷偶极子均能提高 NBT 基陶瓷电致伸缩效应的基础上，本节分析了同时存在两种缺陷的 $0.7Na_{0.5}Bi_{0.5}Ti_{0.9}Mn_{0.1}O_3$-$0.3Sr_{(1-3x/2)}Bi_{x\square x/2}TiO_3$（NBT-SBxT-Mn）陶瓷体系，通过改变 A 位 Sr 和 Bi 的比例调节缺陷的含量，获得优异的电致伸缩性能，为电致伸缩材料的研制提供了一定的指导。

4.4.1　$0.7Na_{0.5}Bi_{0.5}Ti_{0.9}Mn_{0.1}O_3$-$0.3Sr_{(1-3x/2)}Bi_{x\square x/2}TiO_3$ 陶瓷的组织结构分析

图 4.25（a）所示为 NBT-SBxT-Mn（$x=0.03$、0.05、0.07 和 0.10）陶瓷在 20°～80° 的 XRD 图谱。所有组分都为纯的钙钛矿结构，说明 SBT 已完全固溶在 NBT 基陶瓷晶格中，形成均匀的固溶体。为了深入分析 SBT 含量对相结构的影响，图 4.25（b）中给出了（111）和（200）晶面的精扫峰。所有衍射峰均没有出现分裂，表明所制备样品均具有赝立方结构（非极性相）的特征。

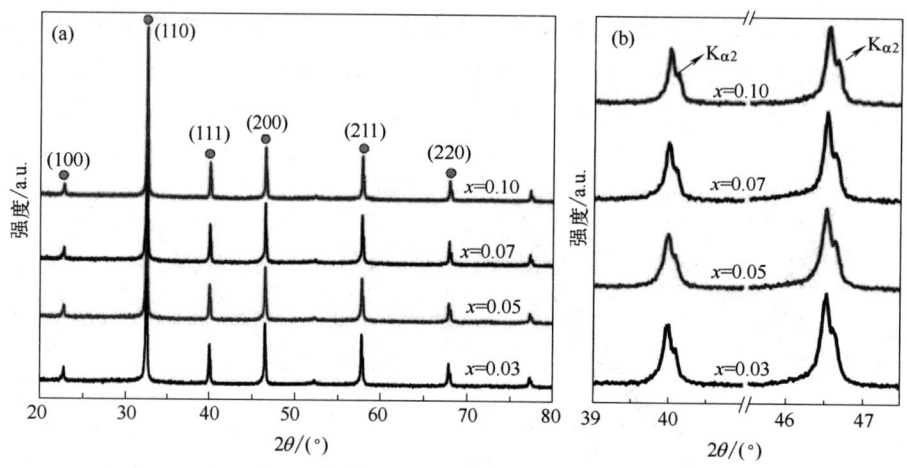

图 4.25　NBT-SBxT-Mn 陶瓷的 XRD 图谱
(a) 20°～80°；(b) 39°～41°，45.5°～47.5°

4.4.2　$0.7Na_{0.5}Bi_{0.5}Ti_{0.9}Mn_{0.1}O_3$-$0.3Sr_{(1-3x/2)}Bi_{x\square x/2}TiO_3$ 陶瓷的相变行为

纳米极性微区的形成及弛豫性的增强有利于获得小滞后的电致应变性能。NBT-SBxT-Mn 陶瓷在频率为 10kHz 时，介电常数随温度的变化情况见图 4.26（a）。介电常数的最大值对应的温度为居里温度 T_m，所有组分在 T_m 处的介电峰都出现宽化现象，表明所制备的样品具有弛豫型铁电体的特征。NBT-SBxT-Mn 陶瓷 $\ln(T-T_m)$ 与 $\ln(1/\varepsilon-1/\varepsilon_m)$ 的关系曲线以及线性拟合结果见图 4.26（b）。从图（b）中可以看出，所有样品的 $\ln(T-T_m)$ 与 $\ln(1/\varepsilon-1/\varepsilon_m)$ 均表现出良好的线性关系，且均可用一条直线进行拟合。根据拟合结果可知，弥散度 γ 为 1.80～1.86，表明所有样品均具有明显的弛豫特征。

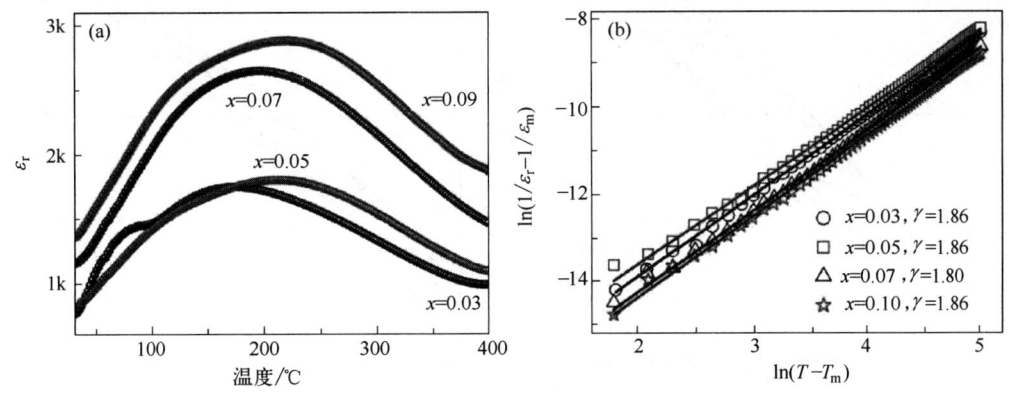

图 4.26　NBT-SBxT-Mn 陶瓷的 (a) 介电常数随温度变化曲线；
(b) ln$(T-T_m)$ 与 $(1/\varepsilon-1/\varepsilon_m)$ 的线性拟合

4.4.3　0.7Na$_{0.5}$Bi$_{0.5}$Ti$_{0.9}$Mn$_{0.1}$O$_3$-0.3Sr$_{(1-3x/2)}$Bi$_x$□$_{x/2}$TiO$_3$ 陶瓷的铁电性能

NBT-SBxT-Mn 陶瓷在 30～50kV/cm 外加电场下的电滞回线见图 4.27 (a)～(d)。由图可见，所有样品在室温下都表现出剩余极化强度 P_r 和矫顽场 E_c 较小的"束腰型"电滞回线，这表明在电场强度为零时样品为含有纳米极性微区的弛豫相结构。

当施加电场时，样品的最大极化强度 P_{max} 随着电场强度的增加均增大，但 E_c 和 P_r 基本不变。此外，电流曲线中的 4 个宽峰 [见图 4.27 (e)] 同样表明所制备的样品为弛豫相结构。分析了 Sr 和 Bi 的比例对陶瓷铁电性能的影响，在 50kV/cm 电场下 P_{max}、P_r 和 E_c 的变化情况见图 4.27(f)。随着 x 的增大，P_{max}、P_r 和 E_c 均不同程度地减小。这一现象说明，V_A' 和 $V_O^{··}$ 产生的局部缺陷扰乱了 NBT 基陶瓷的铁电有序，导致电滞回线逐渐变为"束腰型"。

4.4.4　0.7Na$_{0.5}$Bi$_{0.5}$Ti$_{0.9}$Mn$_{0.1}$O$_3$-0.3Sr$_{(1-3x/2)}$Bi$_x$□$_{x/2}$TiO$_3$ 陶瓷的电致伸缩性能

NBT-SBxT-Mn 陶瓷在 30～50kV/cm 外加电场下的应变（S-E）曲线见图 4.28 (a)～(d)。由图可见，所有样品均表现出抛物线形应变曲线，在电场作用下的应变均为正值，且随着电场强度的增大，应变都增大。随着 Bi 含量的增加，在 50kV/cm 电场下的应变 S_{max} 值从 0.077% 降低至 0.056%。NBT-SBxT-Mn 陶瓷在 50kV/cm 电场下应变滞后性随 Bi 含量的变化情况见图 4.28(f)。由图可见，随着 Bi 含量的增加，应

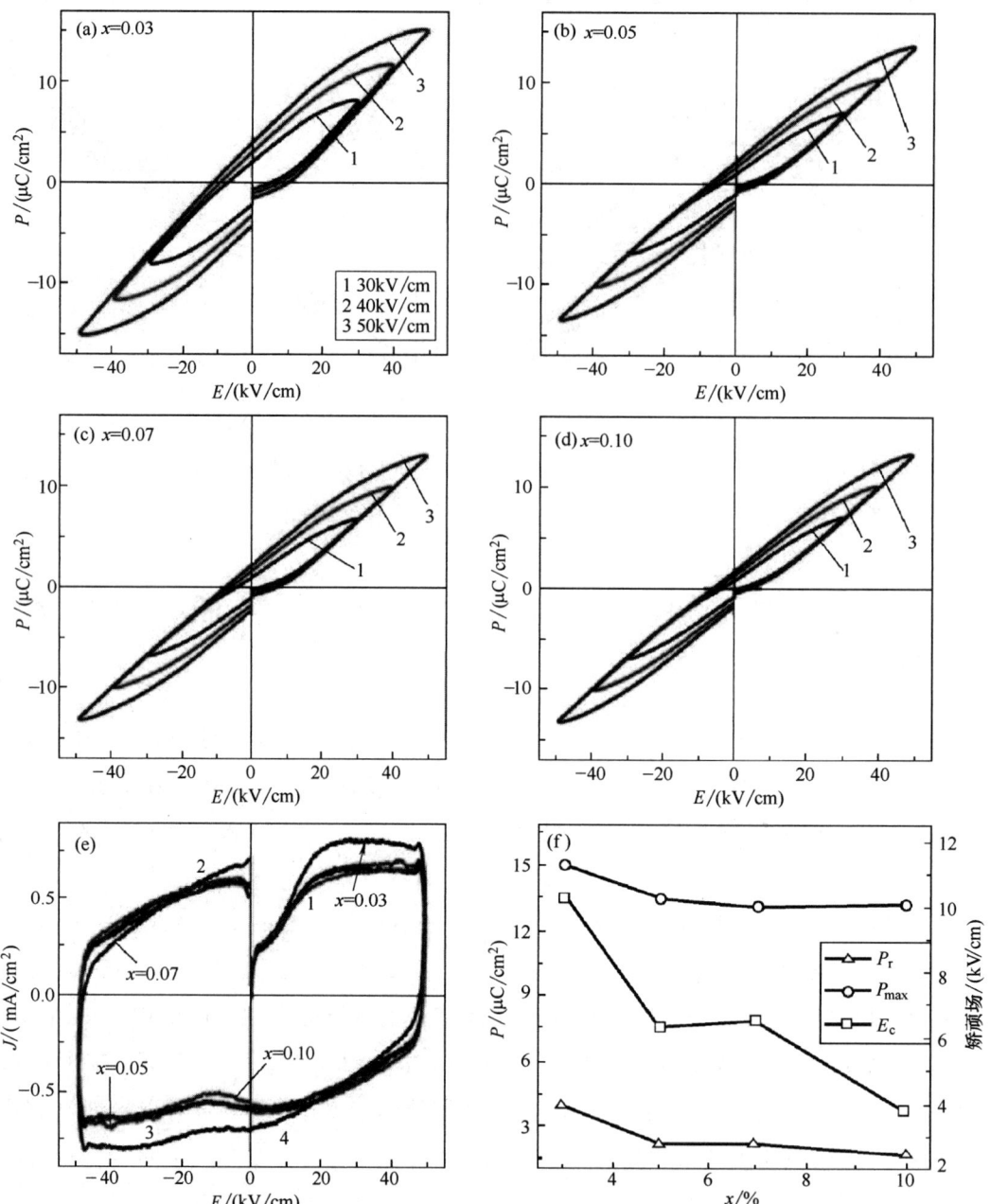

图 4.27 NBT-SBxT-Mn 陶瓷的室温电滞回线，电流曲线，P_r、P_{max} 和 E_c 随 Bi 含量的变化曲线
(a) $x=0.03$；(b) $x=0.05$；(c) $x=0.07$；(d) $x=0.10$；(e) J-E 曲线；(f) P_r、P_{max} 和 E_c 的变化曲线

变滞后性由 34% 下降到至 25%。滞后性的降低有利于 NBT 基陶瓷材料获得优异的电致伸缩性能。

NBT-SBxT-Mn 陶瓷体系具有较大的电致伸缩应变和较小滞后性是 V_A-$V_O^{··}$ 局部缺陷和 Mn-$V_O^{··}$ 缺陷偶极子共同作用的结果。$Sr_{(1-3x/2)}Bi_{x\square x/2}TiO_3$ 中存在的 V_A 和 $V_O^{··}$ 能够产生局部缺陷，从而破坏 NBT 基陶瓷的铁电有序，在零电场强度时构造出含有纳米极性微区的"非极性"相。此外，$Mn^{2+/3+}$掺杂后其取代了Ti^{4+}，为了保持电价平衡，晶格中出现$V_O^{··}$、$V_O^{··}$与Mn形成的Mn-$V_O^{··}$缺陷偶极子。之前的研究发现，Mn-$V_O^{··}$缺陷偶极子的形成有利于提高应变，并降低其滞后性。NBT-SBxT-Mn陶瓷体系中同时存在V_A-$V_O^{··}$局部缺陷和Mn-$V_O^{··}$缺陷偶极子，这有利于在低电场强度下获得较大的应变和较小的滞后性。

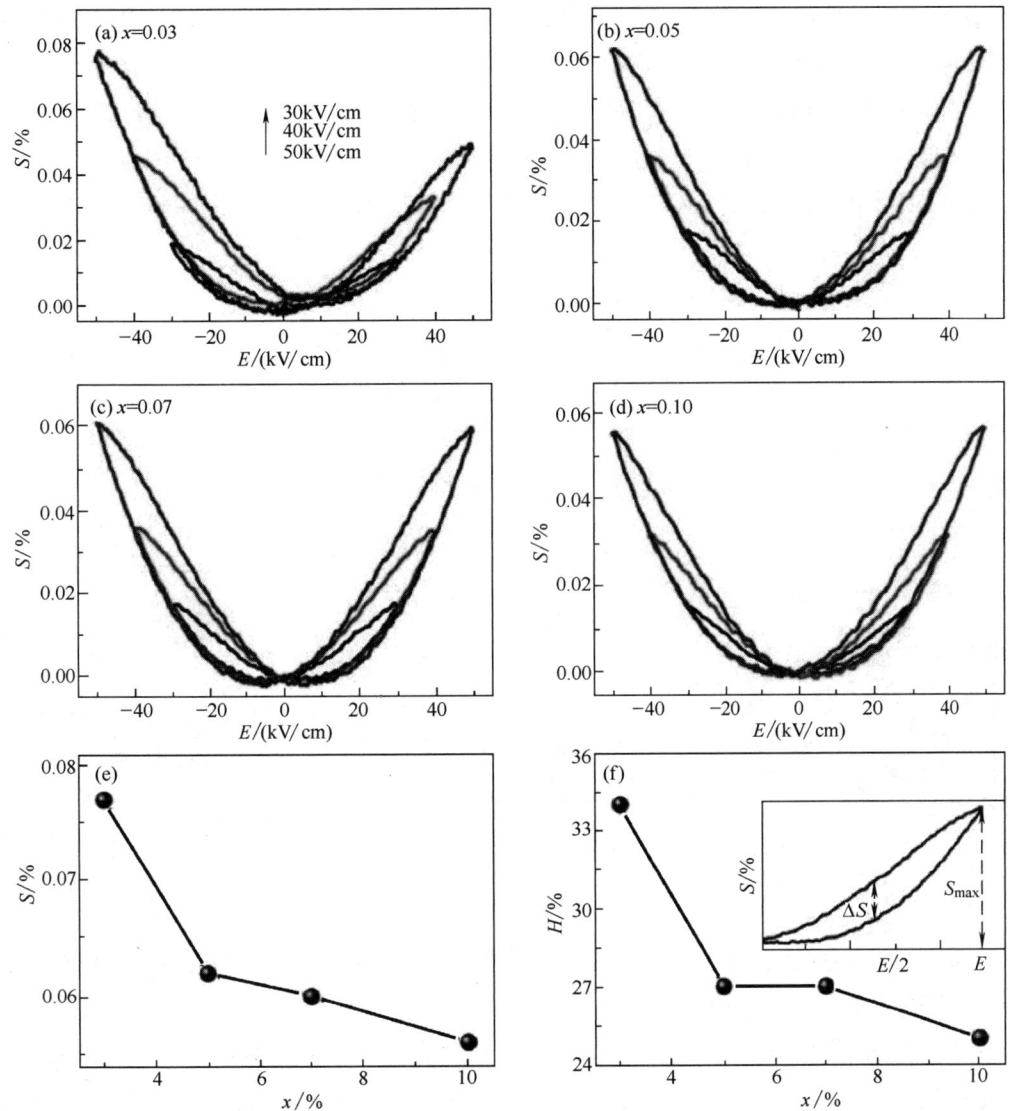

图4.28　NBT-SBxT-Mn陶瓷的应变曲线，应变大小及滞后性随组分的变化
(a) $x=0.03$；(b) $x=0.05$；(c) $x=0.07$；(d) $x=0.10$；(e) 应变大小；(f) 应变滞后性

分析了陶瓷中的缺陷，NBT-SBxT-Mn陶瓷的O 1s的XPS图谱及相应的拟合结果见图4.29 (a)～(d)。所有样品的拟合结果均出现了2个吸收峰，按照结合能由低到高出现的吸收峰分别代表晶格氧和氧空位。根据拟合得到的结果，计算出氧空位对应吸收峰所占的面积比，以分析陶瓷中氧空位的含量。随着x的增加，$V_O^{··}$对应吸收峰所占面积比分别为69.80%、56.21%、34.05%和61.82%。当$x=0.07$时，$V_O^{··}$

浓度的降低反映了 NBT-SBxT-Mn 陶瓷中形成的 Mn-V$_O^{\cdot\cdot}$ 缺陷偶极子有所增加。缺陷偶极子产生的缺陷偶极矩（P_D）能够在去除电场后提供一个使畴恢复到未加电场时状态的力，从而得到滞后性改善的可逆应变。另外，V$_A$-V$_O^{\cdot\cdot}$ 局部缺陷会破坏陶瓷的铁电有序，导致应变和滞后性均降低。在这些缺陷的共同作用下，当 x 由 0.03 增加到 0.05 时，电致伸缩应变从 0.077% 减小到 0.062%。当 $x=0.07$ 时，由于缺陷偶极子的增加，电致伸缩应变略有降低。当 Bi 含量进一步增加到 0.10 时，电致伸缩应变明显降低。电致伸缩效应是离子因极化诱导离开原子平衡位置而引起晶格参数变化产生的，其值取决于材料阳离子排列的有序程度。在 NBT-SBxT-Mn 陶瓷中进行受主 Mn 掺杂后，氧空位与 Mn 离子形成的 Mn-V$_O^{\cdot\cdot}$ 缺陷偶极子会造成氧八面体产生晶格畸变，从而限制 B 位阳离子的活动空间，使 B 位阳离子的有序程度增加，因此在电场作用下能够产生较大的电致伸缩效应。

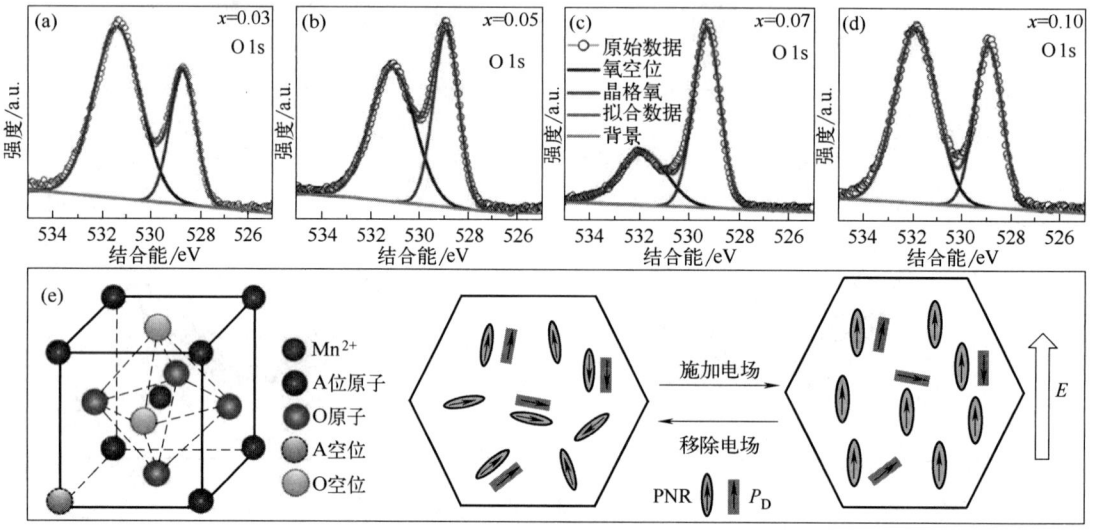

图 4.29　NBT-SBxT-Mn 陶瓷的 O 1s 的 XPS 图谱

(a) $x=0.03$；(b) $x=0.05$；(c) $x=0.07$；(d) $x=0.10$；(e) 晶体结构及极化反转机理

当应变曲线为抛物线，且应变与电场的关系没有滞后或滞后较小时，该材料具有良好的电致伸缩效应。铁电陶瓷的电致伸缩效应可以用 $S=Q_{33}P^2$ 来评价，其中 S 为应变，P 为极化强度，Q_{33} 为电致伸缩系数。在室温下不同电场强度时，NBT-SBxT-Mn 陶瓷的 S-P^2 曲线见图 4.30。由图 4.30 可知，在 $x=0.03$ 时样品存在较大的应变滞后性，故其 S-P^2 曲线相较于直线有一些偏离。当 Bi 含量增加到 5% 以上时，S-P^2 曲线基本上是直线，说明此时得到的应变主要来源于电致伸缩效应。

图 4.31 为 NBT-SBxT-Mn 陶瓷电致伸缩系数 Q_{33} 随 Bi 含量的变化情况。由图可见，随着 Bi 含量的增加，电致伸缩系数先增大后减小，在 Bi 含量为 7% 时，电致伸缩系数达到最大值，$Q_{33}=0.036\text{m}^4/\text{C}^2$。该性能的获得主要是陶瓷较强的弛豫特性、PNRs 的形成以及 Mn-V$_O^{\cdot\cdot}$ 缺陷偶极子和 V$_A$-V$_O^{\cdot\cdot}$ 局部缺陷的共同贡献所致。该值比其他含铅或者部分无铅体系的都高。

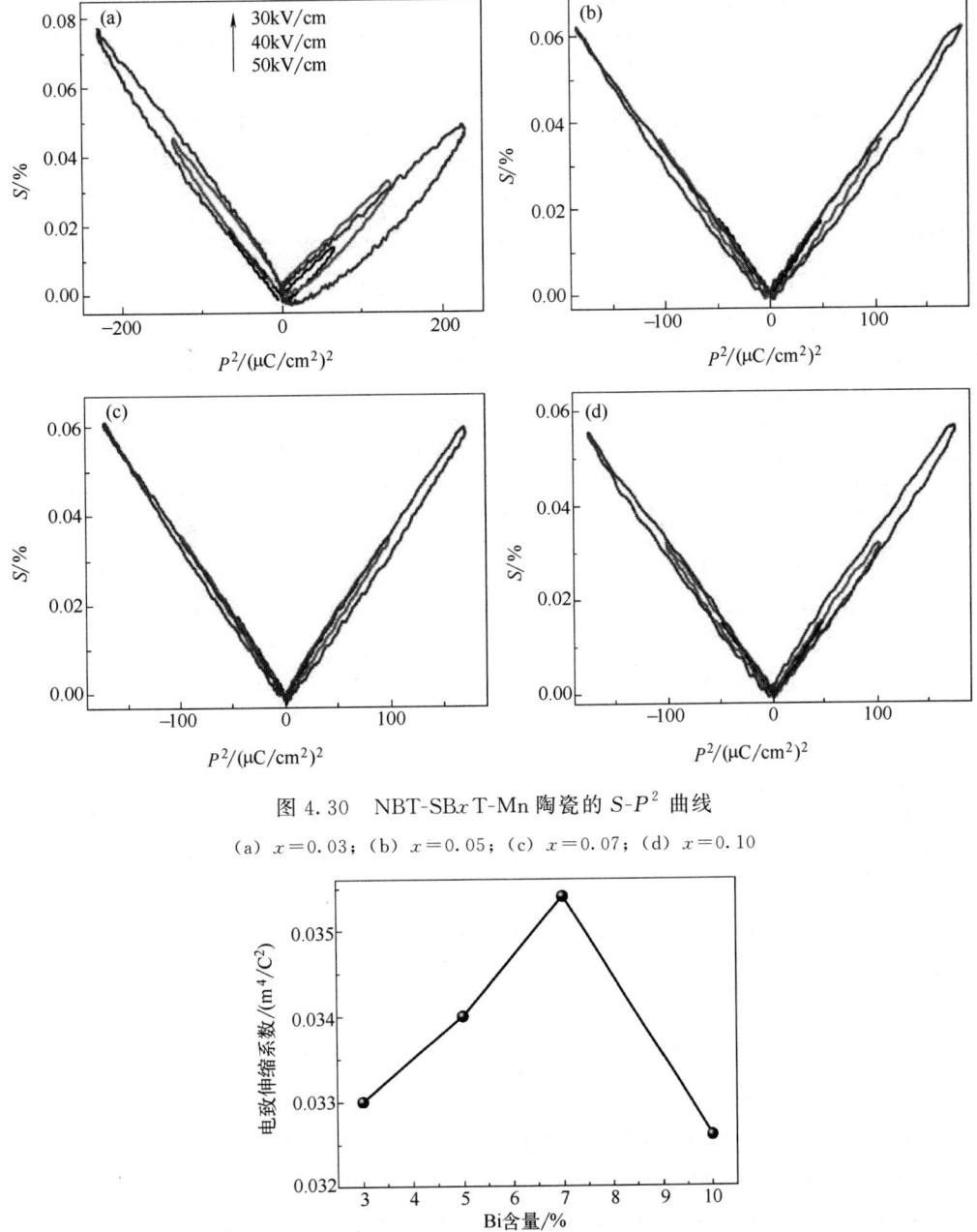

图 4.30 NBT-SBxT-Mn 陶瓷的 S-P^2 曲线

(a) $x=0.03$；(b) $x=0.05$；(c) $x=0.07$；(d) $x=0.10$

图 4.31 NBT-SBxT-Mn 陶瓷电致伸缩系数随 Bi 含量的变化

参考文献

[1] Cross L E, Jang S J, Newnham R E, Nomura S, Uchino K. Large electrostrictive effects in relaxor ferroelectrics. Ferroelectrics, 1980, 23 (1): 187-191.

[2] Kholkin A L, Akdogan E K, Safari A, Chauvy P F, Setter N. Characterization of the effective electrostriction coefficients in ferroelectric thin films. Journal of Applied Physics, 2001, 89 (12): 8066.

[3] Li Q, Wang C, Yadav A K, Fan H Q. Large electrostrictive effect and energy storage density in $MnCO_3$ modified $Na_{0.325}Bi_{0.395}Sr_{0.245}\square_{0.035}TiO_3$ lead-free ceramics. Ceramics International, 2020, 46 (3): 3374-3381.

[4] Ang C, Yu Z. High, purely electrostrictive strain in lead-free dielectrics. Advanced Materials, 2006, 18 (1): 103-106.

[5] Qi H, Zuo R Z. Giant electrostrictive strain in $(Bi_{0.5}Na_{0.5})TiO_3$-$NaNbO_3$ lead-free relaxor antiferroelectrics featuring temperature and frequency stability. Journal of Materials Chemistry A, 2020, 8 (5): 2369-2375.

[6] Liu X, Li F, Zhai J W, Shen B, Li P, Zhang Y, Liu B H. Enhanced electrostrictive effects in nonstoichiometric $0.99Bi_{0.505}(Na_{0.8}K_{0.2})_{0.5-x}TiO_3$-$0.01SrTiO_3$ lead-free ceramics. Materials Research Bulletin, 2018, 97: 215-221.

[7] Liu X, Xue S D, Li F, Ma J P, Zhai J W, Shen B, Wang F F, Zhao X Y, Yan H X. Giant electrostrain accompanying structural evolution in lead-free NBT-based piezoceramics. Journal of Materials Chemistry C, 2018, 6 (4): 814-822.

[8] Shi J, Fan H Q, Liu X, Bell A J. Large electrostrictive strain in $(Bi_{0.5}Na_{0.5})TiO_3$-$BaTiO_3$-$(Sr_{0.7}Bi_{0.2})TiO_3$ solid solutions. Journal of the American Ceramic Society, 2014, 97 (3): 848-853.

[9] Liu X, Rao R R, Shi J, He J Y, Zhao Y X, Liu J, Du H L. Effect of oxygen vacancy and a-site-deficiency on the dielectric performance of BNT-BT-BST relaxors. Journal of Alloys and Compounds, 2021, 875: 159999.

[10] Bai W F, Chen D Q, Zheng P, Zhang J J, Shen B, Zhai J W, Ji Z G. Grain-orientated lead-free BNT-based piezoceramics with giant electrostrictive effect. Ceramics International, 2017, 43 (3): 3339-3345.

[11] Pan H L, Zhang J J, Jia X R, Xing H J, He J Y, Wang J Y, Wen F. Large electrostrictive effect and high optical temperature sensing in $Bi_{0.5}Na_{0.5}TiO_3$-$BaTiO_3$-$(Sr_{0.7}Bi_{0.18}Er_{0.02})TiO_3$ luminescent ferroelectrics. Ceramics International, 2018, 44 (5): 5785-5789.

[12] Cao W P, Sheng J, Qiao Y L, Jing L, Liu Z, Wang J, Li W L. Optimized strain with small hysteresis and high energy-storage density in Mn-doped NBT-ST system. Journal of the European Ceramic Society, 2019, 39 (14): 4046-4052.

[13] Cao W P, Li W L, Feng Y, Bai T, Qiao Y L, Hou Y F, Zhang T D, Yu Y, Fei W D. Defect dipole induced large recoverable strain and high energy-storage density in lead-free $Na_{0.5}Bi_{0.5}TiO_3$-based systems. Applied Physics Letters, 2016, 108 (20): 202902.

[14] Zhang S T, Kounga A B, Jo W, Jamin C, Seifert K, Granzow T, Rödel J, Damjanovic D. High-strain lead-free antiferroelectric electrostrictors. Advanced Materials, 2009, 21: 4716-4720.

[15] Han H S, Jo W, Kang J K, Ahn C W, Kim I W, Ahn K K, Lee J S. Incipient piezoelectrics and electrostriction behavior in Sn-doped $Bi_{1/2}(Na_{0.82}K_{0.18})_{1/2}TiO_3$ lead-free ceramics. Journal of Applied Physics, 2013, 113: 154102.

[16] Bai W F, Chen D, Zheng P, Zhang J J, Shen B, Zhai J W, Ji Z G. Grain-orientated lead-free BNT-based piezoceramics with giant electrostrictive effect. Ceramics International, 2017, 43: 3339-3345.

[17] Bai W F, Wang L J, Zheng P, Wen F, Yuan Y J, Ding M Y, Chen D Q, Zhai J W, Ji Z G. Large electrostrictive effect in lead-free ($Bi_{0.5}Na_{0.5}$)TiO_3-based composite piezoceramics. Ceramics International, 2018, 44: 8628-8634.

[18] Bai W F, Li L Y, Wang W, Shen B, Zhai J W. Phase diagram and electrostrictive effect in BNT-based ceramics. Solid State Communications, 2015, 206: 22-25.

[19] Zhang S T, Yan F, Yang B, Cao W W. Phase diagram and electrostrictive properties of $Bi_{0.5}Na_{0.5}TiO_3$-$BaTiO_3$-$K_{0.5}Na_{0.5}NbO_3$ ceramics. Applied Physics Letters, 2010, 97: 122901.

[20] Wu L, Yang Y B, Zhu S J, Shen B, Hu Q R, Chen J, Yang Y, Xia Y D, Yin J, Liu Z G. Large electromechanical strain and electrostrictive effect in $(1-x)$($Bi_{0.5}Na_{0.5}TiO_3$-$SrTiO_3$)-xLiNbO$_3$ ternary lead-free piezoelectric ceramics. Journal of Materials Science: Materials in Electronics, 2019, 30: 200-211.

[21] Pan H L, Zhang J J, Jia X R, Xing H J, He J Y, Wang J Y, Wen F. Large electrostrictive effect and high optical temperature sensing in $Bi_{0.5}Na_{0.5}TiO_3$-$BaTiO_3$-($Sr_{0.7}Bi_{0.18}Er_{0.02}$)$TiO_3$ luminescent ferroelectrics. Ceramics International, 2018, 44: 5785-5789.

[22] Smolenskii G, Agranovskaya A I. New ferroelectrics of complex composition. Soviet Physics Solid State, 1960, 2: 2651-2654.

[23] Setter L E C. The role of B-site cation disorder in diffuse phase transition behavior in ferroeletrics. Journal of Applied Physics, 1980, 51 (8): 4356-4360.

[24] 姚熹, 陈至立. 弛豫型铁电体. 压电与声光, 1987: 61-63.

[25] Burton B, Cockayne E, Waghmare U. Correlations between nanoscale chemical and polar order in relaxor ferroelectrics and the lengthscale for polar nanoregions. Physical Review B, 2005, 72 (6): 064113.

[26] Davies P K, Akbas M A. Chemical order in PMN-related relaxors: structure, stability, modification, and impact on properties. Journal of Physics and Chemistry of Solids, 2000, 61 (2): 159-166.

[27] Siny I G, Husson E, Beny J M, Lushnikov S G, Rogacheva E A, Syrnikov P P. Raman scattering in the relaxor-type ferroelectric $Na_{1/2}Bi_{1/2}TiO_3$. Ferroelectrics, 2000, 248 (1): 57-78.

[28] Siny I G, Husson E, Beny J M, Lushnikov S G, Rogacheva E A, Syrnikov P P. A central peak in light scattering from the relaxor-type ferroelectric $Na_{1/2}Bi_{1/2}TiO_3$. Physica B: Condensed Matter, 2001, 293 (3-4): 382-389.

[29] Siny I G, Tu C S, Schmidt V H. Critical acoustic behavior of the relaxor ferroelectric $Na_{1/2}Bi_{1/2}TiO_3$ in the intertransition region. Physical Review B, 1995, 51 (9): 5659-5665.

[30] Zhang L, Ren X. Aging behavior in single-domain Mn-doped $BaTiO_3$ crystals: Implication for a unified microscopic explanation of ferroelectric aging. Physical Review B, 2006, 73 (9): 094121.

[31] Zhang L, Liu W, Chen W, Ren X B, Sun J, Gurdal E A, Ural S O, Uchino K. Mn dopant on the "domain stabilization" effect of aged $BaTiO_3$ and $PbTiO_3$-based piezoelectrics. Applied Physics Letters, 2012, 101 (24): 242903.

[32] Feng Z, Ren X B. Aging effect and large recoverable electrostrain in Mn-doped $KNbO_3$-based ferroelectrics. Applied Physics Letters, 2007, 91 (3): 032904.

[33] Liu W, Chen W, Yang L, Zhang L X, Wang Y, Zhou C, Li S T, Ren X B. Ferroelectric aging effect in hybrid-doped $BaTiO_3$ ceramics and the associated large recoverable electrostrain. Applied Physics Letters, 2006, 89 (17): 172908.

[34] Zhang L X, Chen W, Ren X B. Large recoverable electrostrain in Mn-doped (Ba-Sr)TiO_3 ceramics. Applied Physics Letters, 2004, 85 (23): 5658.

[35] Ren X B. Large electric-field-induced strain in ferroelectric crystals by point-defect-mediated reversible domain switching. Nature Materials, 2004, 3 (2): 91-4.

第5章

$Na_{0.5}Bi_{0.5}TiO_3$ 基铁电陶瓷材料的电卡效应

电卡效应（electrocaloric effect，EC）是指由于外电场的作用导致铁电材料的极化状态发生改变而产生的绝热温变或等温熵变，由于其设计灵活、成本较低、不污染环境以及转换效率高等优点，在实现高效率和小尺寸的固态制冷器件方面具有巨大的应用前景[1]。目前，大的电卡效应主要是在含铅的薄膜体系中利用其居里温度附近的铁电/顺电相变导致大的极化状态的改变得到的[2-4]。由于薄膜的厚度小、体积小、总体的制冷容量和热容量较低，而块体材料的体积大、制冷容量高，尽管电卡效应的绝对值较低，但仍具有实际的应用价值。

NBT 基陶瓷在退极化温度附近具有铁电（FE）/弛豫相（RE）的相变，在该相变处极化状态发生较大的变化，因此利用该相变有利于设计较大的电热温变。本章首先研究了组分在 MPB 附近 KBT、BT 分别掺杂及共掺杂时 NBT 基陶瓷的电卡效应；其次，选取电卡性能优异的 NBT-BT 基陶瓷进行 ST 掺杂，利用 ST 降低 NBT 基陶瓷的相变温度，从而获得室温附近的电热温变。最后，在 NBT-ST 体系中进行 MnO 掺杂构建缺陷偶极子，进一步优化 NBT 基陶瓷的电卡效应。

5.1 铁电材料的电卡效应及研究进展

5.1.1 电卡效应的制冷原理

电卡效应（EC）是一种新型的制冷技术，它是指电介质材料在外加电场的作用下产生的等温熵变和绝热温变。电卡效应主要是由于极化强度的变化引起的，铁电材料在电场作用下体系有序度的改变比较大，从而产生明显变化的极化强度，因此成为电卡材料的首选。图 5.1 所示为电卡材料的制冷原理。整个循环包括四个阶段。第一阶段：绝热极化。当施加电场后，晶体中的电偶极子由未加电场时的无序状态变为有序排列，引起熵和焓的减小，为了保持总熵不变，电卡材料的温度上升。第二阶段：等熵转换，热量转移。在外加电场保持不变的情况下，电卡材料与散热片接触，使多余的热量释放出去。当电卡材料的温度降至室温时，EC 材料断开散热片并与负载接触。第三阶段：绝热去极化。当移去外电场后，晶体中的电偶极子由有序变成无序状态，引起熵和焓的增加，从而使电卡材料的温度降低。第四阶段：吸热过程。电卡材料从负载处吸收热量，完成一个循环[5]。

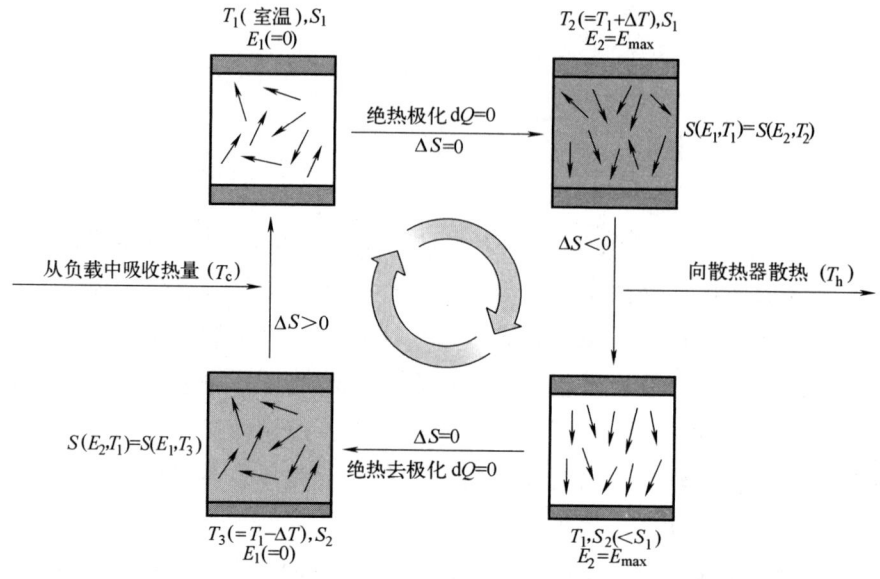

图 5.1　铁电材料制冷循环示意图[1]

5.1.2　电卡效应的测量方法

由于没有研究出标准的测量方法来评价电卡材料的电卡性能及相关性能，所以目前主要是通过间接法计算得出其绝热温变（ΔT）和等温熵变（ΔS）。1968 年，Thacher[6] 提出利用在恒定电场下测得极化强度随温度的变化关系，通过 Maxwell 方程 $\left(\frac{\partial S}{\partial E}\right)_T = \left(\frac{\partial S}{\partial E}\right)_E$ 及热力学公式间接计算出 ΔS 和 ΔT 的大小。其计算公式如下：

$$\Delta T = -\frac{1}{\rho} \int_{E_1}^{E_2} \frac{T}{c} \left(\frac{\partial P}{\partial T}\right)_E dE \tag{5.1}$$

$$\Delta S = -\frac{1}{\rho} \int_{E_1}^{E_2} \left(\frac{\partial P}{\partial T}\right)_E dE \tag{5.2}$$

式中，ρ 和 c 分别为电卡材料的密度和比热容，该方法在提出后并未得到研究者的重视。2006 年，Mischenko 等[7] 人利用该方法在 Science 报道了 $PbZr_{0.95}Ti_{0.05}O_3$ 薄膜的巨电卡效应后，利用该方法计算铁电材料的电卡性能逐渐被接受。

根据以上两个公式，为了获得较大的等温熵变和绝热温变，电卡材料需要满足两个条件：较高的击穿场强和较大的 $\frac{\partial P}{\partial T}$。一般而言，在相变温度处铁电材料的 $\frac{\partial P}{\partial T}$ 最大，因此 ΔS 和 ΔT 都是在相变温度附近达到最大值。由于电子器件一般需要在室温附近实现制冷，即电卡材料需要在室温附近发生相变。除此之外，在考虑实际应用时，电卡材料还需要满足在较宽温度范围内具有较大的制冷效果，因此，电卡材料一般选择弛豫型铁电体。

5.1.3 电卡效应的研究进展

电卡效应最早是 Kobeko 和 Kurchatov 通过实验在罗息盐中发现的。随后，科研工作者对 $NaKC_4H_4O_6$、$SrTiO_3$、KCl、$KTaO_3$、$Pb(Zr_{0.43}Sn_{0.43}Ti_{0.14})O_3$、$Pb(Zr_{0.455}Sn_{0.455}Ti_{0.09})O_3$ 等块体材料的电卡效应进行了评价，由于块体材料的击穿场强较低，因此得到的绝热温变一般小于 1K，使其在制冷领域的应用受到了限制[6,8-11]。2006 年，英国剑桥大学 Mischenko 等[7] 在 Science 上首次报道了反铁电薄膜的巨电卡效应后，电卡材料的研究取得了重大的突破。图 5.2 所示为 $PbZr_{0.95}Ti_{0.05}O_3$ 反铁电薄膜的电卡效应。研究发现在外加电场强度为 776kV/cm（25V）时，$PbZr_{0.95}Ti_{0.05}O_3$ 反铁电薄膜在相变温度附近（226℃）获得了 $\Delta T=12K$ 的绝热温变。由于该体系制冷的工作温区较高，在实际应用中不利于电子器件的制冷，因此降低电卡材料的工作温度，使其在一个相对较低的工作温区内实现制冷成为研究的一个热点。由于铁电材料在相变处极化强度的变化最大，因此绝热温变一般在居里温度附近最大，所以研究者开始寻找居里温度位于室温附近的弛豫铁电材料。

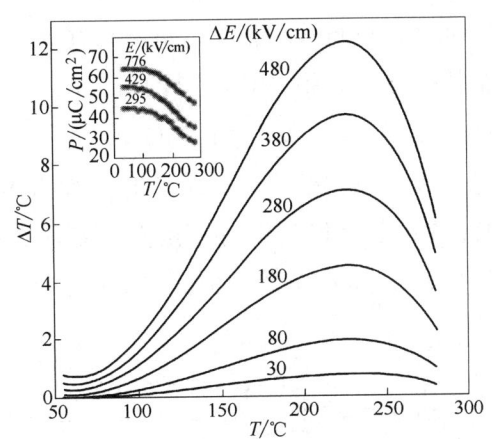

图 5.2 $PbZr_{0.95}Ti_{0.05}O_3$ 反铁电薄膜的电卡效应[7]

2006 年，Mischenko 等人[2] 报道了弛豫型铁电薄膜 0.9PMN-0.1PT 的电卡效应。在 75℃ 的温度附近，260nm 厚的 0.9PMN-0.1PT 薄膜在约 960kV/cm 的电场时获得了最大温变 $\Delta T=5K$。2009 年，Correia 等人[3] 进一步降低了 PMN-PT 弛豫型铁电薄膜的相变温度，在 35℃ 的温度附近，0.93PMN-0.07PT 薄膜在约 720kV/cm

电场时获得了最大温变 $\Delta T=9\mathrm{K}$。2013 年，Peng 等人[12] 发现，$Pb_{0.8}Ba_{0.2}ZrO_3$ 薄膜在室温附近具有 $\Delta T=45.3\mathrm{K}$ 巨绝热温变，如图 5.3 所示。值得注意的是该温变的最大值不是由居里温度附近的铁电相与顺电相的相变引起的，而是在退极化温度附近铁电相与反铁电相共存，在电场诱导下发生反铁电相与铁电相的相变引起的。

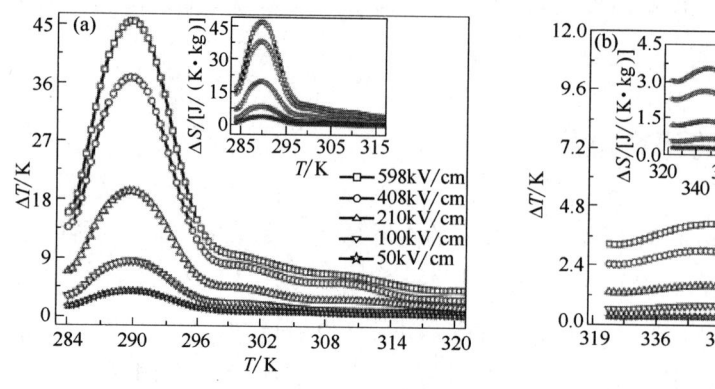

图 5.3　$Pb_{0.8}Ba_{0.2}ZrO_3$ 薄膜的巨电卡效应[12]

2015 年，Zhao 等人[4] 在 $Pb_{0.97}La_{0.02}(Zr_{0.75}Sn_{0.18}Ti_{0.07})O_3$ 厚膜中得到了室温时 $\Delta T=53.8\mathrm{K}$ 的巨绝热温变，这是目前报道的最大的绝热温变，该温变也是由于电场诱发的 AFE/FE 相变引起的。根据以上分析可以得出，铁电相与顺电相的相变以及铁电相与反铁电相的相变均能获得较大的电卡效应。在铅基块体体系中，电卡材料的研究主要集中在 PMN-PT 体系，但其制冷温度一般较小（$\Delta T<2\mathrm{K}$）[13,14]。

在基于铁电相变的制冷研究中，具有优异电卡效应的材料大多数是铅基薄膜体系。由于薄膜体系制冷容量较小（$\Delta T/\Delta E$），不能用于中大型制冷设备，且铅基材料对人体和环境都有危害，因此寻找制冷容量大、电卡性能优异的无铅块体材料成为人们研究的重点。目前，在制冷方面无铅块体材料的研究较少，主要的体系包括 $BaZrTiO_3$-$BaCaTiO_3$[15-17]、$BaTiO_3$[18-20]、$Ba_{1-x}Sr_xTiO_3$[15,21]、$Sr_xBa_{1-x}Nb_2O_6$[23] 以及 NBT[23-25]。其中，北京科技大学 Y.Bai[15] 研究了组分对 BZT-BCT 体系陶瓷电卡效应的影响。结果表明当 R、T、C 三相共存时，相变时能量势垒低，电偶极子容易翻转，在室温下电场强度为 $20\mathrm{kV/cm}$ 时的绝热温变 $\Delta T=0.3\mathrm{K}$，如图 5.4 所示。

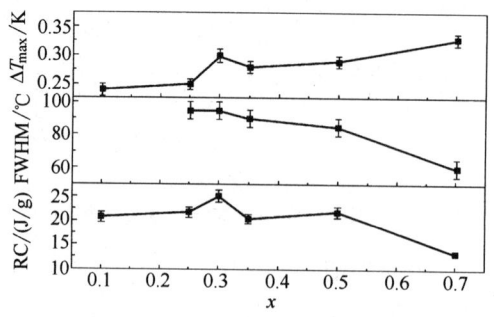

图 5.4　BZT-BCT 体系陶瓷电卡效应[15]

浙江大学 X. Q. Liu[21] 报道了利用 SPS 工艺制备的 BST 陶瓷的电卡效应。通过 SPS 制备方法大大提高了陶瓷的介电击穿场强，在 30℃ 附近的电卡效应 $\Delta T=2.1\text{K}$。随后又利用 MnO 掺杂降低了 BST 体系陶瓷的漏导电流和介电损耗，进一步增大了陶瓷的击穿场强。在室温下电场强度为 130kV/cm 时的绝热温变 $\Delta T=3.08\text{K}$。由于 BST 陶瓷的弛豫性差，因此所得到的电卡效应的工作区间较窄，不利于实际应用（图 5.5）。目前，在弛豫性较强的 NBT 体系的电卡效应研究中得到较宽的制冷区，利用其在退极化温度附近的相变能够获得一定的绝热温变，但是其数值较小，且工作温区较高。

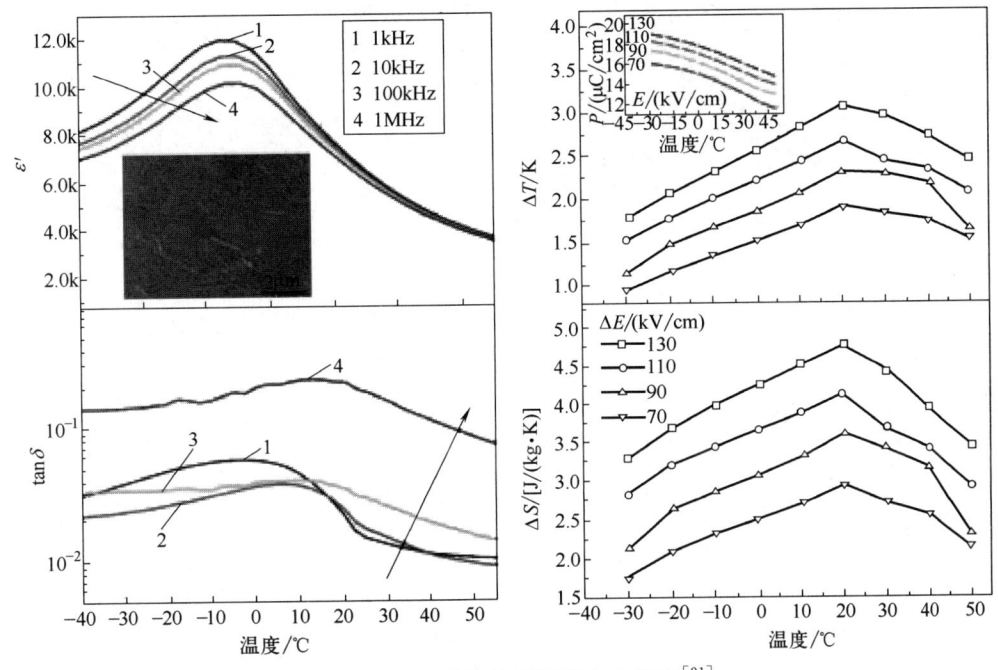

图 5.5 BST 陶瓷体系陶瓷电卡效应[21]

截至目前，缺陷偶极子对电卡效应的影响研究较少。例如，2016 年 Zhang 等[26] 采用溶胶-凝胶法制备 $PbZr_{0.52}Ti_{0.48}O_3/PbZr_{0.8}Ti_{0.2}O_3$ 双层薄膜，在一定条件下出现了双电滞回线现象，这一现象的产生与材料内部的缺陷偶极子的运动和排列密切相关。当施加 566kV/cm 电场时，分别在 155℃ 和 45℃ 产生 -8.4K 的负电卡效应和 4.4K 的正电卡效应，产生了正、负电卡效应共存的现象。2018 年 Qiao 等[27] 研究 Mn^{2+} 掺杂 $Pb(In_{0.5}Nb_{0.5})O_3\text{-}PbTiO_3$ 陶瓷的电卡效应，随着 Mn^{2+} 掺杂量的增加，电卡效应由一开始未掺杂的样品产生的正电卡效应转变为正、负电卡效应共存，最后变为负电卡效应，如图 5.6 所示。2019 年 Guvenc 等[28] 制备 Li^+ 掺杂的 $BaTiO_3$ 陶瓷并对其进行时效处理，随着 Li^+ 掺杂量增大，电卡效应数值增加，当 Li^+ 掺杂量大于临界值时，出现正、负电卡效应共存的现象。同年，Wu 等[29] 制备了 Mn^{2+} 掺杂的 $Pb(Zr_{0.2},Ti_{0.8})O_3$ 陶瓷，直接法测试结果显示，时效样品在不发生相变的条件下，在 40℃ 产生 0.55K 的绝热温变。2020 年 Yang 等[30] 制备了 $(1-x)Ba(Ti_{0.9}Ce_{0.1})O_3\text{-}x(Ba_{0.7}Ca_{0.3})TiO_3(x=0.3,0.5)$ (BTC-xBCT) 陶瓷，直接法测试结果显示，时效处理后的 R 相和 T 相在低于居里温度的温区内获得大绝热温变,其数值达到居里温度处绝热温变的 90%,如图 5.7 所示。以上两项研究均在不发生相变的条件下利用缺陷偶极子获得了大电卡效应,这是因为与传统铁电材料相比,时效样品在撤电场过程中缺陷偶极子提供的恢复力使畴翻转可逆,极化强度变化更大导致绝热温变增大。

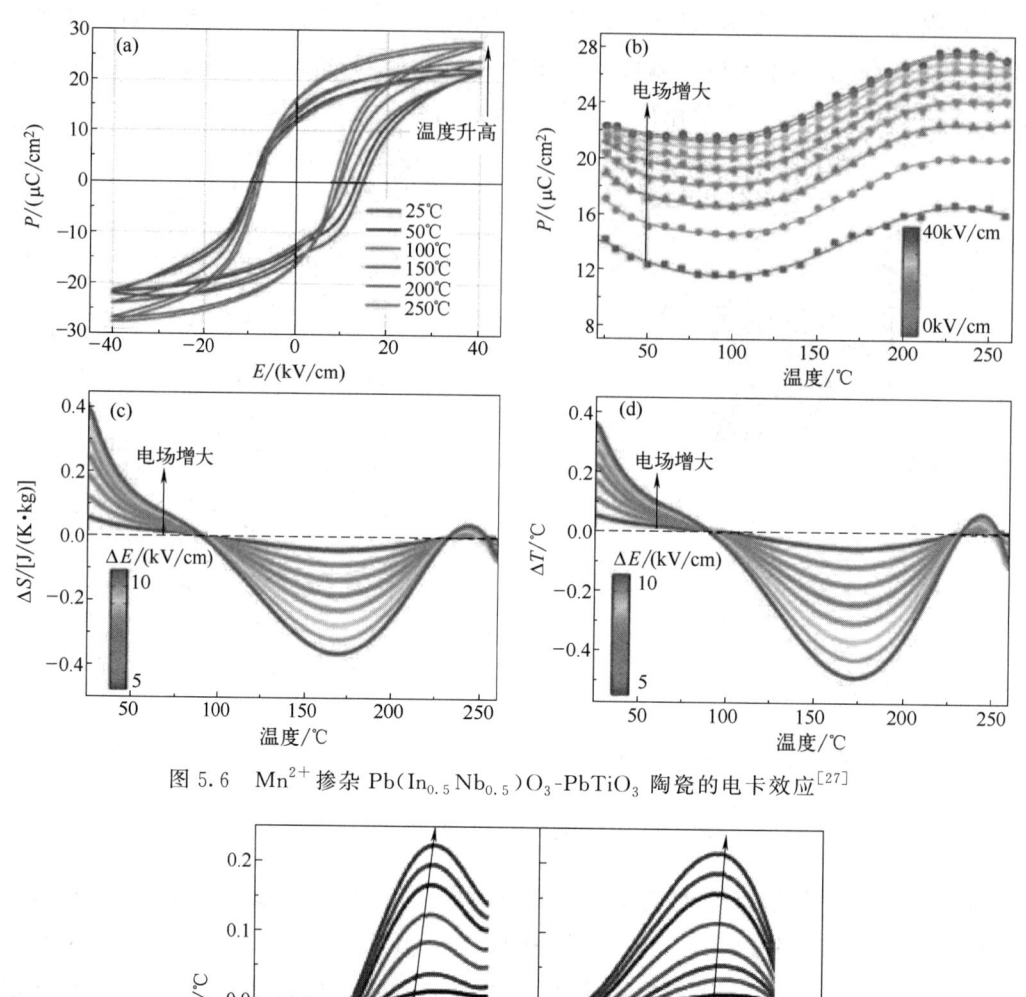

图 5.6 Mn^{2+} 掺杂 $Pb(In_{0.5}Nb_{0.5})O_3$-$PbTiO_3$ 陶瓷的电卡效应[27]

图 5.7 (BTC-xBCT) 陶瓷的电卡效应[30]

综上所述,缺陷偶极子在铁电材料中起着至关重要的作用,对其极化响应和电卡效应产生显著影响。外电场和由缺陷偶极子引起的内电场共同影响着电卡效应的性质,包括其正负性、大小和工作温区。尽管缺陷偶极子为实现大电卡效应的设计提供了新的思路,但对于不同方向、大小和浓度的缺陷偶极子对铁电材料极化响应和电卡效应的具体影响仍然缺乏深入的研究，理解和控制缺陷偶极子对电卡效应的调控机制仍然是一个待解决的问题，这也是未来铁电材料设计和应用研究中的重要方向之一。

5.2 MPB 附近 NBT 基陶瓷的电卡效应

根据第 2 章的分析可知，KBT、BT 分别掺杂及共掺杂 NBT 基陶瓷在 MPB 附近由于电畴易翻转表现出优异的压电性能，同时，在 MPB 附近由于其极化方向的改变较大，NBT 基陶瓷还应具有优异的电卡效应。本节主要研究了组分在 MPB 附近 NBT 基陶瓷的电卡效应。

5.2.1 MPB 附近 $Na_{0.5}Bi_{0.5}TiO_3$ 基陶瓷不同温度的 P-E 曲线

利用直接法测量陶瓷的电卡效应比较困难，目前通常利用 Maxwell 关系式和热力学方程间接计算其电卡效应。根据公式（5.1）和公式（5.2）可知计算铁电陶瓷的电卡效应首先需要获得不同温度时的电滞回线，因此本试验选择在 50kV/cm 电场强度下，20~140℃ 温度范围内，对 NBT 基陶瓷进行不同温度下的 P-E 曲线测试。图 5.8 为 NBT 基陶瓷在不同温度时的具有代表性的 P-E 曲线。

由图 5.8（a）可以看出，在测试温度范围内纯 NBT 陶瓷都展现出典型的铁电体的 P-E 曲线；当 KBT、BT 分别掺杂及共掺杂 NBT 基陶瓷时，电滞回线随温度的变化趋势类似：低温时表现出正常铁电体的电滞回线，随着温度的升高，在不同的温度点出现 E_c 和 P_r 的明显降低，出现双电滞回线。这主要是由于退极化温度附近的相变造成的。在退极化温度附近存在 FE/RE 相变，随着温度的升高，铁电相的比例开始减少，弛豫相开始出现并增多。在某些温度下，出现铁电相与弛豫相两相共存，由于两种相结构的极化强度差别较大，从而出现双电滞回线。随着温度的继续增加，铁电相继续减少甚至消失，因此，样品的 E_c 和 P_r 继续出现不同程度的降低。NBT 基陶瓷这种极化状态的改变有利于得到较大的电卡效应。

5.2.2 MPB 附近 $Na_{0.5}Bi_{0.5}TiO_3$ 基陶瓷电卡效应的计算分析

为了利用公式（5.1）和公式（5.2）计算 NBT 基陶瓷的等温熵变及绝热温变，首先利用四次多项式拟合给出了同一电场强度下最大极化强度随温度变化的关系图。极化强度发生明显变化的温度点一般出现在相变点附近，在 30~140℃ 的测试温度范围内，每隔一定温度进行一次最大极化强度值的采集，最后通过拟合得到如图 5.9 所

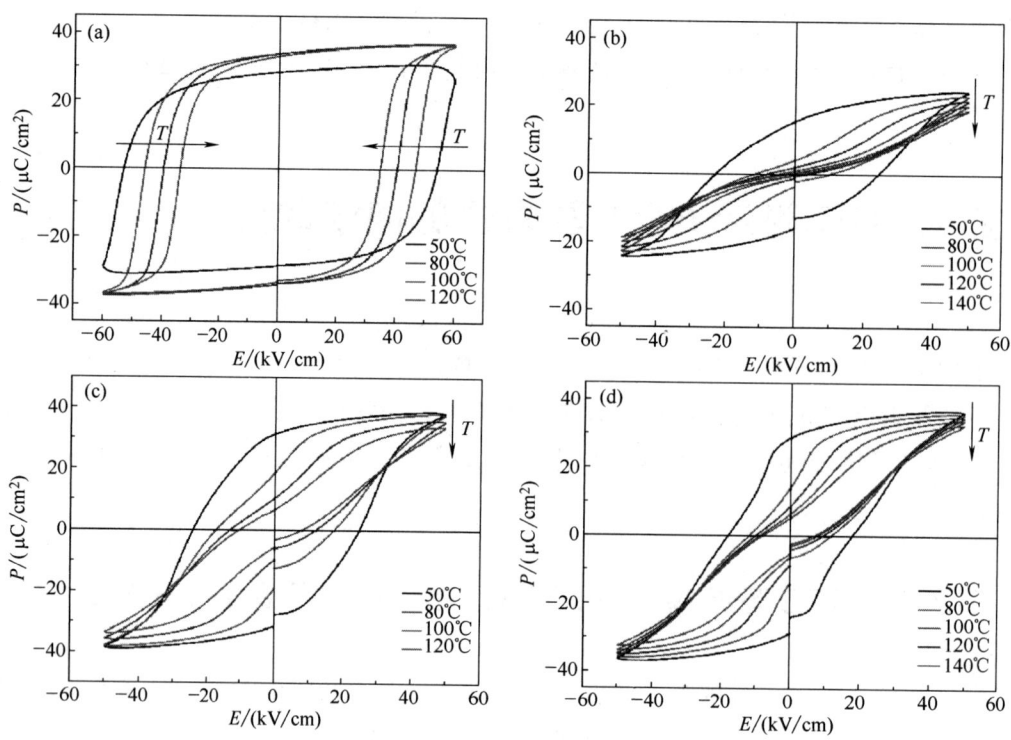

图 5.8 不同温度时 NBT 基陶瓷的 P-E 曲线

(a) NBT；(b) 0.82NBT-0.18KBT；(c) 0.94NBT-0.06BT；(d) 0.90NBT-0.05KBT-0.05BT

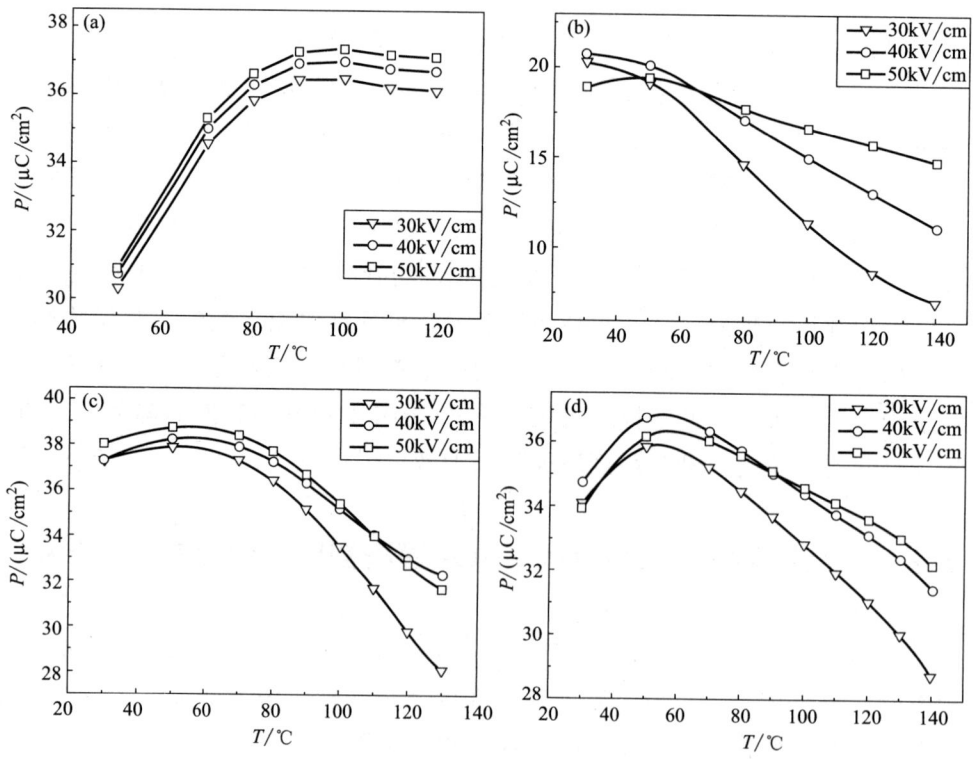

图 5.9 不同电场强度时 NBT 基陶瓷的极化值与温度的关系

(a) NBT；(b) 0.82NBT-0.18KBT；(c) 0.94NBT-0.06BT；(d) 0.90NBT-0.05KBT-0.05BT

示的 NBT 基陶瓷的 P-T 图。图中三条曲线分别为 30kV/cm、40kV/cm 和 50kV/cm 电场强度时的 P-T 关系曲线。

由图 5.9（a）可知随着温度的升高，纯 NBT 陶瓷在不同电场强度时的最大极化强度先增大，当温度高于 90℃ 时，最大极化强度略有降低；当掺杂 KBT 后，0.82NBT-0.18KBT 二元体系陶瓷在不同电场强度时的最大极化强度随温度的升高一直降低；当掺杂 BT 后，0.94NBT-0.06BT 二元体系陶瓷在不同电场强度时的最大极化强度随温度的升高先略有增大后继续降低；当 KBT、BT 共掺杂后，0.90NBT-0.05KBT-0.05BT 三元体系陶瓷在不同电场强度时的最大极化强度随温度的升高先增大，当温度高于 50℃ 时，最大极化强度开始降低。

图 5.10 所示是经过四次多项式拟合的 P-T 关系式对温度求导所得的 NBT 基陶瓷 $\partial P/\partial T$-T 关系图，图中三条曲线分别为 30kV/cm、40kV/cm 和 50kV/cm 电场强度时的 $\partial P/\partial T$-T 关系曲线。由图可见，图 5.10（a）所得的 $\partial P/\partial T$ 为正值，且峰值出现在 50℃，根据公式（5.1）和公式（5.2），纯 NBT 陶瓷的等温熵变及绝热温变为负值，且最大值在室温附近。图（b）在 80℃ 出现最小值，且在测试温度范围内 $\partial P/\partial T$ 大多为负值，因此，0.82NBT-0.18KBT 陶瓷的等温熵变及绝热温变为正值，且最大值在 80℃ 附近。图（c）的最小值出现在 100℃ 附近，当温度高于 100℃ 时，$\partial P/\partial T$ 随着温度的变化较小，说明 0.94NBT-0.06BT 在 100℃ 附近具有温区较宽的正的等温熵变及绝热温变。图 5.10（d）的 $\partial P/\partial T$ 值在 80℃ 附近出现拐点，随着温度的升

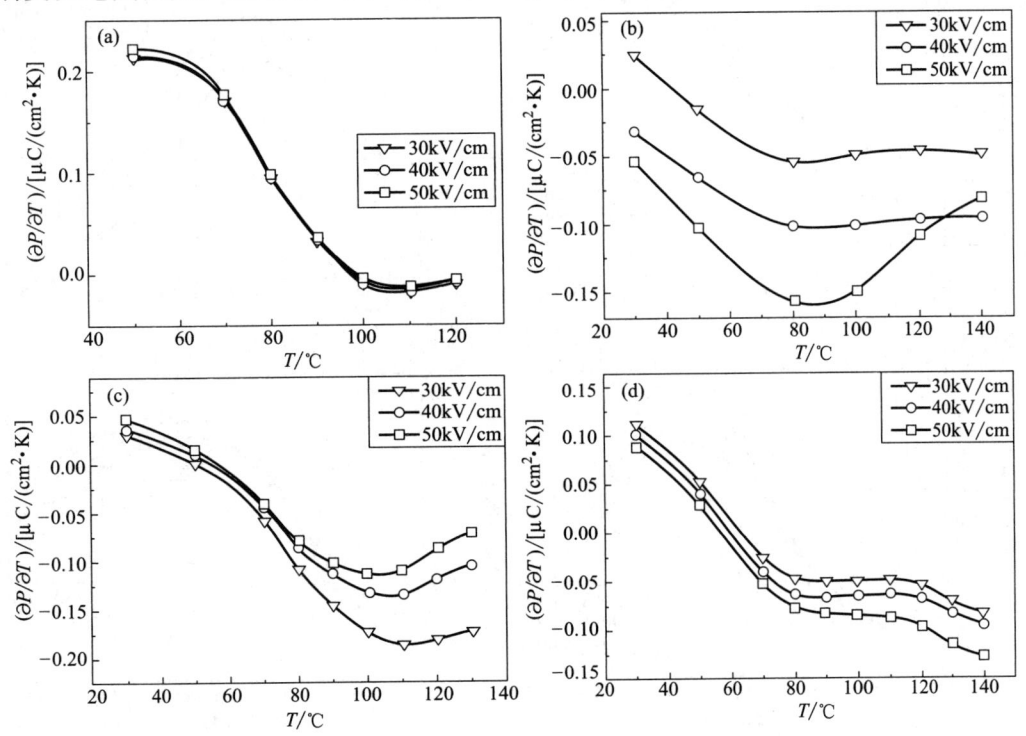

图 5.10　不同电场强度时 NBT 基陶瓷的 $\partial P/\partial T$-T 图
（a）NBT；（b）0.82NBT-0.18KBT；（c）0.94NBT-0.06BT；（d）0.90NBT-0.05KBT-0.05BT

高,其 $\partial P/\partial T$ 值略有增大,说明 0.90NBT-0.05KBT-0.05BT 陶瓷在 80℃ 附近具有温区较宽的正的等温熵变及绝热温变。

根据前面实验所得到的数据分析,由公式(5.1)和公式(5.2)分别计算出 NBT 基陶瓷的等温熵变 ΔS 及绝热温变 ΔT,其结果如图 5.11 和图 5.12 所示,图中三条曲线分别表示 30kV/cm、40kV/cm 和 50kV/cm 电场强度下的等温熵变及绝热温变与温度的关系。公式中陶瓷的密度是通过阿基米德法测量的,纯 NBT 和 KBT、BT 分别掺杂及共掺杂形成的 NBT 基陶瓷的密度分别为 5.12g/cm³ 和 5.36g/cm³、5.65g/cm³ 及 5.27g/cm³,陶瓷的比热容是文献中报道的数值[31]。

由图 5.11 可以看出,纯 NBT 陶瓷具有负的等温熵变,KBT、BT 掺杂后,NBT 基陶瓷的等温熵变均为正。随着电场强度的增加,所有样品等温熵变的绝对值都增大。随着温度的增加,纯 NBT 陶瓷等温熵变的绝对值降低,在 50℃ 时其最大值 $\Delta S=2J/(K \cdot kg)$。掺杂 KBT、BT 及共掺杂后,样品的等温熵变先增大后减小,在不同的温度下取得最大值。在 50kV/cm 电场下其对应的温度和等温熵变的最大值分别为 70℃、100℃ 及 80℃ 和 1.6J/(K·kg)、2.2J/(K·kg) 及 1.5J/(K·kg)。由第 3 章分析可知,KBT、BT 分别掺杂及共掺杂时的退极化温度分别为 67℃、86℃ 及 78℃,与等温熵变最大值对应的温度十分接近,由此可见,退极化温度附近的 FE/RE 相变能够得到优异的电卡效应。

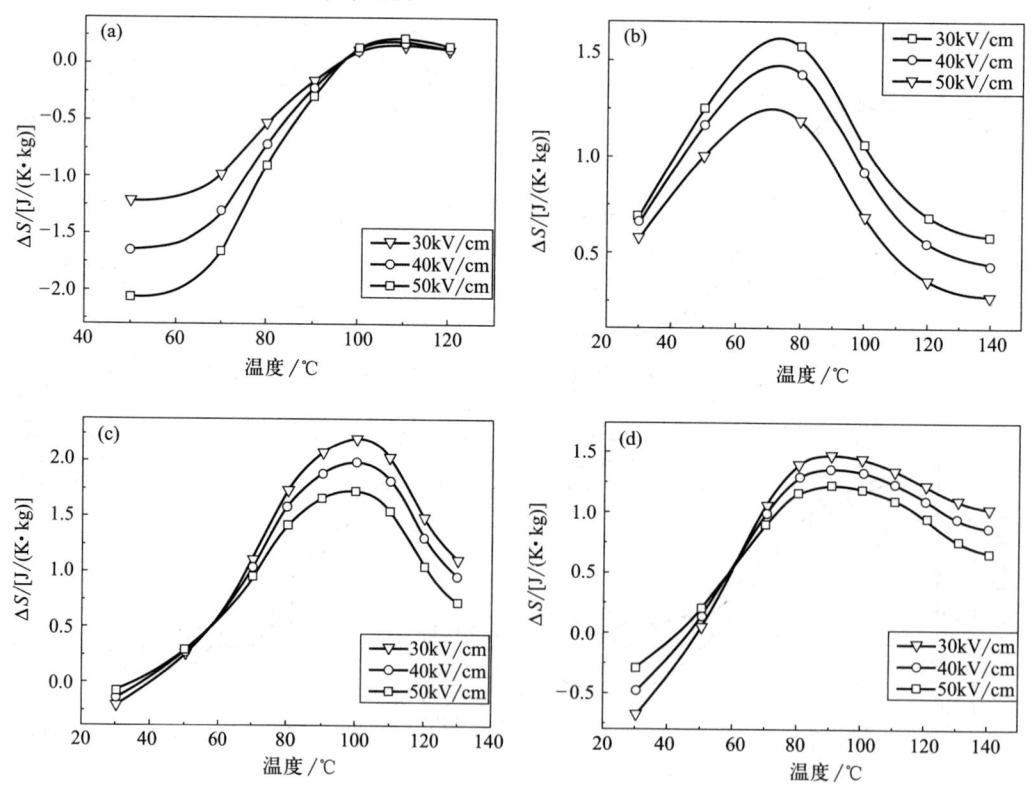

图 5.11 不同电场强度下 NBT 基陶瓷的等温熵变(ΔS)与温度的关系
(a) NBT;(b) 0.82NBT-0.18KBT;(c) 0.94NBT-0.06BT;(d) 0.90NBT-0.05KBT-0.05BT

由图 5.12 可以看出，所有样品的绝热温变与等温熵变的变化趋势一致：纯 NBT 陶瓷在 50℃时的绝热温变最大，在 50kV/cm 电场时其大小为 −1.33℃，这意味着纯 NBT 陶瓷在施加电场时吸热，实现制冷；在撤去电场时放出热量，实现制热。当掺杂 KBT、BT 及共掺杂后，随着温度的增加，陶瓷的绝热温变先增大后减小，在 50kV/cm 电场时其最大值分别为 1.06℃、1.5℃及 0.99℃。由此可见，MPB 附近 NBT 基陶瓷具有优异的电卡效应，特别是 0.94NBT-0.06BT 陶瓷在 100℃时的绝热温变达到 1.5℃，可以与铅基块体材料的绝热温变相媲美。此外，由 $\Delta T\text{-}T$ 图还可以得出，掺杂 KBT、BT 及共掺杂后，NBT 基陶瓷均表现出较宽的制冷区间，对电卡材料的实际应用具有重大的意义。

MPB 附近 NBT 基陶瓷具有优异电卡效应主要有以下原因：首先，最主要的原因是 NBT 基陶瓷在退极化温度附近具有 FE/RE 相变。由于这两种相结构的极化状态差别较大，因此当发生 FE/RE 相变时，会得到优异的电卡效应。其次，MPB 附近的铁电陶瓷具有更多的自发极化方向，且矫顽场较小，电畴更容易翻转，因而有助于得到较大的电卡效应。最后，FE/RE 相变要经历一个过程，即铁电相逐渐减小，弛豫相逐渐增多的过程，因此，所得的电卡效应具有较宽的工作温区。

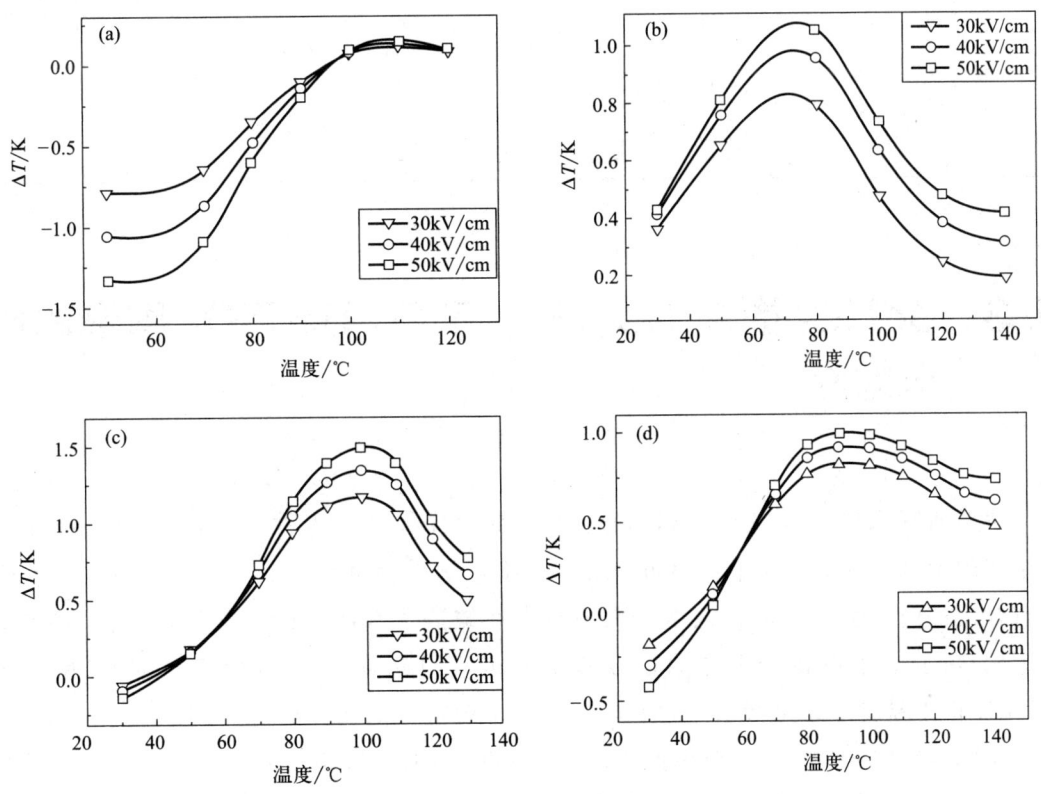

图 5.12 不同电场强度时 NBT 基陶瓷的绝热温变（ΔT）与温度的关系
(a) NBT；(b) 0.82NBT-0.18KBT；(c) 0.94NBT-0.06BT；(d) 0.90NBT-0.05KBT-0.05BT

在实际应用中，电卡材料除了具有较大的等温熵变和绝热温变之外，制冷容量

($\Delta T/\Delta E$) 也是表征其电卡性能优劣的一个重要参数。一般而言，薄膜材料的制冷容量较低，而陶瓷材料由于施加的电场强度低通常可获得较高的制冷容量。为了比较本节中 MPB 附近 NBT 基陶瓷与其他在制冷设备中得到应用的电卡材料（如薄膜、陶瓷以及单晶等）的电卡性能，表 5.1 给出了其电卡效应主要参数的具体数值，其中 T_{span} 代表温变大于 $0.8T_m$ 的温区范围。

由表 5.1 可以看出，组分在 MPB 附近的 NBT 基陶瓷的 T_{span} 远大于大部分文献中报道的制冷材料的制冷区间。此外，0.94NBT-0.06BT 陶瓷除具有较宽的制冷区间和绝热温变外，还表现出优异的制冷容量，其 $\Delta T/\Delta E$ 可达到 0.30K·mm/kV。这些优异的性能表明 NBT-BT 基陶瓷是十分有潜力的制冷材料。

表 5.1 NBT 基陶瓷与其他材料电卡性能的对比

材料	类型	T/℃	ΔT/K	ΔE/(cm/kV)	$\Delta T/\Delta E$/(K·mm/kV)	T_{span}/K	参考文献
0.82NBT-0.18KNT	陶瓷	80	1.06	50	0.21	>40	本研究
0.94NBT-0.06BT	陶瓷	100	1.5	50	0.30	>35	本研究
0.9NBT-0.05KBT-0.05BT	陶瓷	90	0.99	50	0.21	>40	本研究
$BaTi_{0.895}Sn_{0.105}O_3$	陶瓷	28	0.61	20	0.31	25	[32]
0.9 PMN-0.1 PT	薄膜	60	5	895	0.05		[33]
BT	单晶	129	0.9	12	0.75	7	[19]
$SrBi_2Ta_2O_9$	薄膜	292	4.93	600	0.08	35	[34]
$Ba_{0.65}Sr_{0.35}TiO_3$	陶瓷	30	2.1	90	0.23	20	[21]
$Ba_{0.65}Sr_{0.35}TiO_3$	陶瓷	23	0.42	20	0.21	20	[35]
BT	薄膜	139	1.6	30	0.53		[36]
KNN-ST	陶瓷	67	1.9	159	0.012		[37]

5.3 SrTiO₃ 掺杂 Na₀.₅Bi₀.₅TiO₃-BaTiO₃ 陶瓷的电卡效应

上节研究表明，0.94NBT-0.06BT 陶瓷具有优异的电卡性能：在 50kV/cm 电场下绝热温变 $\Delta T = 1.5$K，制冷区间 $T_{span} > 35$K，制冷容量 $\Delta T/\Delta E = 0.3$K·mm/kV，具有较大的应用前景。但是该组分陶瓷也存在缺陷，其制冷的工作温度较高（100℃附近）。由于电子设备的工作温度在室温附近，因此降低 0.94NBT-0.06BT 陶瓷的 FE/RE 相变温度，在室温附近得到较大的电卡效应成为需要解决的问题。

室温为顺电相的 ST 能够降低 NBT 基陶瓷的 FE/RE 相变温度，为此，本节选择在 NBT-BT 体系中掺杂 ST 来降低其 FE/RE 相变温度。第 2 章的分析结果表明，$(1-x)$[0.94NBT-0.06BT]-xST 陶瓷体系在 $x = 0.02 \sim 0.20$ 范围内的退极化温度逐渐降低至室温附近。因此，本节主要研究了组分在 $x = 0.02 \sim 0.20$ 范围内 $(1-x)$[0.94NBT-0.06BT]-xST 陶瓷的电卡效应。

5.3.1 SrTiO₃掺杂 Na₀.₅Bi₀.₅TiO₃-BaTiO₃ 陶瓷不同温度的 P-E 曲线

图 5.13 所示为 $(1-x)[0.94\text{NBT}-0.06\text{BT}]-x\text{ST}$ 陶瓷在不同温度时 5 条具有代表性的 P-E 曲线，其中外加电场强度为 50kV/cm，测试的温度区间为 20～140℃，测试周期为 500ms。由图可以看出，随着温度的升高，所有样品的极化强度和矫顽场均出现不同程度的降低，随着 ST 含量的增加，极化强度降低的幅度减小。

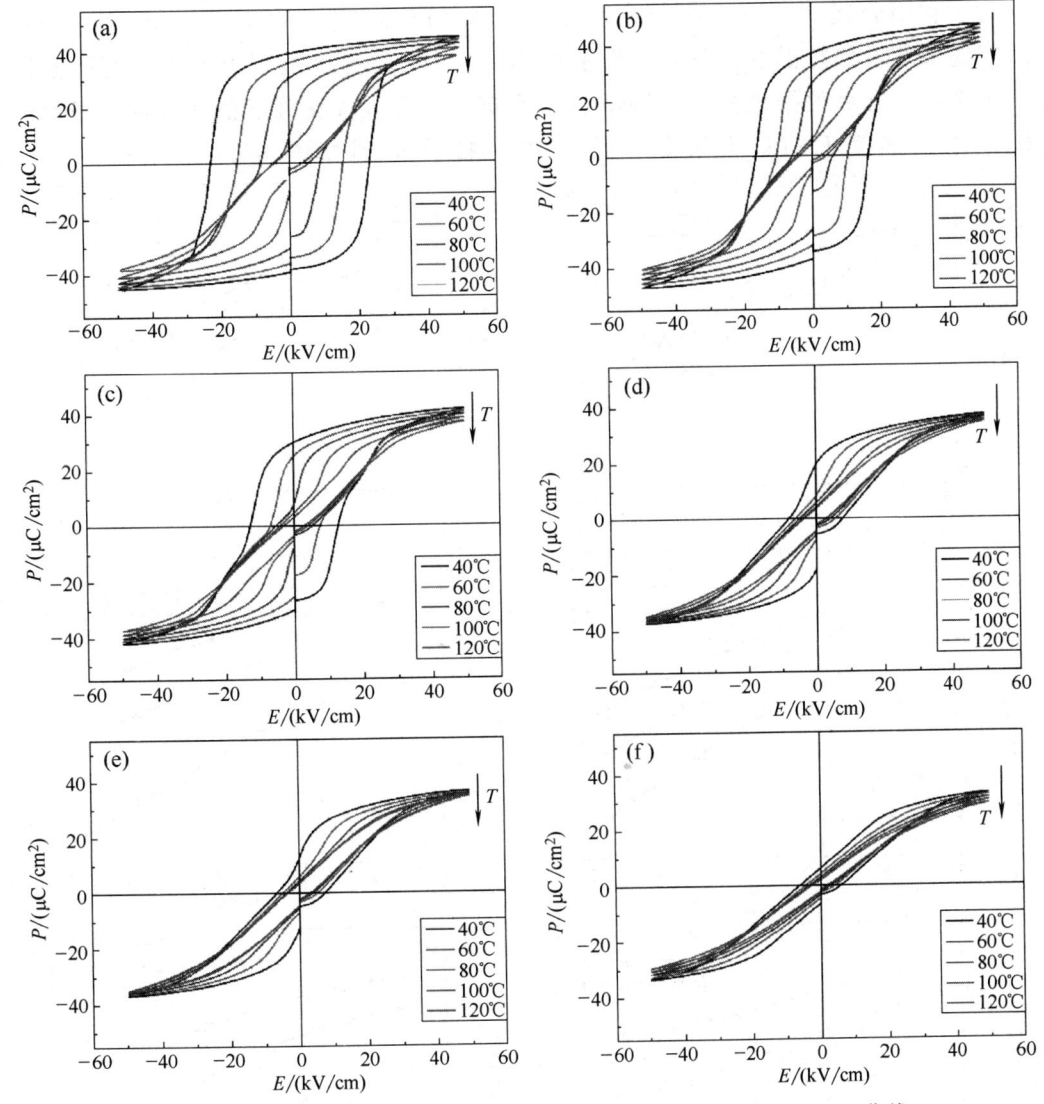

图 5.13 不同温度时 $(1-x)[0.94\text{NBT}-0.06\text{BT}]-x\text{ST}$ 陶瓷的 P-E 曲线
(a) $x=0.02$; (b) $x=0.04$; (c) $x=0.06$; (d) $x=0.08$; (e) $x=0.10$; (f) $x=0.20$

一般而言，化学成分调控和温度改变均可使铁电材料发生相变。在同一温度下，随着 ST 含量增多，NBT-BT-ST 基陶瓷的退极化温度降低，铁电相比例减少，弛豫相比例增多，从而使其铁电性能降低，电滞回线由"宽胖型"逐渐变为"窄瘦型"。在同一成分下，随着测试温度的升高，其铁电相比例降低，弛豫相比例增多，同样会使陶瓷的电滞回线在不同的温度下由"宽胖型"变为"窄瘦型"。由此可见，温度的升高和 ST 含量的增多，均会使 NBT-BT-ST 基陶瓷发生 FE/RE 相变。此外，在某些温度区间内，NBT-BT-ST 基陶瓷会存在铁电相和弛豫相共存的现象，由于两种相结构的极化强度差别较大，从而出现双电滞回线。

5.3.2 SrTiO$_3$掺杂 Na$_{0.5}$Bi$_{0.5}$TiO$_3$-BaTiO$_3$ 陶瓷电卡效应的计算分析

为了利用公式（5.1）和公式（5.2）计算（1−x）[0.94NBT-0.06BT]-xST 陶瓷的等温熵变及绝热温变，首先给出了在 30~140℃ 的温度范围内极化强度随温度变化的关系图。之后根据该关系图每隔 10℃ 采集一个最大极化强度值的数据，最后通过对同一电场强度下的最大极化强度值进行拟合得到如图 5.14 所示的（1−x）

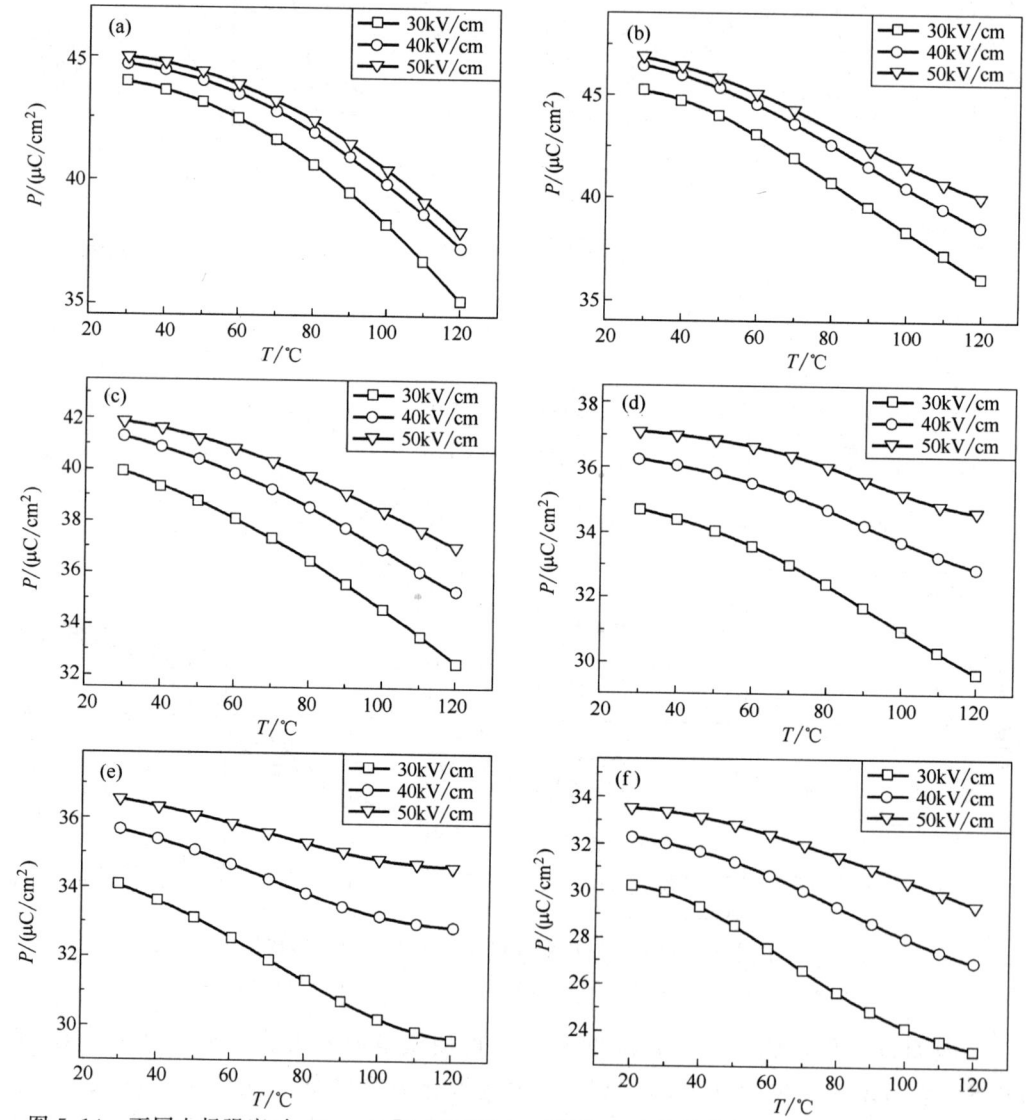

图 5.14 不同电场强度时（1−x）[0.94NBT-0.06BT]-xST 陶瓷的极化强度值与温度的关系
(a) x=0.02；(b) x=0.04；(c) x=0.06；(d) x=0.08；(e) x=0.10；(f) x=0.20

[0.94NBT-0.06BT]-xST 陶瓷的 P-T 图。图中三条曲线分别为 30kV/cm、40kV/cm 和 50kV/cm 电场强度下的 P-T 关系曲线。

由图 5.14 可以看出，随着温度的升高，所有样品的最大极化强度均发生不同程度的降低，且降低的幅度随着 ST 含量的增加而减小。由于极化状态变化的快慢代表着绝热温变的大小，因此，$(1-x)$[0.94NBT-0.06BT]-xST 陶瓷在 $x=0.02\sim0.20$ 范围内均具有正的绝热温变，其大小随 ST 含量的增加而减小。

图 5.15 所示是经过四次多项式拟合的 P-T 关系式对温度求导所得的 $(1-x)$[0.94NBT-0.06BT]-xST 陶瓷 $\partial P/\partial T$-T 的关系图，图中三条曲线分别为 30kV/cm、40kV/cm 和 50kV/cm 电场强度时的 $\partial P/\partial T$-T 关系曲线。由图可见，图（a）所得的

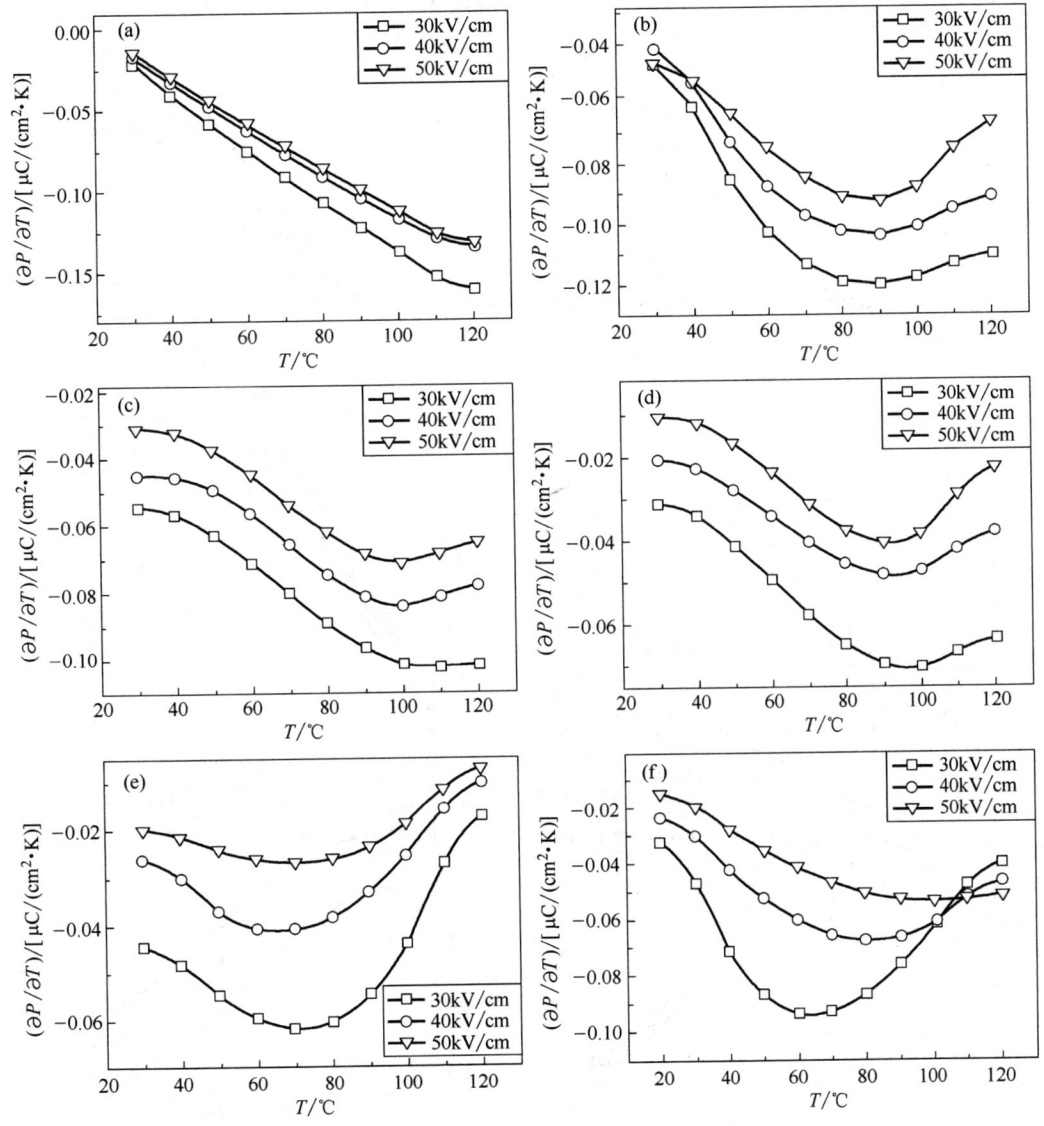

图 5.15　不同电场强度下 $(1-x)$[0.94NBT-0.06BT]-xST 陶瓷的 $\partial P/\partial T$-T 图
(a) $x=0.02$；(b) $x=0.04$；(c) $x=0.06$；(d) $x=0.08$；(e) $x=0.10$；(f) $x=0.20$

$\partial P/\partial T$-T 曲线没有出现峰值，说明其退极化温度略高于测试温度的范围。由第 3 章分析可知，$x=0.02$ 时的退极化温度为 126℃，因此在 20~120℃ 范围内未出现极化状态改变最大的温度点。在 $x=0.04 \sim 0.20$ 时，样品曲线均在不同温度时出现峰值。$\partial P/\partial T$-T 曲线中峰值的出现主要是 FE/RE 相变造成的。

据前面实验测得的数据分析，由公式（5.1）和公式（5.2）分别计算出 $(1-x)$[0.94NBT-0.06BT]-xST 陶瓷的等温熵变 ΔS 及绝热温变 ΔT，其结果如图 5.16 和图 5.17 所示，图中三条曲线分别为 30kV/cm、40kV/cm 和 50kV/cm 电场强度下的等温熵变及绝热温变与温度的关系。公式中陶瓷的密度是通过阿基米德法测量的，随着 ST 含量的增加，陶瓷的密度分别为 5.76g/cm³、5.77g/cm³、5.68g/cm³、5.60g/cm³、5.59g/cm³ 和 5.62 g/cm³，陶瓷的比热容是文献中报道的数值[31]。

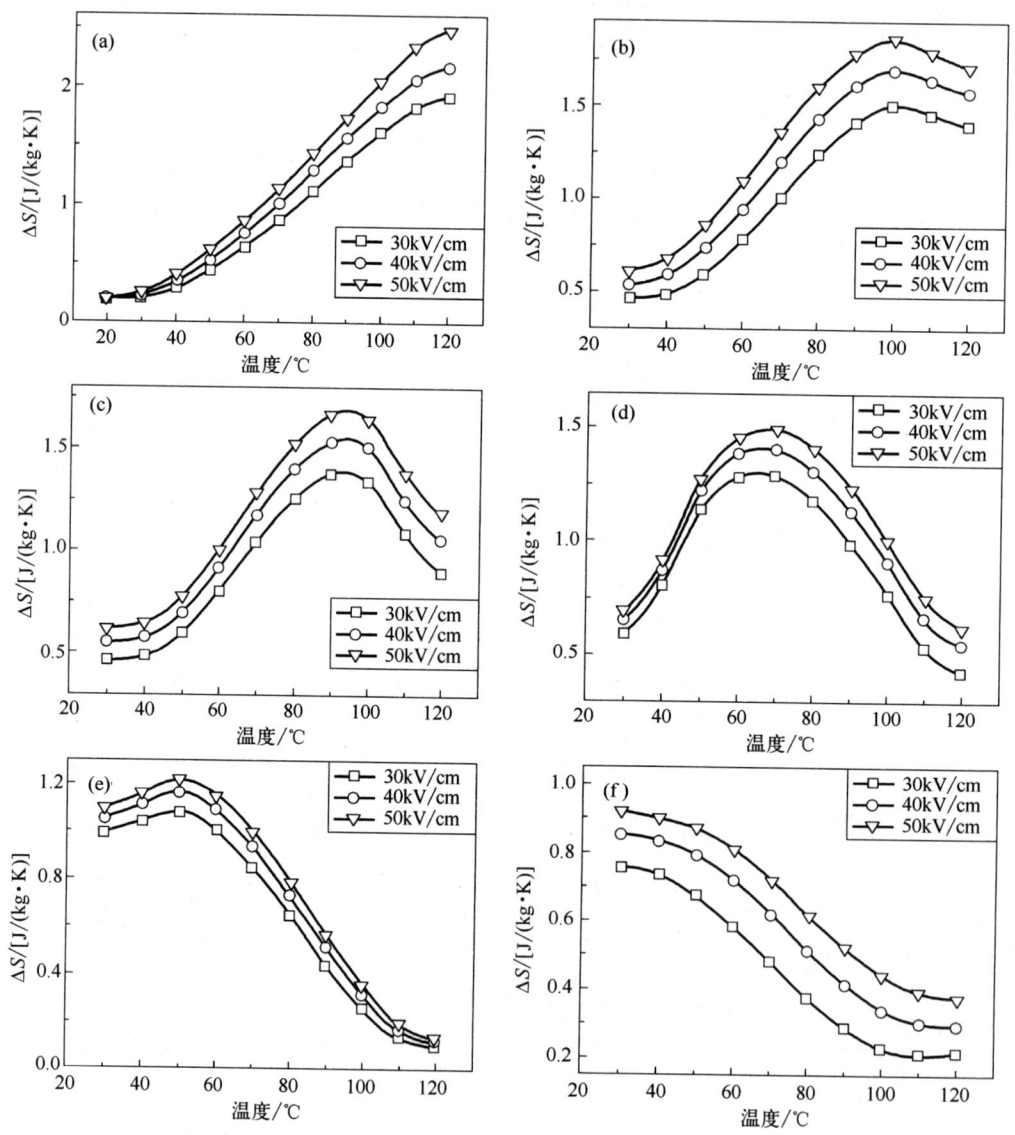

图 5.16 不同电场强度时 $(1-x)$[0.94NBT-0.06BT]-xST 陶瓷的等温熵变（ΔS）与温度的关系
(a) $x=0.02$；(b) $x=0.04$；(c) $x=0.06$；(d) $x=0.08$；(e) $x=0.10$；(f) $x=0.20$

由图 5.16 和图 5.17 可以看出，所有样品的等温熵变 ΔS 及绝热温变 ΔT 随温度的变化趋势基本一致：随着电场强度的增加，陶瓷的 ΔS 及 ΔT 均增大；在测试温度范围内，同一成分的 ΔS 及 ΔT 均在同一温度下出现最大值。随着 ST 含量的增加，ΔS 及 ΔT 最大值以及最大值对应的温度均逐渐降低，在 50kV/cm 电场时，ΔS 的最大值由 2.48J/(K·kg) 降低至 0.92J/(K·kg)，ΔT 的最大值由 1.71K 降低至 0.60K，最大值对应的温度由 120℃ 降至 30℃。此外，由于 NBT-BT-ST 基陶瓷在退极化温度附近具有复杂的相变，因此陶瓷表现出较宽的制冷区间。

ΔS 及 ΔT 的最大值随 ST 含量的增加而降低的原因如下：随着 ST 含量的增加，$(1-x)[0.94\text{NBT-}0.06\text{BT}]\text{-}x\text{ST}$ 陶瓷 FE/RE 的相变温度逐渐降低，即铁电相逐渐减少，弛豫相开始出现并增多。在退极化温度附近，由 FE/RE 相变引起的极化状态的

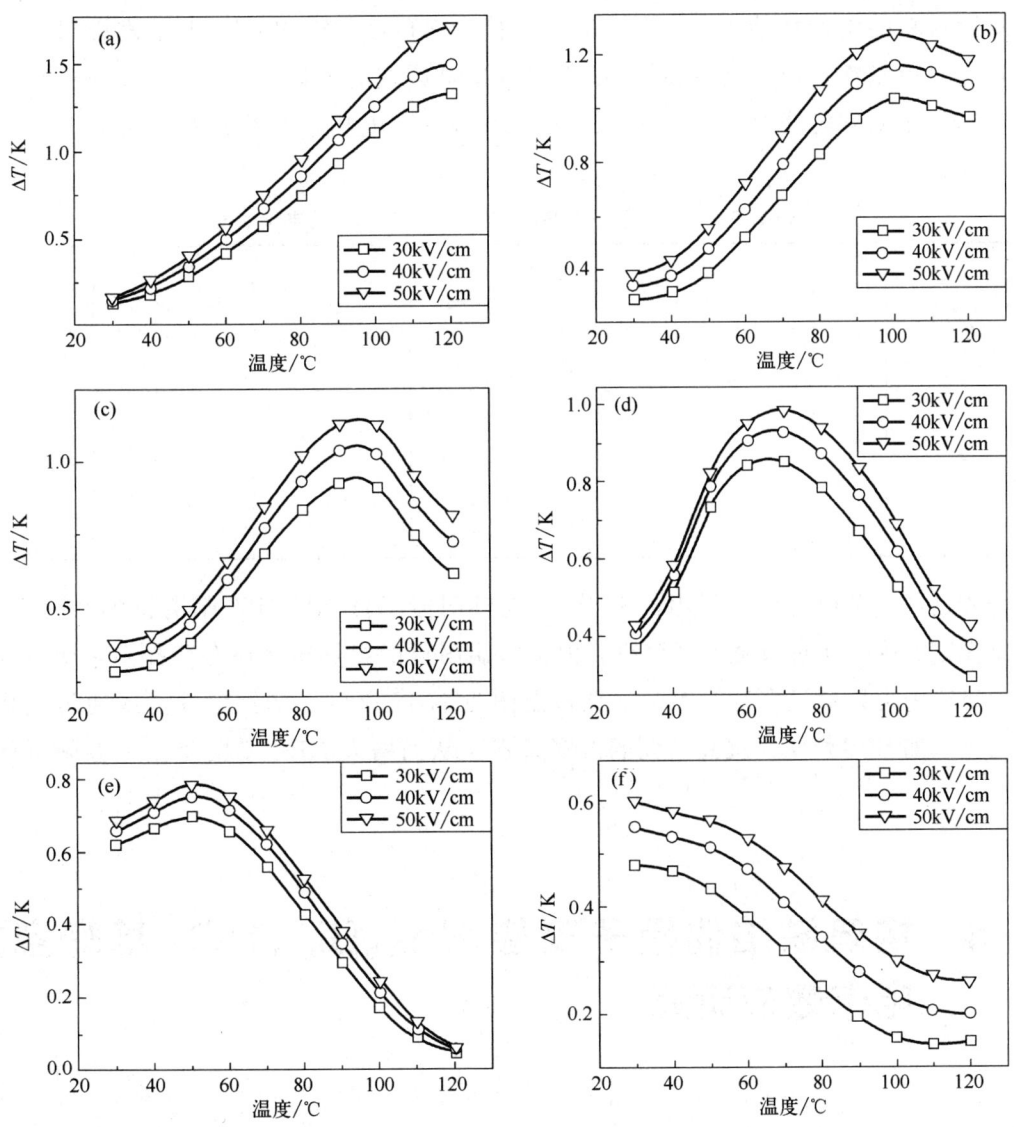

图 5.17　不同电场强度时 $(1-x)[0.94\text{NBT-}0.06\text{BT}]\text{-}x\text{ST}$ 陶瓷的绝热温变（ΔT）与温度的关系
(a) $x=0.02$；(b) $x=0.04$；(c) $x=0.06$；(d) $x=0.08$；(e) $x=0.10$；(f) $x=0.20$

改变量减小,从而造成 ΔS 及 ΔT 的减小。根据第 3 章的分析结果可知,当 x 由 0.02 增加到 0.20 时,其退极化温度分别为 126℃、114℃、92℃、68℃、50℃和 28℃,因此由退极化温度附近的 FE/RE 相变引起的 ΔS 及 ΔT 的最大值所对应的温度会随 ST 含量的增加而降低。

为了比较 ST 含量对 $(1-x)$[0.94NBT-0.06BT]-xST 陶瓷电卡效应的影响,表 5.2 给出了其电卡效应主要参数的具体数值。由表可以看出,首先,$(1-x)$[0.94NBT-0.06BT]-xST 陶瓷的等温熵变及绝热温变取得最大值时的工作温度与退极化温度十分接近,说明在退极化温度附近的 FE/RE 相变有利于得到较大的电卡性能;其次,当 $x=0.02$ 时,陶瓷在 120℃时表现出优异的绝热温变及制冷容量,在 50kV/cm 电场时其大小分别为 1.71K 及 0.34K·mm/kV,该性能明显高于目前大部分陶瓷材料的电卡性能[21,32,35,37]。最后,掺杂 ST 后,NBT-BT-ST 基陶瓷可以在室温附近实现制冷,但其制冷的绝热温变和等温熵变有所降低,当 $x=0.10$ 和 0.20 时,其工作温度已降至 50℃和 30℃,在 50kV/cm 电场下其绝热温变分别为 0.79K 和 0.6K。

表 5.2 $(1-x)$[0.94NBT-0.06BT]-xST 陶瓷的电卡性能

x/%	T_d/℃	T/℃	ΔS/[J/(K·kg)]	ΔT/K	$\Delta T/\Delta E$/(K·mm/kV)	T_{span}/K
2	126	120	2.48	1.71	0.34	—
4	114	110	1.86	1.27	0.25	>40
6	92	90	1.67	1.12	0.22	>30
8	68	70	1.49	0.98	0.20	>40
10	50	50	1.22	0.79	0.16	>40
20	28	30	0.92	0.6	0.12	—

通过本小节研究可以得出,ST 掺杂能够明显降低 NBT-BT 基陶瓷的相变温度,从而在室温附近实现较宽温区制冷。但是室温附近的绝热温变还有待提高,所以在今后的研究中可以通过合适的掺杂增强室温附近 NBT 基陶瓷的铁电性能或通过优化制备工艺(如 SPS 烧结)提高陶瓷的击穿场强,从而增大 NBT 基陶瓷在室温附近的绝热温变。

5.4 构筑缺陷偶极子改善 $Na_{0.5}Bi_{0.5}TiO_3$ 基陶瓷的电卡效应研究

通过掺杂 MnO 能够在铁电相与弛豫相共存的 NBT-ST 二元体系陶瓷中构建缺陷偶极子,获得优异的应变性能。此外,通过 MnO 掺杂在陶瓷晶格中构造的缺陷偶极子使畴翻转可逆还可以提高极化强度,以进一步优化电卡性能。本节主要研究 MnO 掺杂 $0.74Na_{0.5}Bi_{0.5}TiO_3$-$0.26SrTiO_3$($0.74NBT$-$0.26ST$-$x$Mn)陶瓷老化前后的电卡效应。

5.4.1　老化前 MnO 掺杂 $Na_{0.5}Bi_{0.5}TiO_3$ 基陶瓷电卡效应

图 5.18 所示为 MnO(MnO 的摩尔分数分别为 0.0%,0.1%,0.3%,0.5%)掺杂 0.74NBT-0.26ST 陶瓷在不同温度时具有代表性的 P-E 曲线。测试周期为 500ms,温度区间为 30~120℃,外加电场强度为 50kV/cm。从图中可以看出,随着温度的升高和 MnO 含量的增加,0.74NBT-0.26ST-xMn 陶瓷的极化强度和矫顽场均呈现不同程度的降低。这种现象是由于温度升高和 MnO 含量增多导致铁电相减少、弛豫相增多所致。在这种情况下,电滞回线从原先的"宽胖型"逐渐变为"窄瘦型",反映了陶瓷的相变行为。

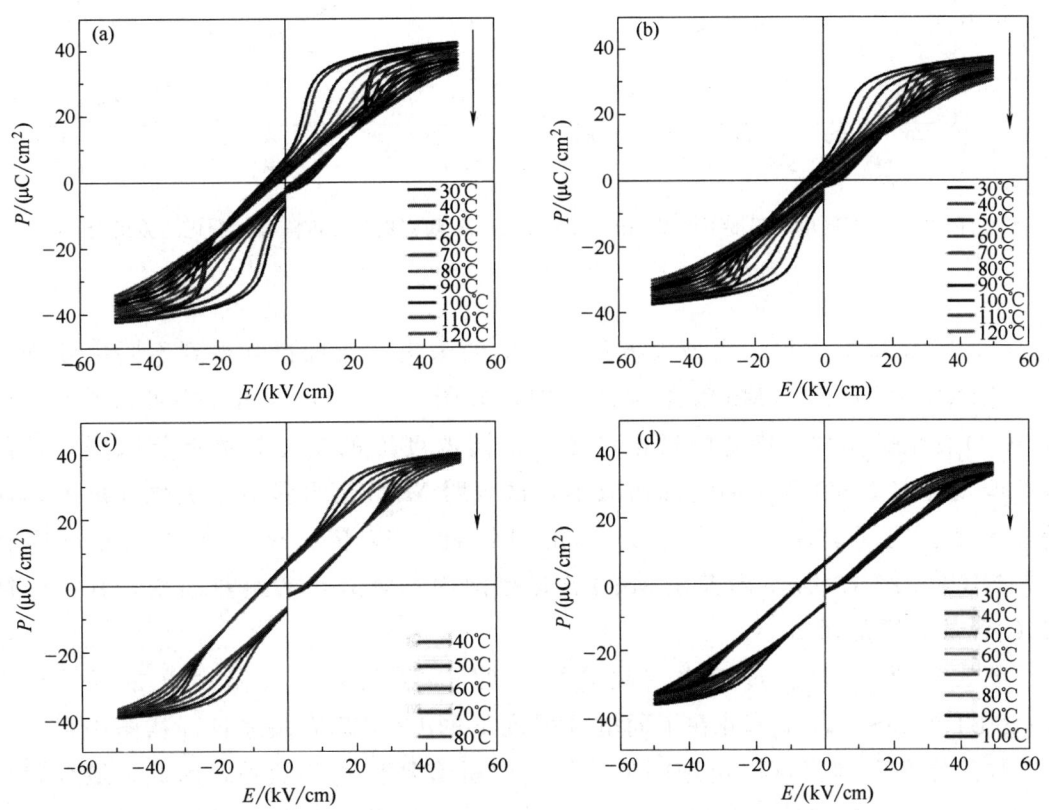

图 5.18　0.74NBT-0.26ST-xMn 陶瓷的变温 P-E 曲线
(a) $x=0.0\%$;(b) $x=0.1\%$;(c) $x=0.3\%$;(d) $x=0.5\%$

从公式(5.1)和公式(5.2)可以看出,需要给出 0.74NBT-0.26ST-xMn 陶瓷在同一电场强度下最大极化强度随温度变化的关系图。测试温度范围为 30~

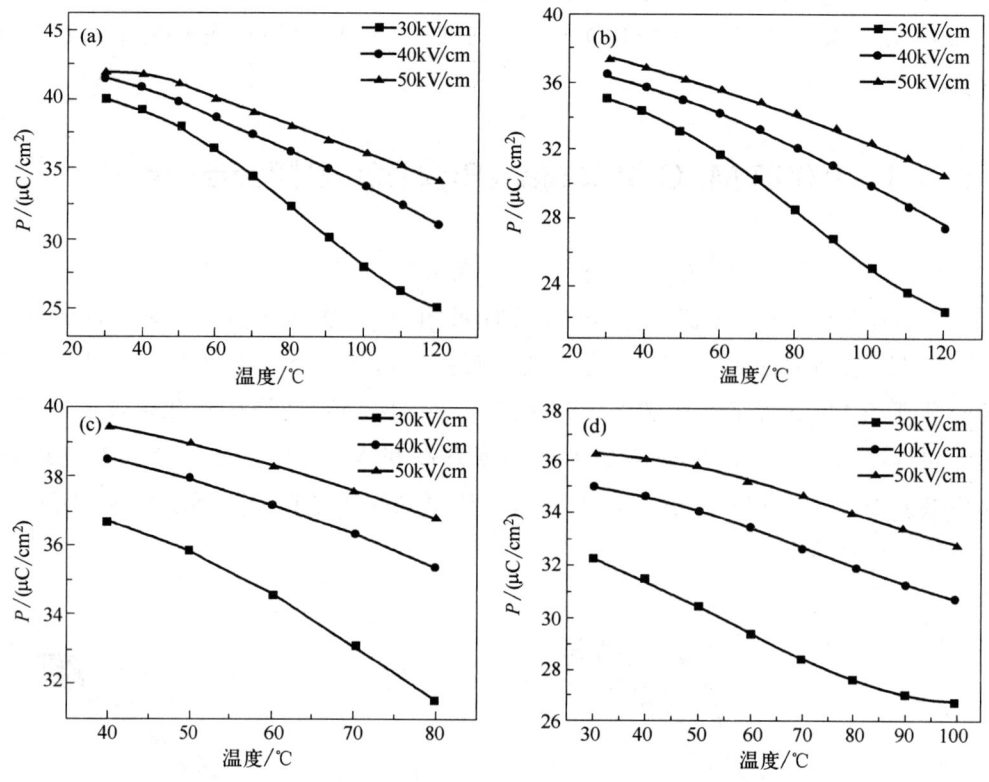

图 5.19　不同电场强度下 0.74NBT-0.26ST-xMn 陶瓷极化强度随温度变化的关系图
(a) $x=0.0\%$；(b) $x=0.1\%$；(c) $x=0.3\%$；(d) $x=0.5\%$

120℃，每隔 10℃ 进行一次最大极化强度值的采集，通过拟合得到不同电场强度下 0.74NBT-0.26ST-xMn 陶瓷的 P-T 图，如图 5.19 所示。由图中可以看出，随着 MnO 含量的增加，陶瓷的极化强度在不同温度下的变化趋势有所减缓，即降低的幅度随着 MnO 含量的增加而减小，这表明 MnO 的含量对于极化强度的影响是显著的。另外，由于极化状态变化的快慢代表着绝热温变的大小，因此 0.74NBT-0.26ST-xMn 陶瓷在 MnO 含量范围内均具有正的绝热温变，其大小随 MnO 含量的增加而减小。

图 5.20 所示为经过四次多项式拟合的 P-T 关系式对温度求导所得到的 0.74NBT-0.26ST-xMn 陶瓷在不同电场强度下的 $\partial P/\partial T$-T 关系图。从图中可以看出，样品均在不同温度时出现峰值，且图中所有数值均为负值，因此，最终得到 0.74NBT-0.26ST-xMn 陶瓷的 ΔS 及 ΔT 为正值。根据前面实验所得到的数据分析，由公式（5.1）和公式（5.2）分别计算出 0.74NBT-0.26ST-xMn 陶瓷的等温熵变 ΔS 及绝热温变 ΔT，其结果如图 5.21 和图 5.22 所示，图中三条曲线分别为 30kV/cm、40kV/cm 及 50kV/cm 电场强度下的等温熵变和绝热温变值与温度的关系，公式中陶瓷的密度通过阿基米德法测量，陶瓷的比热容是文献中报道的数值[31]。

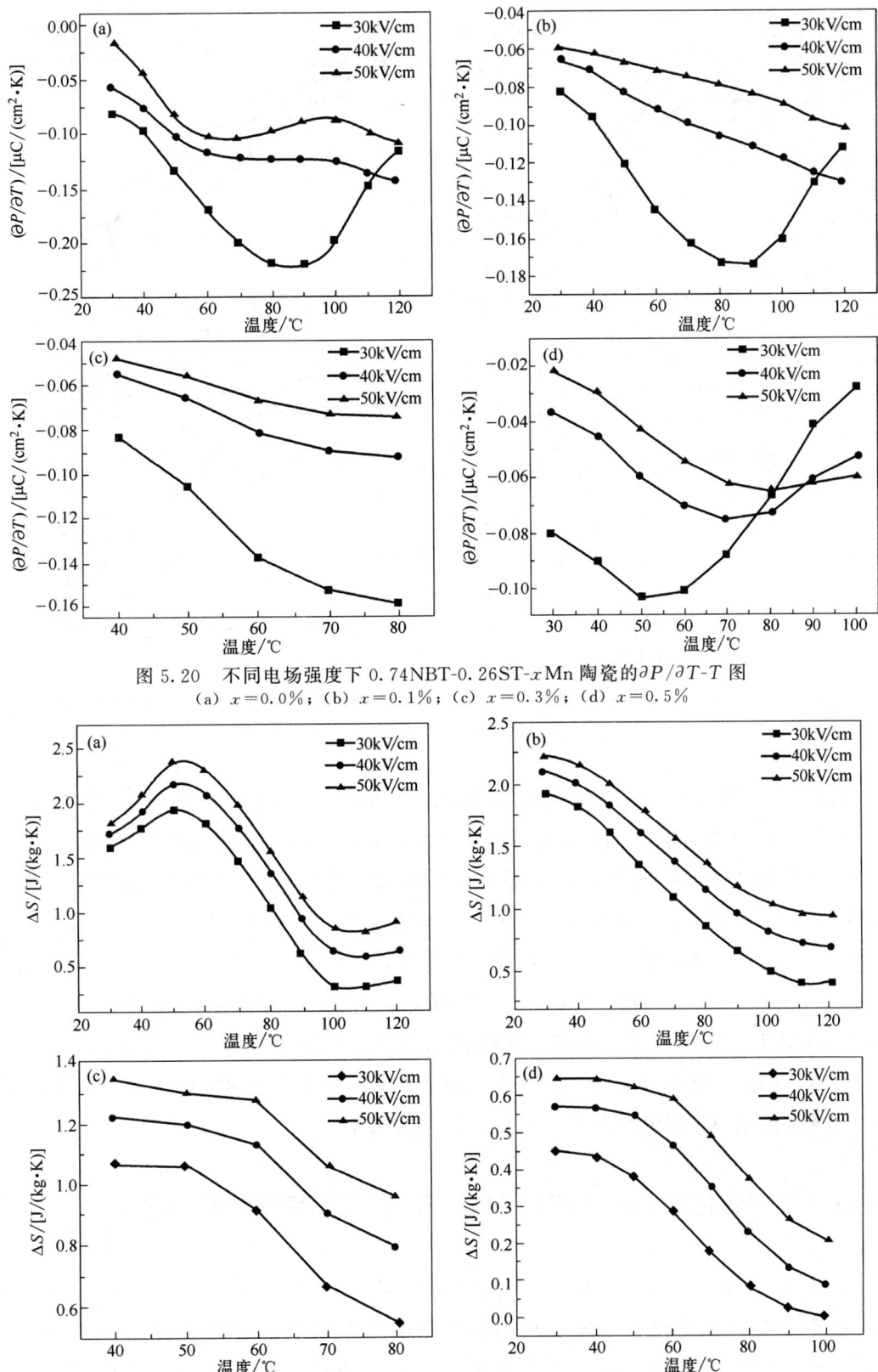

图 5.20　不同电场强度下 0.74NBT-0.26ST-xMn 陶瓷的 $\partial P/\partial T$-T 图
(a) $x=0.0\%$；(b) $x=0.1\%$；(c) $x=0.3\%$；(d) $x=0.5\%$

图 5.21　不同电场强度时 0.74NBT-0.26ST-xMn 陶瓷的等温熵变（ΔS）与温度的关系
(a) $x=0.0\%$；(b) $x=0.1\%$；(c) $x=0.3\%$；(d) $x=0.5\%$

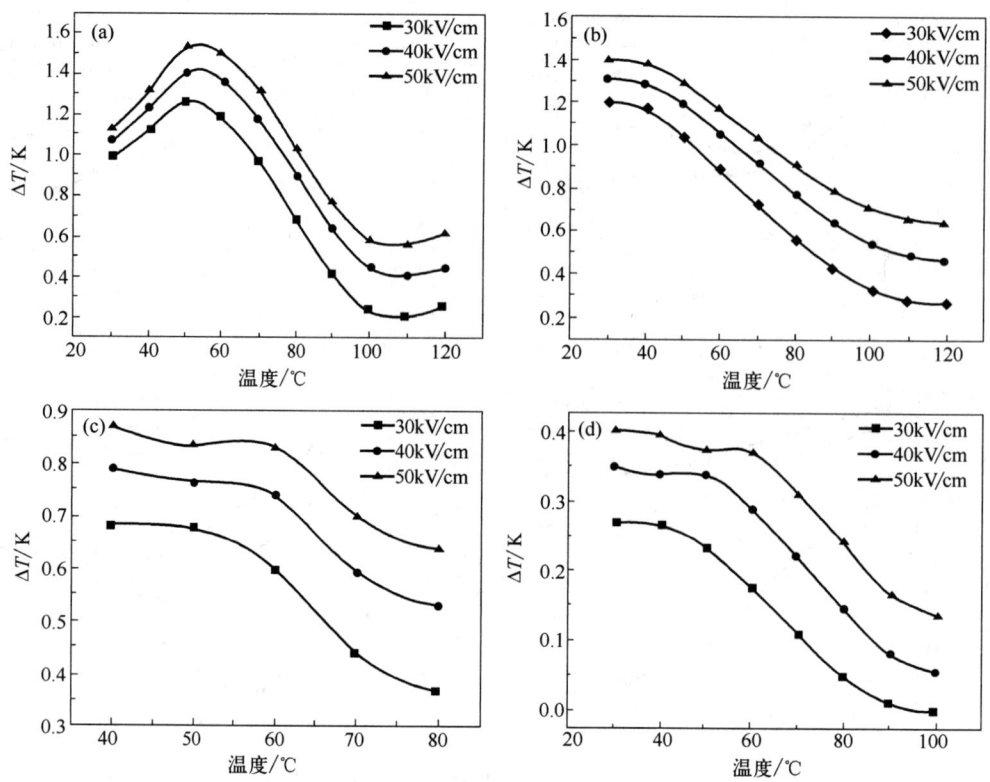

图 5.22 不同电场强度时 0.74NBT-0.26ST-xMn 陶瓷的绝热温变（ΔT）与温度的关系
(a) $x=0.0\%$；(b) $x=0.1\%$；(c) $x=0.3\%$；(d) $x=0.5\%$

从图 5.21 和图 5.22 可以看出，在相同的样品中，等温熵变和绝热温变之间存在着一致的变化趋势。此外，随着电场强度的增加，样品的 ΔS 和 ΔT 均呈现出增大的趋势。在所测试的温度范围内，样品的 ΔS 和 ΔT 在同一温度下达到最大值。掺杂 MnO 之后，ΔS 和 ΔT 的峰值几乎都在室温附近。此外，随着 MnO 含量的增加，ΔS 和 ΔT 最大值均逐渐降低，在 50kV/cm 电场下，ΔS 的最大值由 2.35J/(K·kg) 降低至 0.65J/(K·kg)，ΔT 的最大值由 1.52K 降低至 0.40K。原因是随着 MnO 含量的增加，0.74NBT-0.26ST-xMn 陶瓷中铁电相的含量逐渐减少，而弛豫相逐渐增多，在一定温度范围内，铁电相含量的减少会导致 FE/RE 相变引起的极化强度变化量降低，因此，等温熵变 ΔS 和绝热温变 ΔT 也会相应地减小。

5.4.2 老化后 MnO 掺杂 $Na_{0.5}Bi_{0.5}TiO_3$ 基陶瓷电卡效应

MnO 掺杂 0.74NBT-0.26ST 陶瓷之后，Mn^{2+} 会替代 Ti^{4+} 的位置，导致了更多的氧空位在晶体结构中形成，氧空位含量的增多有利于在陶瓷中形成更多的缺陷偶极子，但由于氧空位的迁移速率很慢，缺陷偶极子并不能很快形成，因此对掺杂 MnO 后的所有样品进行一年时间的老化，样品经过老化后形成缺陷偶极子使畴翻转可逆提高极化强度,以进一步优化电卡性能。本小节对 MPB 附近 0.74NBT-0.26ST 陶瓷掺杂 MnO 后的所有样品经过一年时间老化得到的电卡效应进行分析研究。

图 5.23 所示为 MnO(其中,MnO 的摩尔分数分别为 0.0%、0.1%、0.3%、0.5%)掺杂 0.74NBT-0.26ST 陶瓷在不同温度时具有代表性的 P-E 曲线。设定 500ms 的测试周期、20~140℃ 的温度区间和 −50~50kV/cm 的外加电场强度。从图中可以看出,老化后样品铁电性能与老化前变化趋势相似。此外,掺杂 MnO 后的所有样品进行老化后,每组样品的极化强度变得更大。

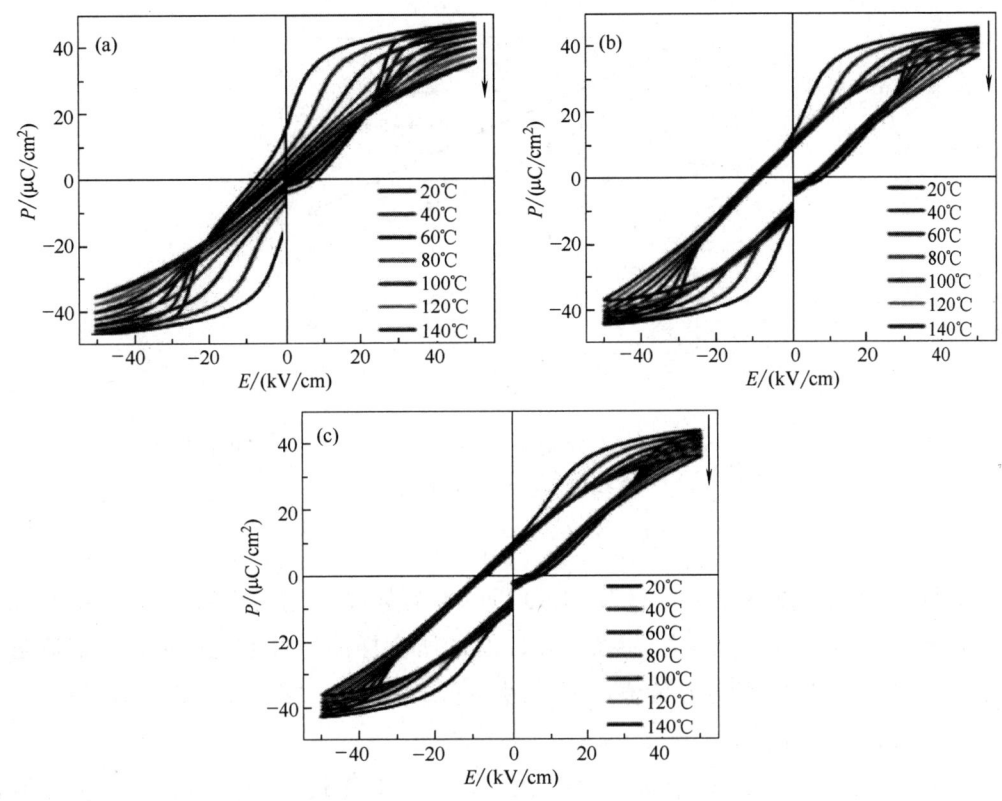

图 5.23　0.74NBT-0.26ST-xMn 陶瓷老化后不同温度时的 P-E 曲线
(a) $x=0.1\%$;(b) $x=0.3\%$;(c) $x=0.5\%$

从公式 (5.1) 和公式 (5.2) 可以看出,需要测试 0.74NBT-0.26ST-xMn 陶瓷同一电场强度下最大极化强度随温度变化的关系图。测试温度范围为 20~140℃,每隔 20℃ 进行一次最大极化强度值的采集,最后通过拟合得到不同电场强度下的 0.74NBT-0.26ST-xMn 陶瓷老化后的 P-T 图,如图 5.24 所示。由图中可以看出,所有曲线的变化趋势基本与老化前的掺杂 MnO 的相应样品相似。此外,与样品老化前相比,掺杂 MnO 后的所有样品经过老化后极化强度均有所增加。

图 5.25 所示为经过四次多项式拟合的 P-T 关系式对温度求导所得到的 0.74NBT-0.26ST-xMn 陶瓷老化后在不同电场强度下的 $\partial P/\partial T$-T 关系图。从图中可

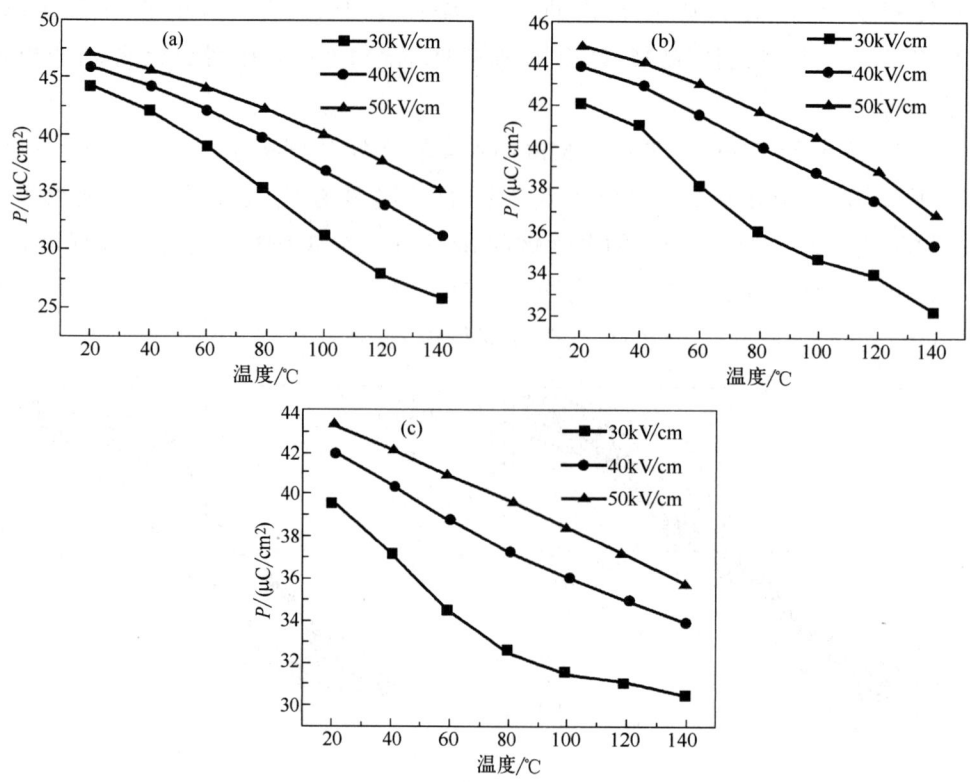

图 5.24 不同电场强度下 0.74NBT-0.26ST-xMn 陶瓷老化后极化强度值随温度变化的关系图

(a) $x=0.1\%$；(b) $x=0.3\%$；(c) $x=0.5\%$

以看出，随着电场强度的增大，掺杂 MnO 后的所有样品经过老化后 $\partial P/\partial T$ 值都在增大。在电场强度为 50kV/cm 时，掺杂 MnO 后的所有样品经过老化后都在室温附近出现峰值，且图中所有数值均为负值，因此最终得到 0.74NBT-0.26ST-xMn 陶瓷老化后的 ΔS 及 ΔT 均为正值。

经过对上述实验数据的分析，由公式（5.1）和公式（5.2）可以分别计算出 0.74NBT-0.26ST-xMn 陶瓷老化后的等温熵变 ΔS 和绝热温变 ΔT，其结果如图 5.26 和图 5.27 所示，图中三条曲线分别为 30kV/cm、40kV/cm 及 50kV/cm 电场强度下的等温熵变和绝热温变值与温度的关系，公式中陶瓷的密度通过阿基米德法测量，陶瓷的比热容是文献中报道的数值[31]。

从图 5.26 和图 5.27 可以看出，在相同的样品中，等温熵变和绝热温变之间存在着一致的变化趋势。此外，随着电场强度的增加，样品老化后的 ΔS 和 ΔT 均呈现出增大的趋势。$x=0.1\%$ 的陶瓷样品在 30℃时 ΔT 最大为 1.51K。同时，掺杂 MnO 后的所有样品经过老化后的 ΔS 和 ΔT 相比老化前均增大，由于随着 MnO 掺杂量的增加缺陷偶极子含量增多，ΔS 及 ΔT 的变化量增大，在 50kV/cm 的电场强度下，当掺杂量 $x=0.5\%$ 时，ΔT 的最大值由老化前 0.40K 升高至 1.01K。

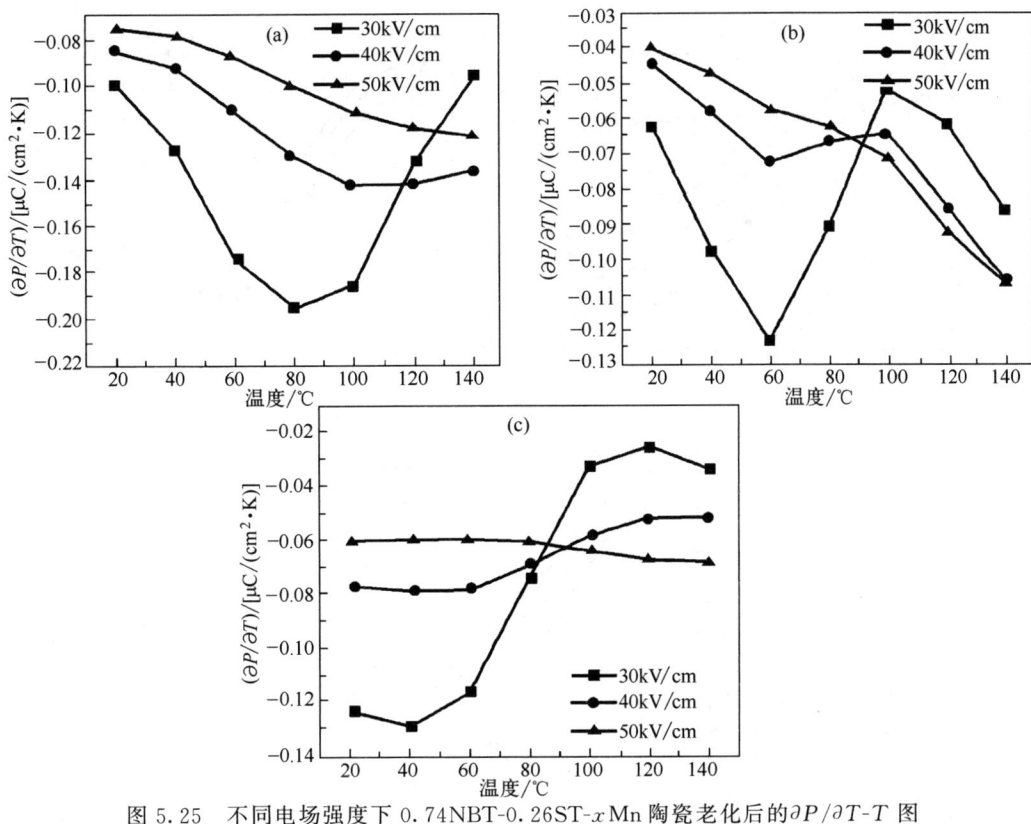

图 5.25 不同电场强度下 0.74NBT-0.26ST-xMn 陶瓷老化后的 $\partial P/\partial T$-T 图
(a) $x=0.1\%$; (b) $x=0.3\%$; (c) $x=0.5\%$

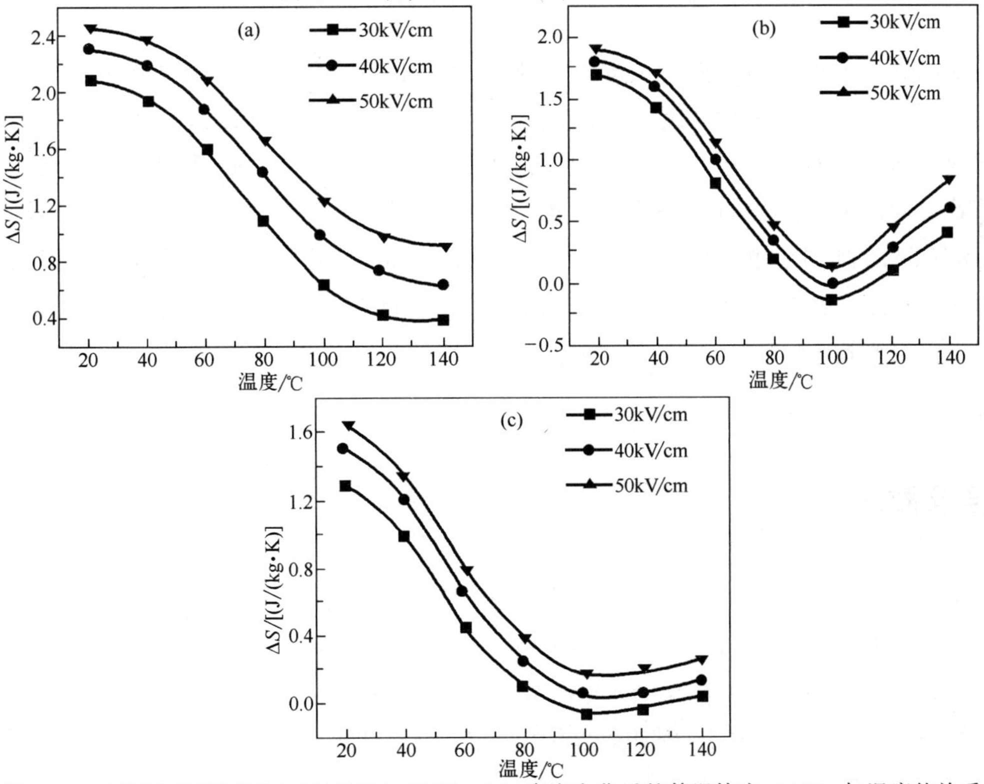

图 5.26 不同电场强度时 0.74NBT-0.26ST-xMn 陶瓷老化后的等温熵变（ΔS）与温度的关系
(a) $x=0.1\%$; (b) $x=0.3\%$; (c) $x=0.5\%$

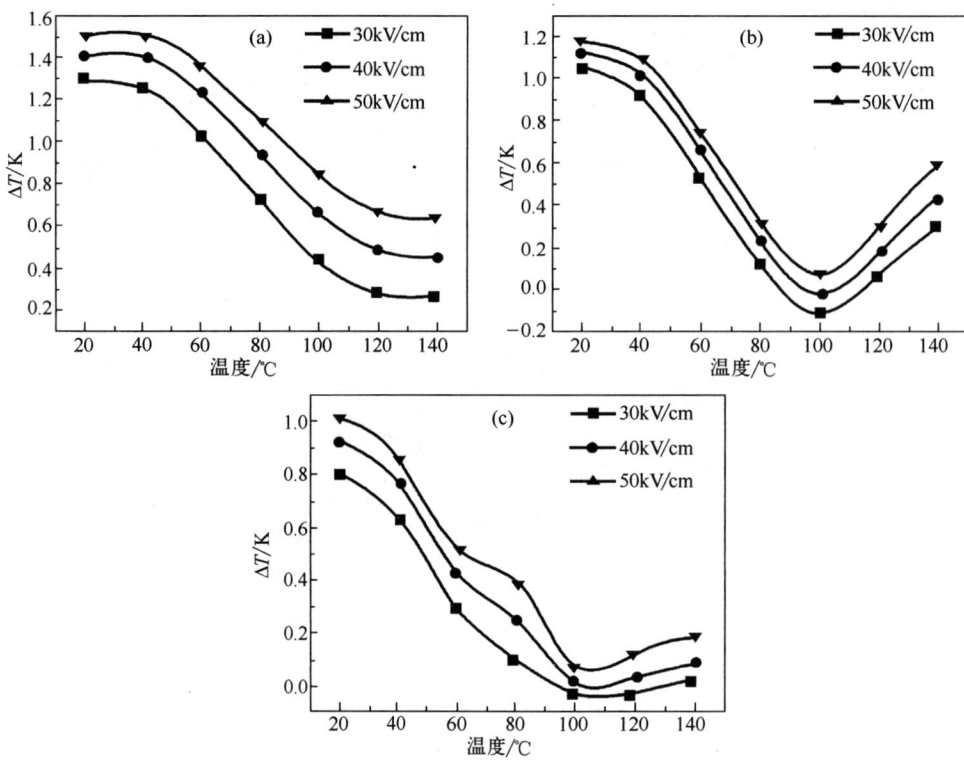

图 5.27 不同电场强度时 0.74NBT-0.26ST-xMn 陶瓷老化后的绝热温变（ΔT）与温度的关系
(a) $x=0.1\%$; (b) $x=0.3\%$; (c) $x=0.5\%$

缺陷偶极子改善铁电陶瓷的原因如下：掺杂 MnO 后的样品经过老化后产生了缺陷偶极子，在极化过程中，适当的缺陷会参与诱导局域偶极子或微畴的取向，加快偶极子或微畴对电场的响应速度，增加偶极子的极化强度，导致绝热温变 ΔT 增大。但是随着温度的升高，过量的缺陷会导致微畴尺寸进一步减小，增加了建立和维持铁电机制的难度，削弱了电卡效应，导致 ΔS 及 ΔT 减小。另外，在测试温度范围内，掺杂 MnO 后的所有样品经过老化后的 ΔS 和 ΔT 峰值对应的温度均下降至室温附近，实现了室温制冷。

参考文献

[1] Bai Y, Han X, Qiao L. Optimized electrocaloric refrigeration capacity in lead-free $(1-x)$Ba-Zr$_{0.2}$Ti$_{0.8}$O$_3$-xBa$_{0.7}$Ca$_{0.3}$TiO$_3$ ceramics. Applied Physics Letters, 2013, 102 (25): 252904.

[2] Mischenko A S, Zhang Q, Whatmore R W, Scott J F, Mathur N D. Giant electrocaloric effect in the thin film relaxor ferroelectric 0.9PbMg$_{1/3}$Nb$_{2/3}$O$_3$-0.1PbTiO$_3$ near room temperature. Applied Physics Letters, 2006, 89 (24): 242912.

[3] Correia T M, Young J S, Whatmore R W, Scott J F, Mathur N D, Zhang Q. Investigation of the electrocaloric effect in a $PbMg_{2/3}Nb_{1/3}O_3$-$PbTiO_3$ relaxor thin film. Applied Physics Letters, 2009, 95 (18): 182904.

[4] Zhao Y, Hao X, Zhang Q. A giant electrocaloric effect of a $Pb_{0.97}La_{0.02}(Zr_{0.75}Sn_{0.18}Ti_{0.07})O_3$ antiferroelectric thick film at room temperature. Journal of Materials Chemistry C, 2015, 3 (8): 1694-1699.

[5] 叶茂. 掺杂 $PbZrO_3$ 基薄膜相变行为及储能性能与电热效应. 哈尔滨:哈尔滨工业大学, 2013: 15-16.

[6] Thacher P D. Electrocaloric effects in some ferroelectric and antiferroelectric $Pb(Zr,Ti)O_3$ compounds. Journal of Applied Physics, 1968, 39 (4): 1996.

[7] Mischenko A S, Zhang Q, Scott J F, Whatmore R W, Mathur N D. Giant electrocaloric effect in thin-film $PbZr_{(0.95)}Ti_{(0.05)}O_3$. Science, 2006, 311 (5765): 1270-1271.

[8] Hegenbarth E. Studies of electrocaloric effect of ferroelectric ceramics at low temperatures. Cryogenics, 1961, 2: 242-243.

[9] Wiseman G G, Kuebler J K. Electrocaloric effect in ferroelectric rochelle salt. Physical Review, 1963, 131 (5): 2023-2027.

[10] Korrovits V K, Liiďya G G, Mikhkeľsoo V T. Thermostating crystals at temperatures below 1 K by using the electrocaloric effect. Cryogenics, 1974, 14 (1): 44-45.

[11] Lawless W N. Specific heat and electrocaloric properties of $KTaO_3$ at low temperatures. Physical Review B, 1977, 16 (1): 433-439.

[12] Peng B, Fan H, Zhang Q. A giant electrocaloric effect in nanoscale antiferroelectric and ferroelectric phases coexisting in a relaxor $Pb_{0.8}Ba_{0.2}ZrO_3$ thin film at room temperature. Advanced Functional Materials, 2013, 23 (23): 2987-2992.

[13] Plaznik U, Kitanovski A, Rožič B, Malic B, Ursic H, Drnovsek S, Cilensek J, Vrabelj M, Poredos A, Kutnjak Z. Bulk relaxor ferroelectric ceramics as a working body for an electrocaloric cooling device. Applied Physics Letters, 2015, 106 (4): 043903.

[14] Molin C, Sanlialp M, Shvartsman V V, Lupascu D C, Neumeister P, Schönecker A, Gebhardt S. Effect of dopants on the electrocaloric effect of $0.92Pb(Mg_{1/3}Nb_{2/3})O_3$-$0.08PbTiO_3$ ceramics. Journal of the European Ceramic Society, 2015, 35 (7): 2065-2071.

[15] Bai Y, Han X, Qiao L. Optimized electrocaloric refrigeration capacity in lead-free $(1-x)Ba$-$Zr_{0.2}Ti_{0.8}O_3$-$xBa_{0.7}Ca_{0.3}TiO_3$ ceramics. Applied Physics Letters, 2013, 102 (25): 252904.

[16] Asbani B, Dellis J L, Lahmar A, Courty M, Amjoud M, Gagou Y, Djellab K, Mezzane D, Kutnjak Z, ElMarssi M. Lead-free $Ba_{0.8}Ca_{0.2}(Zr_xTi_{1-x})O_3$ ceramics with large electrocaloric effect. Applied Physics Letters, 2015, 106 (4): 042902.

[17] Sanlialp M, Shvartsman V V, Acosta M, Dkhil B, Lupascu D C. Strong electrocaloric effect in lead-free $0.65Ba(Zr_{0.2}Ti_{0.8})O_3$-$0.35(Ba_{0.7}Ca_{0.3})TiO_3$ ceramics obtained by direct measurements. Applied Physics Letters, 2015, 106 (6): 062901.

[18] Wang X J, Tian F, Zhao C L, Wu J G, Liu Y, Dkhil B, Zhang M, Gao Z P, Lou X J. Giant electrocaloric effect in lead-free $Ba_{0.94}Ca_{0.06}Ti_{1-x}Sn_xO_3$ ceramics with tunable Curie temperature. Applied Physics Letters, 2015, 107 (25): 252905.

[19] Moya X, Stern-Taulats E, Crossley S, González-Alonso D, Kar-Narayan S, Planes A, Mañosa L, Mathur N D. Giant electrocaloric strength in single-crystal $BaTiO_3$. Advanced Materials, 2013, 25 (9): 1360-1365.

[20] Qian X S, Ye H J, Zhang Y T, Gu H M, Li X Y, Randall C A, Zhang Q M. Giant electrocaloric response over a broad temperature range in modified $BaTiO_3$ ceramics. Advanced Functional Materials, 2014, 24 (9): 1300-1305.

[21] Liu X Q, Chen T T, Wu Y J, Cheng X M. Enhanced electrocaloric effects in spark plasma-sintered $Ba_{0.65}Sr_{0.35}TiO_3$-based ceramics at room temperature. Journal of the American Ceramic Society, 2013, 96 (4): 1021-1023.

[22] Goupil F L, Axelsson A K, Dunne L J, Valant M, Manos G, Lukasiewicz T, Dec J, Berenov A, Alford N M. Anisotropy of the electrocaloric effect inlead-free relaxor ferroelectrics. Advanced Energy Materials, 2014, 4 (9): 1-5.

[23] Jiang X J, Luo L H, Wang B Y, Li W P, Chen H B. Electrocaloric effect based on the depolarization transition in $(1-x)Bi_{0.5}Na_{0.5}TiO_3$-$x$KNbO$_3$ lead-free ceramics. Ceramics International, 2014, 40 (2): 2627-2634.

[24] Tang J, Wang F F, Zhao X Y, Luo H S, Luo L H, Shi W Z. Influence of the composition-induced structure evolution on the electrocaloric effect in $Bi_{0.5}Na_{0.5}TiO_3$-based solid solution. Ceramics International, 2015, 41 (4): 5888-5893.

[25] Zannen M, Lahmar A, Asbani B, Khemakhem H, El Marssi M, Kutnjak Z, Souni M E. Electrocaloric effect and luminescence properties of lanthanide doped $(Na_{1/2}Bi_{1/2})TiO_3$ lead free materials. Applied Physics Letters, 2015, 107 (3): 032905.

[26] Zhang T, Li W, Hou Y, Yu Y, Cao W P, Feng Y, Fei W D. Positive/negative electrocaloric effect induced by defect dipoles in PZT ferroelectric bilayer thin films. RSC Advances, 2016, 6 (76): 71934-71939.

[27] Qiao H M, He C, Zhuo F P, Wang Z J, Li X Z, Liu Y, Long X F. Modulation of electrocaloric effect and nanodomain structure in Mn-doped $Pb(In_{0.5}Nb_{0.5})O_3$-$PbTiO_3$ ceramics. Ceramics International, 2018, 44 (16): 20417-20426.

[28] Guvenc C M, Adem U. Influence of aging on electrocaloric effect in Li^+ doped $BaTiO_3$ ceramics. Journal of Alloys and Compounds, 2019, 791: 674-680.

[29] Wu M, Zhu Q S, Li J T, Song D S, Wu H H, Guo M Y, Gao J H, Bai Y, Feng Y J, Pennycook, S J, Lou X J. Electrocaloric effect in ferroelectric ceramics with point defects. Applied Physics Letters, 2019, 114 (14): 142901.

[30] Yang Y, Zhou Z J, Ke X Q, Wang Y, Su X P, Li J T, Bai Y, Ren X B. The electrocaloric effect in intrinsic-acceptor-doped $Ba(Ti,Ce)O_3$-$(Ba,Ca)TiO_3$ ceramics. Scripta Materialia, 2020, 174: 44-48.

[31] Suchanicz J, Poprawski R, Matyjasik S. Some properties of $Na_{0.5}Bi_{0.5}TiO_3$. Ferroelectrics, 1997, 192 (1): 329-333.

[32] Luo Z D, Zhang D W, Liu Y, Zhou D, Yao Y G, Liu C Q, Dkhil B, Ren X B, Lou X J. Enhanced electrocaloric effect in lead-free $BaTi_{1-x}Sn_xO_3$ ceramics near room temperature. Applied Physics Letters, 2014, 105 (10): 102904.

[33] Mischenko A S, Zhang Q, Whatmore R W, Scott J F, Mathur N D. Giant electrocaloric effect in the thin film relaxor ferroelectric 0.9PbMg$_{1/3}$Nb$_{2/3}$O$_3$-0.1PbTiO$_3$ near room temperature. Applied Physics Letters, 2006, 89 (24): 242912.

[34] Chen H, Ren T L, Wu X M, Yang Y, Liu L T. Giant electrocaloric effect in lead-free thin film of strontium bismuth tantalite. Applied Physics Letters, 2009, 94 (18): 182902.

[35] Bai Y, Han X, Ding K, Qiao L J. Combined effects of diffuse phase transition and microstructure on the electrocaloric effect in Ba$_{1-x}$Sr$_x$TiO$_3$ ceramics. Applied Physics Letters, 2013, 103 (16): 162902.

[36] Novak N, Pirc R, Kutnjak Z. Impact of critical point on piezoelectric and electrocaloric response in barium titanate. Physical Review B, 2013, 87 (10): 104102.

[37] Koruza J, Rožič B, Cordoyiannis G, Malic B, Kutnjak Z. Large electrocaloric effect in lead-free K$_{0.5}$Na$_{0.5}$NbO$_3$-SrTiO$_3$ ceramics. Applied Physics Letters, 2015, 106 (20): 202905.

第 6 章
Na₀.₅Bi₀.₅TiO₃基铁电陶瓷材料储能性能

随着电子工业的需求日益增加，可再生环保型储能材料的开发变得越来越重要。储能材料包含锂电池、电介质电容器、化学电容器等几类，如图 6.1 所示[1]。其中，化学电容器、锂电池的能量密度较大，但功率密度低，充放电速度慢，不能满足大功率脉冲设备的需要。电介质电容器具有功率密度极高、能量损耗低、充放电速度快、温度稳定性与力学性能优异、体量小便于轻便化的优点，因而在脉冲功率设备、极端环境以及小型电子电力设备中有着广泛应用。因而逐渐成为人们研究的重点[2]。

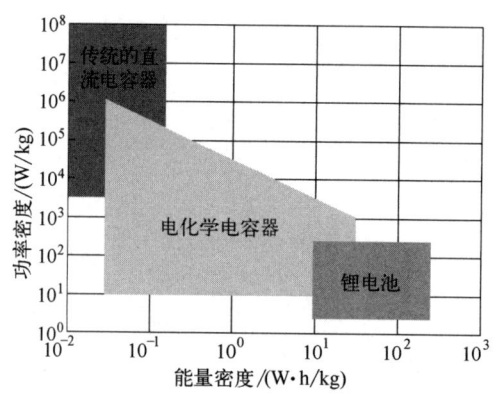

图 6.1 三种储能元件功率密度与能量密度对比[1]

目前电介质电容器按照材料可以大致分为三种：聚合物、薄膜和陶瓷。聚合物击穿场强极高，但介电常数低，在高场强下储能效率较低，而且在高温时的温度稳定性较差，不利于在较为极端场合下使用[3]。薄膜储能小，缺陷少，击穿场强高，储能密度高，但也因为如此，总储存的能量不高，不便于应用，需要多层膜复合使用[4]。铁电陶瓷介电常数高，力学性能和热稳定性能好，可以在高温下作为储能材料使用[5]。在铁电陶瓷储能性能的研究中，弛豫型铁电体由于具有介电弥散特性，即在很宽的温度范围内其介电常数不会发生明显变化，而表现出较好的储能温度稳定性，从而成为在能量存储方面研究较多的陶瓷材料之一。

作为典型的弛豫型铁电体，NBT 基陶瓷材料由于铁电性强、饱和极化强度大、介电性能优异且温度稳定性好,被认为是高性能电介质电容器的重要候选材料。但纯的 NBT 材料由于剩余极化强度和矫顽场均较大,很难获得大的储能密度和储能效率。通过掺杂或改善制备工艺降低 NBT 基陶瓷铁电相(FE)与弛豫相(RE)的相变温度,当将其相变温度调控至室温以下时,NBT 基陶瓷表现出瘦腰型的电滞回线,从而获得大的储能密度[6-17]。其中,Li 等人[16]研究的 $0.65Na_{0.5}Bi_{0.5}TiO_3$-$0.35Sr_{0.85}Bi_{0.1}TO_3$ 的储能密度达到 $1.5J/cm^3$,储能效率也能达到近 70%。Pu 等人[17]研究证实 Sn 掺杂的 $Na_{0.5}Bi_{0.5}TiO_3$-$BaTiO_3$ 在 195kV/cm 电场作用下储能密度增加至 $2.35J/cm^3$,但储能效率仅为 71%。以上研究能够有效提高 NBT 基陶瓷的储能性能,但就实际应用而言,其储能效率较低(一般低于 75%)。

目前,针对 NBT 基弛豫型铁电陶瓷的改性大体上有两个方面,一方面是继续降低剩余极化强度,另一方面是提高击穿场强。针对这两点可以提出改进方法:一是构筑 "离子对" 对弛豫型铁电陶瓷的极化行为进行调控。通过掺杂 "离子对" 改善陶瓷极化行为与储能性能,为研究者提供一种新的研究思路。二是在调控极化行为的基础上,提高击穿场强是改善储能密度的有效手段,添加在陶瓷晶界处的玻璃可显著提高陶瓷的击穿场强,为储能陶瓷的性能改善提供了有效手段。本章分析了利用 ST 调控相变温度、受主/施主掺杂以及高熵氧化物复合改性等方法改善 NBT 基陶瓷储能性能的研究。

6.1 电介质储能陶瓷材料的储能性能及研究进展

6.1.1 电介质储能陶瓷材料的储能性能

电介质储能陶瓷材料可分为线性和非线性电介质陶瓷材料两种。非线性电介质陶瓷材料可以分为三大类:铁电陶瓷、弛豫型铁电陶瓷和反铁电陶瓷。图 6.2 为不同电介质储能材料的 P-E 曲线[18],其中第一象限阴影部分为有效储能密度,电滞回线第一象限部分所包围的区域为能量损耗。

(1) 线性电介质陶瓷

线性电介质陶瓷内部没有永久偶极子,其介电常数的大小不受外加电场大小的影响,随着电场强度的增加,极化强度呈线性上升,不存在任何迟滞现象,在充电过程中储存的所有能量均能在放电过程中从电介质中释放出来,通常具有介电常数低、介电损耗低、击穿强度高(E_b)等特性,但其较小的最大极化强度(P_{max})使能量储存密度的大小受到限制,从而使其能量储存密度通常较低。由于其介电常数(ε)与所加的电场大小(E)无关,因此其储能密度的计算公式为:

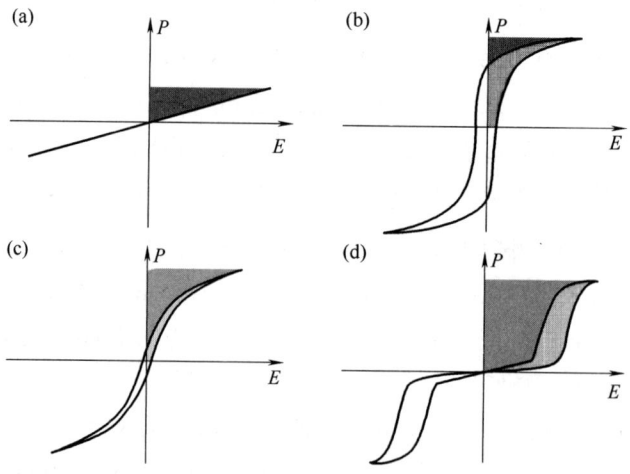

图 6.2 电介质储能材料的 P-E 曲线[18]

(a) 线性电介质；(b) 铁电体；(c) 弛豫型铁电体；(d) 反铁电体

$$W = \frac{1}{2}PE = \frac{1}{2}\varepsilon_0\varepsilon_r E^2 \tag{6.1}$$

一般来说，线性电介质材料的 ε 均较小，根据公式（6.1）可知，其储能密度通常较小。

(2) 非线性电介质陶瓷

对于非线性电介质材料而言，由于介电常数随外加电场的变化而变化，因此其储能密度的计算公式如下：

$$W_1 = \int_{P_r}^{P_{max}} E\,\mathrm{d}P \tag{6.2}$$

$$W_2 = \int_0^{E_{max}} P\,\mathrm{d}E \tag{6.3}$$

$$\eta = \frac{W_1}{W_1 + W_2} \times 100\% \tag{6.4}$$

式中，W_1 为有效储能密度；W_2 为能量损耗；η 为储能效率；E 为电场强度；P_{max} 为最大极化强度；P_r 为剩余极化强度。从图 6.2 以及公式（6.2）可知，非线性电介质材料储能密度的大小主要取决于最大极化强度与剩余极化强度的差值（$P_{max} - P_r$）以及击穿强度两方面因素。一般来说，样品的击穿强度越高，$P_{max} - P_r$ 的值越大，所得的储能密度越大。

在线性电介质材料中，铁电陶瓷由于相邻的偶极子之间存在着强烈的相互作用，阻碍着偶极子的转动，从而导致在极化过程中出现明显的滞后现象和较大的损耗。传统的铁电体的剩余极化强度 P_r 较大，这就导致了其较小的 ΔP（$P_{max} - P_r$），使其储能密度较小，不利于储能，所以传统的铁电材料通常并不适合作为电介质储能材料来进行应用。对于弛豫型铁电材料而言，与铁电体中表现出宏观极化的长程有序的畴结构不同，弛豫型铁电体为纳米畴结构，出现了短程有序的极性纳米微区。由于纳米畴间的相互作用力较弱，在对其施加外电场时，可以快速地作出响应，并且可以在电场作用下更为自由地翻转，从而极大地削弱了滞后现象，在除掉外加电场后能够表现出细长的电滞回线。陶瓷中畴的状态接近于初始状态，有利于大的储能密度和储能效率的获得。因此弛豫型铁电体在电介质电容器储能领域中具有很高的应用潜力。在反铁电陶瓷中，相邻偶极子的极化方向是反向平行的，因此，反铁电陶瓷不表现出宏观自发极化，并且在低场强下表现出较低的极化能力。在较高的场强下，当陶瓷克服了相邻偶极子之间的相互作用力后，会呈现出明显的铁电特征，即发生了反铁电/铁电相变，得到剩余极化强度 P_r 趋近于 0 的电滞回线，并且能够在去除电场后恢复到初始的反铁电状态，可以得到较好的储能性能。同时，反铁电体的特殊相变使其电滞回线同时具有低场强下的线性现象与高场强下的滞后现象，呈现双电滞回线的特征，能够比其他铁电材料存储和释放更多的能量。

6.1.2 电介质储能陶瓷材料研究进展

目前电介质储能陶瓷中主要是钙钛矿结构材料的研究较为广泛，包含 $PbZr_{0.5}Ti_{0.5}O_3$（PZT）基、钛酸钡 BT 基、铌酸铋钠钾 KNN 基、钛酸铋钠 NBT 基反铁电/铁电材料。下面将简单介绍这些电介质材料储能性能的研究进展。

(1) 锆钛酸铅基反铁电材料

$PbTiO_3$ 和 $PbZrO_3$ 结构均为 ABO_3 型，Zr^{4+} 与 Ti^{4+} 的半径相近，故两者可形成无限固溶体锆钛酸铅，可表示为 $PbZr_xTi_{1-x}O_3$，PZT 陶瓷不仅具有较高的居里温度（约 380℃）和压电系数（约 600pm/V），储能特性稳定性优于其他成分铁电材料，而且易于掺杂改性，具有较好的稳定性[19,20]。作为反铁电体，PZT 的极化行为与一般铁电体不同，其极化曲线为双电滞回线，在反铁电/铁电相变过程可以存储电荷，使储能密度得到提升。Jiang[19] 等研究了不同 Zr/Sn 比掺杂 PBLZST 陶瓷的储能性能，结果表明 Zr 掺杂影响陶瓷的相结构、晶胞体积及电性能，在 Zr 含量为 0.675，电场强度为 8kV/cm 时，陶瓷有效储能密度和效率分别为 2.04J/cm³ 和 68.5%，如图 6.3 所示。

在薄膜中，Zhang[20] 等通过在 PZO 薄膜中掺杂 Li^+-La^{3+} 离子对，有效提高了 PZO 薄膜场致相变的电场，当 Li^+-La^{3+} 离子对掺杂含量为 4%（摩尔分数）、所加电场 $E=600kV/cm$ 时，储能密度为 16.2J/cm³。通过构建 $PZO/PZ_{0.52}T_{0.48}$ 双层反铁电/铁电复合薄膜，击穿场强高达 2610kV/cm，薄膜储能密度提高到 28.2J/cm³ [21]。Hao[22] 等对 PZT 基反铁电薄膜进行了 La 和 Sn 复合掺杂的研究，研究发现，在 3712kV/cm 电场下，La 和 Sn 复合掺杂的 PLZST 薄膜的储能密度最大为 56J/cm³，如图 6.4 所示。

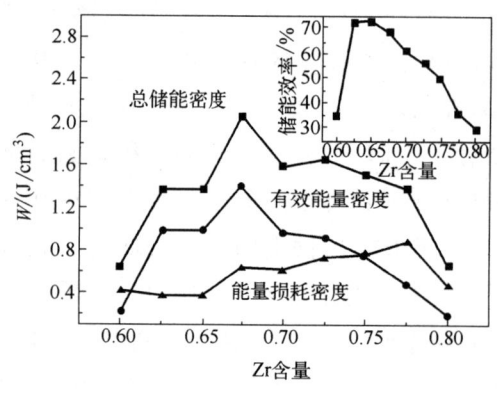

图 6.3 PBLZST 陶瓷的储能性能[19]

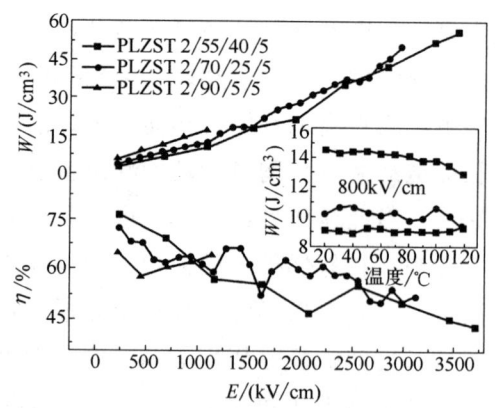

图 6.4 PZT 基反铁电薄膜储能性能[22]

(2) 钛酸钡基铁电材料

钛酸钡 $BaTiO_3$ 是钙钛矿型结构的铁电体。$BaTiO_3$ 介电常数很高，介电损耗低，抗老化力很强，广泛应用于陶瓷电容器。目前可以通过掺杂离子、优化制备工艺等方式优化介电击穿场强和极化强度，提高其储能特性。例如，王茜[23]等人采用固相烧结法制备了 $(1-x)BaTiO_3-xBi(Mg_{0.5}Sn_{0.5})O_3$，发现 BMS 的添加可以增强材料在低电压下的电学稳定性并降低电导率，提高 $BaTiO_3$ 基陶瓷的击穿场强，在 E_b 为 370kV/cm 时陶瓷储能密度为 $3.61J/cm^3$，能量利用效率为 92.8%。Meng[24] 等人采用传统固相技术制备了 $Sr(Zn_{1/3}Nb_{2/3})O_3$ 改性 BT 基陶瓷，如图 6.5 所示。结果表明，SZN 改性后晶粒尺寸减小，有效地降低了介电损耗并获得了显著的"纤细"P-E 回路。在击穿场强为 260kV/cm 时的储能密度和效率分别为 $1.45J/cm^3$ 和 83.12%。

(3) 铌酸铋钠钾基弛豫型铁电陶瓷

KNN 的主要优点之一是居里温度高（>400℃），还具有两相转变温度。然而，KNN 基陶瓷主要的缺点是低温烧结致密化造成的制造困难，通过对 KNN 基陶瓷元素掺杂和固溶改性，可以改善其性能。Qu[25] 等人制备出平均粒径为 $0.47\mu m$ 的 KNN-SSN 陶瓷，其 E_b 增加至 295kV/cm，有效储能密度增大至 $2.02J/cm^3$；Yang[26] 等人发现 ST 作为第二相加入，能继续降低 KNN 基陶瓷的平均粒径至 $0.3\mu m$，其击穿场强可以提升至 400kV/cm，有效储能密度达到 $4.03J/cm^3$。Lin 等[27] 通过 A 位非化学计量缺陷工程构建了 Er^{3+} 掺杂的 KNN 基弛豫型铁电陶瓷。由于空位相关的缺陷钉扎，过量添加 Sr 和 Ba 可以显著细化晶粒尺寸和畴尺寸，获得 $3.42J/cm^3$ 的有效储能密度。

(4) 钛酸铋钠基弛豫型铁电陶瓷

NBT 基陶瓷由于在温度高于退极化温度时出现 P_r 较小的类反铁电相的电滞回线，因而成为最具潜力的储能材料。为了室温时得到 P_r 较小的电滞回线，目前的研

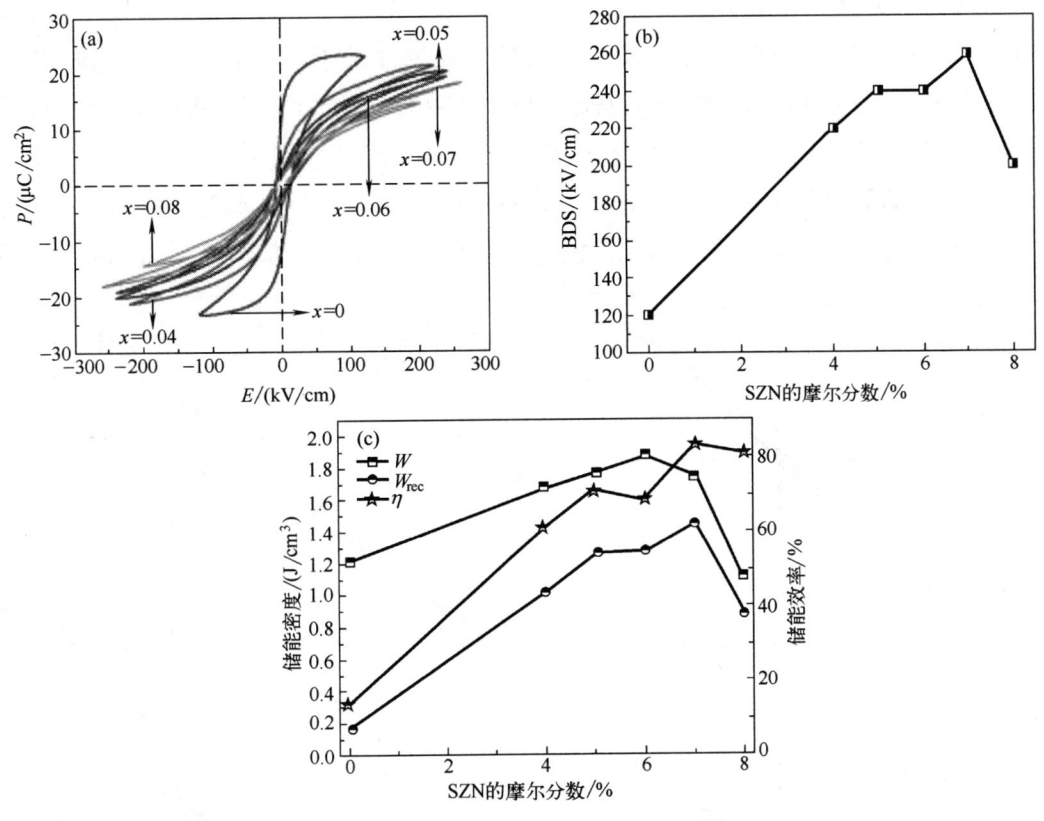

图 6.5 $Sr(Zn_{1/3}Nb_{2/3})O_3$ 改性 BT 基陶瓷储能性能[24]
(a) P-E 曲线；(b) BSD；(c) 储能性能

究主要是通过掺杂 KNN、NN、KN、BZT 等降低 NBT 基陶瓷的退极化温度，从而得到较大的储能密度[28-35]。其中，Ding 等[30] 对两步烧结法制备的 0.89NBT-0.06BT-0.05KNN 陶瓷的储能性能进行了研究，结果表明两步烧结法制备的陶瓷颗粒尺寸相对较小，致密度有所提高，因此增大了样品的击穿场强。在 100kV/cm 的击穿场强时，NBT-BT-KNN 三元体系陶瓷的有效储能密度达到 $0.9J/cm^3$。以上研究主要是通过掺杂降低 NBT 基陶瓷的相变温度，室温时得到 P_r 较小的电滞回线，从而提高陶瓷的储能性能。但是在以上体系的研究中还存在一些问题，如在 P_r 降低的同时，最大极化强度 P_{max} 也随之降低，因此得到的有效储能密度一般较小。此外，其储能效率也较低，一般低于 75%。除了 KNN 外，室温下为顺电相的 $SrTiO_3$ 同样能够调控 NBT 基陶瓷的相结构，降低 NBT 基陶瓷的相变温度[36-38]。Zhang 等[38] 通过研究 ST 掺杂 NBT 基薄膜的储能性能时发现，ST 掺杂不仅能够调控 NBT 基材料的相结构，还可以增大 $P_{max}-P_r$ 的值。在电场强度约为 600kV/cm 时，NBT-ST 基薄膜的储能密度可以达到 $2.7J/cm^3$ 以上，Jiao[39] 等在铁电的 NBT-ST 基陶瓷中引入了四种不同的镧系元素（La、Nd、Dy、Sm），导致了钙钛矿晶格中 A 位置的无序度增加，并改善了弛豫特性，如图 6.6 所示。在钕改性的 NBT-ST 基陶瓷中，在 440kV/cm 下储能密度达到 4.94J/cm³，效率为 88.45%，表明 NBT-ST 是一种很有前途的储能陶瓷候选材料。Liu[40] 等采用传统的压模工艺制备了同浓度的 La 改性 $Na_{0.3}Sr_{0.4}Bi_{0.3}TiO_3$ 陶瓷，所得的 NBT-ST-xLa 陶瓷均表现出典型的单相钙钛矿结构，晶粒尺寸均匀、精细。在 La 掺杂后，样品的击穿场强显著增加，$x=0.02$ 组分的陶瓷击穿场强达到 190kV/cm，储能密度达到 1.67J/cm³，效率稳定，大于 80%。此外，Kang[41] 等通过传统的固态方法合成无铅 $Na_{1/2}Bi_{1/2\,1-x}Sr_xTi_{0.98}(Fe_{1/2}Nb_{1/2})_{0.02}O_3$，通过引入

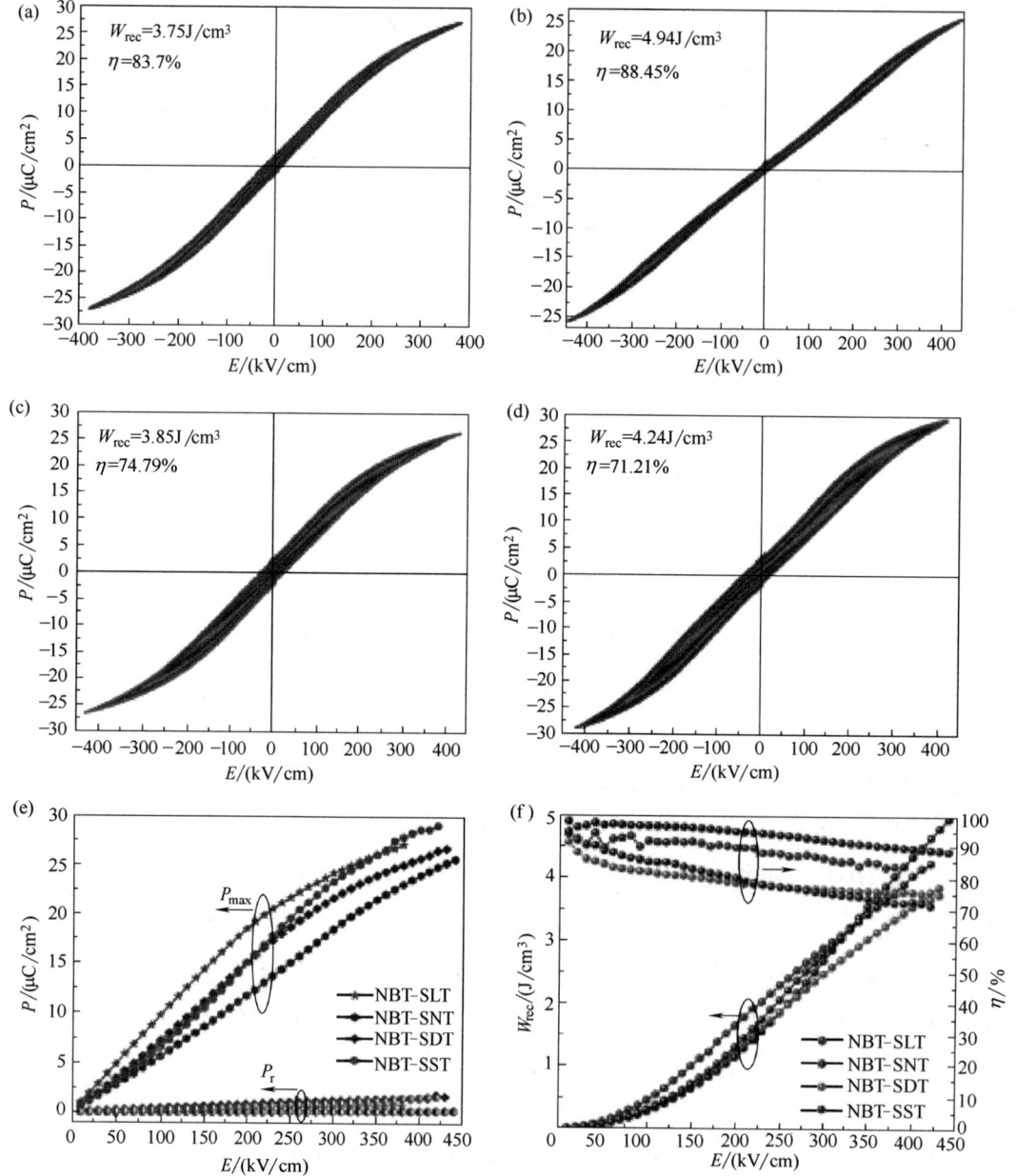

图 6.6　四种镧系元素改性的 NBT-ST 基陶瓷储能性能[39]

(a) La；(b) Nd；(c) Dy；(d) Sm 元素改性的 P-E 曲线；(e) 不同电场下 P_{max} 和 P_r 的变化；

(f) 不同电场下的储能性能

($Fe_{1/2}Nb_{1/2}$)$^{4+}$ 配合物离子改善陶瓷的弛豫行为，如图 6.7 所示，在电场强度为 170kV/cm 时得到了优秀的储能密度 3.36J/cm^3 和储能效率 81%。

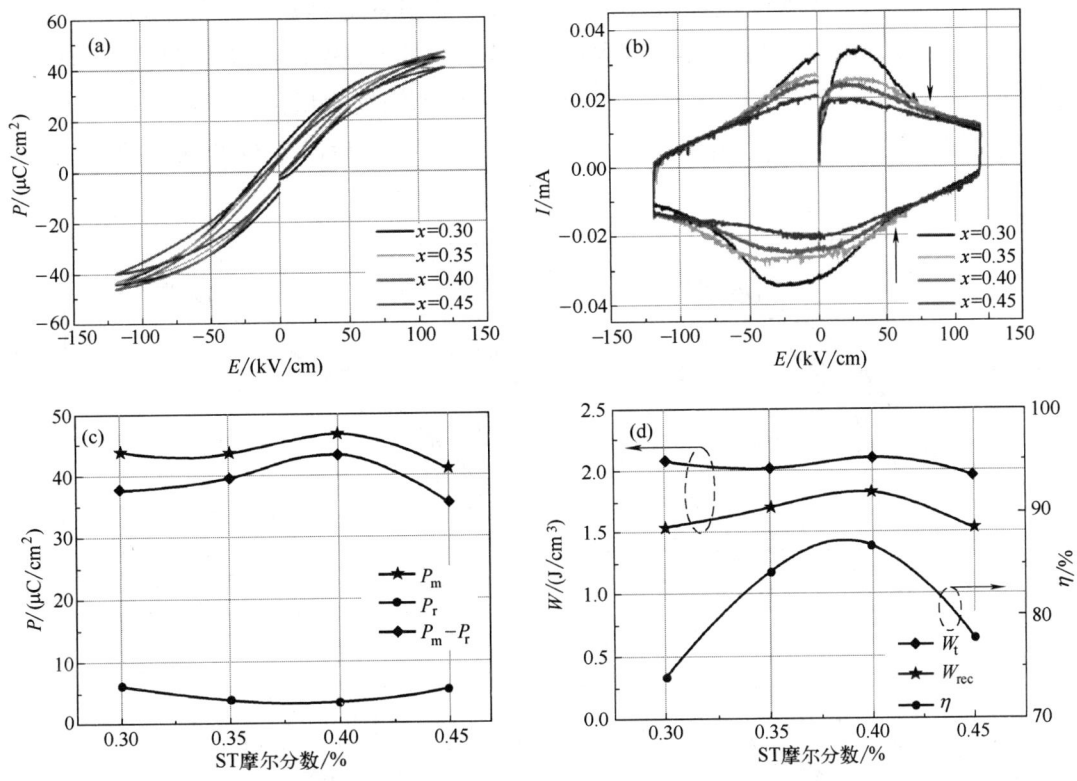

图 6.7 NBT-xST-0.02FN 陶瓷在 120kV/cm 和 10Hz 条件下的（a）P-E 曲线；（b）I-E 曲线；（c）P_m、P_r、P_m-P_r；（d）储能性能与 ST 含量的关系

6.2 调控相变温度改善 $Na_{0.5}Bi_{0.5}TiO_3$ 基陶瓷储能性能

根据第 3 章研究结果可知，ST 能有效降低 NBT 基陶瓷相变温度，其中（1－x）[0.94NBT-0.06BT]-xST 陶瓷在 x=0.25～0.40 范围内退极化温度在室温以下，即室温下为弛豫相，具有 P_r 较小的电滞回线，有望得到大的储能密度。此外，具有 A 位空位的 SBT 掺杂同样能有效调节电滞回线的线形，从而获得更好的储能性能。本节主要研究了 ST 以及 SBT 改善 NBT 基陶瓷的储能性能。

6.2.1 SrTiO$_3$ 掺杂 $Na_{0.5}Bi_{0.5}TiO_3$ 基陶瓷室温储能性能

为了研究 ST 掺杂对 NBT-BT 基陶瓷储能性能的影响，图 6.8 中给出了不同电场

时 $(1-x)[0.94\text{NBT}-0.06\text{BT}]-x\text{ST}$ 陶瓷的单边 P-E 曲线,测试电场强度范围为 $30\sim70\text{kV/cm}$,周期为 100ms。由图可知,所有样品的剩余极化强度 P_r 都小于 $5\mu\text{C/cm}^2$,表现出类反铁电相的电滞回线,且随着 ST 含量的增多,样品的单边 P-E 曲线越来越"窄瘦",说明陶瓷的能量损耗逐渐变小。这主要是因为 ST 室温下为顺电相,导致复合陶瓷具有较小的 P_r 和 E_c。此外,随着电场强度的增加,样品的最大极化强度 $P_{\max}$ 均明显增大,但 P_r 基本不变,因此 $P_{\max}-P_r$ 的值随着电场强度的增大均明显增大。

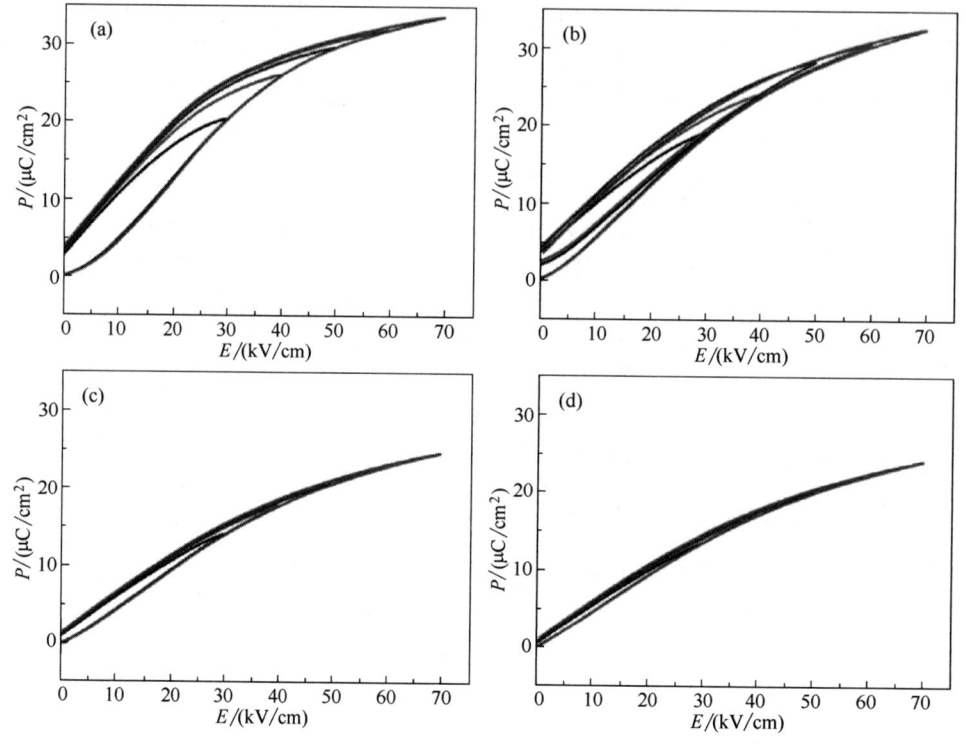

图 6.8 不同电场下 $(1-x)[0.94\text{NBT}-0.06\text{BT}]-x\text{ST}$ 陶瓷的单边 P-E 曲线
(a) $x=0.25$;(b) $x=0.30$;(c) $x=0.35$;(d) $x=0.40$

为了比较 ST 掺杂对 NBT-BT-ST 基陶瓷 $P_{\max}-P_r$ 的值的影响,图 6.9 中给出了电场强度为 70kV/cm 时,陶瓷 $P_{\max}-P_r$ 的值随 ST 含量的变化图。由图可知,随着 ST 含量的增加,$P_{\max}-P_r$ 的值先略有增加后明显降低,其大小分别为 $28.96\mu\text{C/cm}^2$、$29.28\mu\text{C/cm}^2$、$23.41\mu\text{C/cm}^2$ 和 $23\mu\text{C/cm}^2$。

在 NBT 基陶瓷储能性能的研究中,大多数的研究主要是通过掺杂 KNbO_3(KN)、NaNbO_3(NN)、$\text{K}_{0.5}\text{Na}_{0.5}\text{NbO}_3$(KNN)来降低 NBT 基陶瓷的矫顽场和剩余极化强度,但在 P_r 和 E_c 降低的同时,其最大极化强度也会降低,因此在 70kV/cm 电场时,所得的 $P_{\max}-P_r$ 的值一般小于 $25\mu\text{C/cm}^2$。在本实验中,首先在 NBT 中掺杂 BT,在降低 P_r 和 E_c 的同时,还能够提高其 $P_{\max}$。其次在具有较大 $P_{\max}$ 的 NBT-BT 体系中掺杂 ST,进一步降低其 P_r 和 E_c。基于以上设计,在 $x=0.30$ 时,

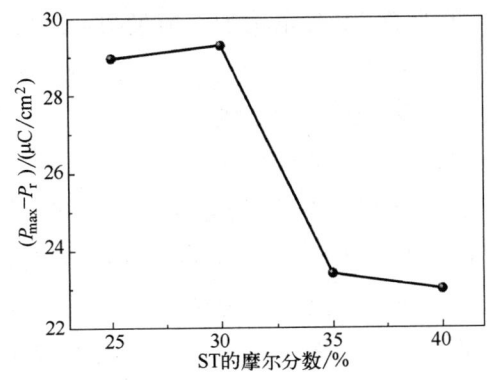

图6.9 $(1-x)[0.94NBT-0.06BT]-x$ST 陶瓷 $P_{max}-P_r$ 的值随 ST 含量变化的关系曲线

$(1-x)[0.94NBT-0.06BT]-x$ST 陶瓷的 $P_{max}-P_r$ 的值明显提高。根据公式（6.2）可知，大的 $P_{max}-P_r$ 的值有利于提高陶瓷的储能密度，所以 $x=0.30$ 时能够得到储能密度的极值点。

图 6.10 所示为根据图 6.8 和公式（6.2）~公式（6.4）计算所得的 $(1-x)$ $[0.94NBT-0.06BT]-x$ST 陶瓷在不同电场下的储能密度。其中 W_1 代表有效储能密度，通过对单向电滞回线的极化轴和放电曲线之间面积进行积分计算得到；W_2 是由于电畴的重新定位而导致的储能损耗，通过对充电曲线和放电曲线进行积分计算得出。由图可知，随着电场强度的增大，样品的有效储能密度 W_1 呈线性增大，能量损

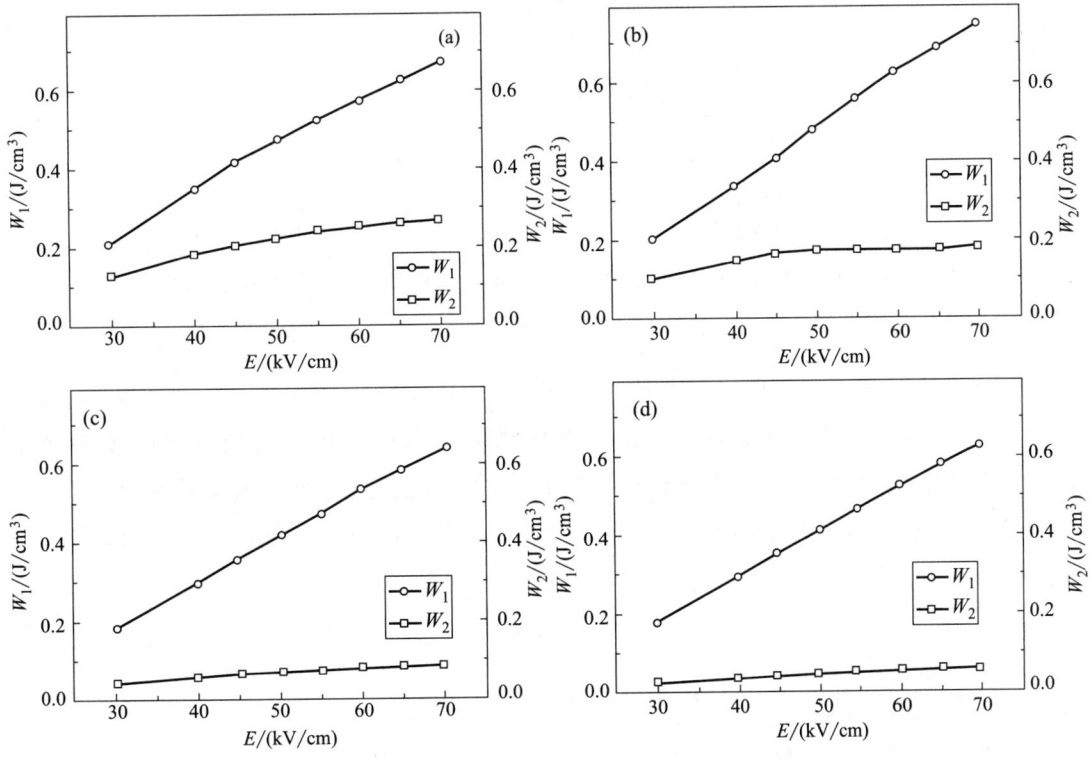

图 6.10 $(1-x)[0.94NBT-0.06BT]-x$ST 有效储能密度和能量损耗随电场的变化

(a) $x=0.25$；(b) $x=0.30$；(c) $x=0.35$；(d) $x=0.40$

耗出现不同程度的增大，且随着 ST 含量增加，能量损耗随电场的增大幅度明显降低。W_1 增大主要是由于电场强度的增加以及 $P_{max}-P_r$ 的值的增大造成的，由此可见，电场强度的增加也能够明显提高陶瓷的储能性能。

为了比较 ST 含量对陶瓷储能性能的影响，图 6.11（a）中给出了在 70kV/cm 电场时，$(1-x)[0.94NBT-0.06BT]-x$ST 陶瓷储能密度随 ST 含量的变化。随着 ST 含量的增加，W_1 的变化趋势和 $P_{max}-P_r$ 的值基本一致：先增大后减小，在 $x=0.30$ 时达到最大值，其大小为 0.76J/cm³。这主要是由于其具有较大的 $P_{max}-P_r$ 的值造成的。此外，随着 ST 含量的增加，由图 6.7 可知陶瓷的电滞回线逐渐变瘦，因此，能量损耗 W_2 一直降低，在 70kV/cm 电场时，W_2 分别为 0.27J/cm³、0.18J/cm³、0.085J/cm³ 和 0.061J/cm³。根据公式（6.4）可知，能量损耗的降低有利于提高陶瓷的储能效率。图（b）所示为 $(1-x)[0.94NBT-0.06BT]-x$ST 陶瓷储能效率随 ST 含量的变化。由图（b）可以得出，当 ST 含量由 0.25 增加到 0.40 时，陶瓷的储能效率由 71.2% 增加到 91.2%。综合以上结果可知，当 ST 含量为 0.30 时，$(1-x)[0.94NBT-0.06BT]-x$ST 不仅具有较大的有效储能密度（$W_1=0.76$J/cm³），还表现出较高的储能效率（$\eta=81\%$）。

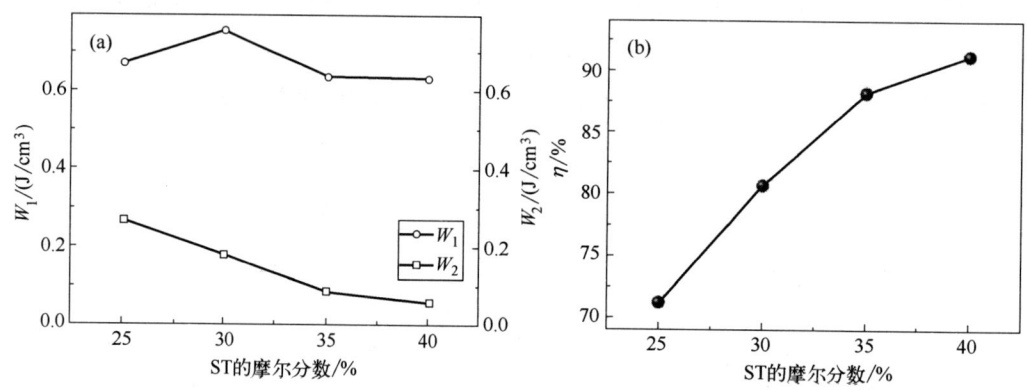

图 6.11 $(1-x)[0.94NBT-0.06BT]-x$ST 陶瓷（a）有效储能密度和能量损耗；
（b）储能效率的变化

陶瓷的储能密度主要取决于所施加电场的大小和 $P_{max}-P_r$ 的值。为了得到 $(1-x)[0.94NBT-0.06BT]-x$ST 陶瓷的最大储能密度，本小节通过韦伯分布模型确定了陶瓷的击穿场强（BDS），并测试计算了陶瓷在 BDS 时的电滞回线和储能密度。

图 6.12（a）为根据公式计算得出的 $(1-x)[0.94NBT-0.06BT]-x$ST 陶瓷击穿场强的韦伯分布图，计算公式为

$$X_i=\ln(E_i) \tag{6.5}$$

$$Y_i=\ln\left[-\ln\left(1-\frac{i}{n+1}\right)\right] \tag{6.6}$$

式中，E_i 为第 i 个样品的击穿场强；n 为测试样品的个数；i 为测试样品的序号。在进行击穿试验时，将每个组分得到的击穿场强按由小到大排序，即

$$E_1 \leqslant E_2 \leqslant E_3 \leqslant \cdots \leqslant E_i \leqslant \cdots \leqslant E_n \tag{6.7}$$

对两参数的韦伯方程 $Y_i(X_i)$ 进行线性拟合，拟合所得直线的斜率 β 代表该模型的可信度，若 $\beta<1.0$ 说明该模型不适合此失效分析，$\beta=1.0$ 时为随机失效模型，$\beta>1.0$ 则可用韦伯分布模型分析，β 越大，其可信度越高。由图（a）可知，所有样品的 β 值均大于 16，可信度较高，即可用该模型分析样品的击穿场强。在 X 轴上的截距为 $\ln\alpha$，α 即为该组分陶瓷击穿场强的大小。图（b）所示为由击穿场强的韦伯分布得出的 $(1-x)[0.94\text{NBT-}0.06\text{BT}]\text{-}x\text{ST}$ 陶瓷的击穿场强与 ST 含量的关系，随着 ST 含量的增加，其击穿场强分别为 83kV/cm、90kV/cm、76kV/cm 和 73kV/cm。

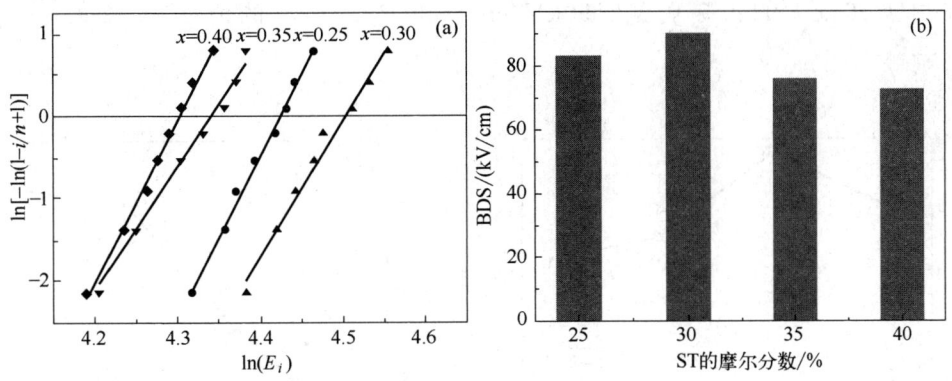

图 6.12 $(1-x)[0.94\text{NBT-}0.06\text{BT}]\text{-}x\text{ST}$ 陶瓷的 (a) 韦伯分布；
(b) 击穿场强随 ST 含量变化

图 6.13 为室温时 $(1-x)[0.94\text{NBT-}0.06\text{BT}]\text{-}x\text{ST}$ 陶瓷在各自击穿场强时的电滞回线及 $P_{\max}-P_r$ 的值。由图可知，当 ST 含量为 0.25 时，陶瓷具有较大的 $P_{\max}-P_r$ 的值，其大小为 $30.43\mu\text{C/cm}^2$；当 ST 含量增加到 0.30 时，陶瓷 $P_{\max}-P_r$ 的值略有提高，在 90kV/cm 电场下其大小为 $30.82\mu\text{C/cm}^2$，且电滞回线的线形变"窄瘦"，说明 $x=0.30$ 时陶瓷具有最大的有效储能密度。当 ST 含量增加到 0.35、0.40 时，其 $P_{\max}-P_r$ 的值明显降低，在击穿场强条件下，其大小分别为 $22.56\mu\text{C/cm}^2$、

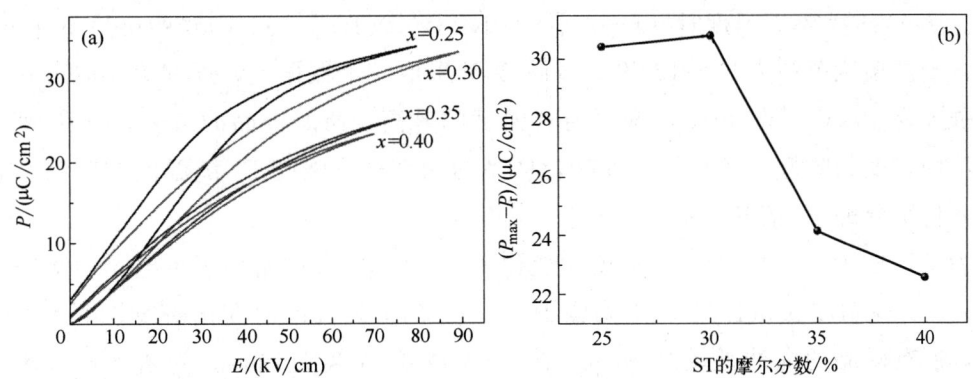

图 6.13 $(1-x)[0.94\text{NBT-}0.06\text{BT}]\text{-}x\text{ST}$ 陶瓷 BDS 时的 (a) 电滞回线；
(b) $P_{\max}-P_r$ 的值

$22.14\mu C/cm^2$。此外，这两个组分的电滞回线的线形变得更加"窄瘦"，说明其能量损耗明显降低。

图 6.14 为 $(1-x)[0.94NBT-0.06BT]-x ST$ 陶瓷在各自击穿场强时的有效储能密度 W_1、能量损耗 W_2 及储能效率 η。随着 ST 含量的增加，陶瓷在各自击穿场强时的有效储能密度先增大后减小，当 $x=0.30$ 时，有效储能密度最大，其大小为 $0.982J/cm^3$。能量损耗由 $0.234J/cm^3$ 降低至 $0.061J/cm^3$，储能效率由 77.4% 增大至 91.2%。由此可见，当 ST 含量为 0.30 时，陶瓷具有最优的储能性能，即 $W_1=0.982J/cm^3$，$W_2=0.215 J/cm^3$，$\eta=83\%$，具有较好的应用前景。该储能密度的获得主要是由于其较大的击穿场强（90kV/cm）和 $P_{max}-P_r$ 的值（$30.82\mu C/cm^2$）导致的。

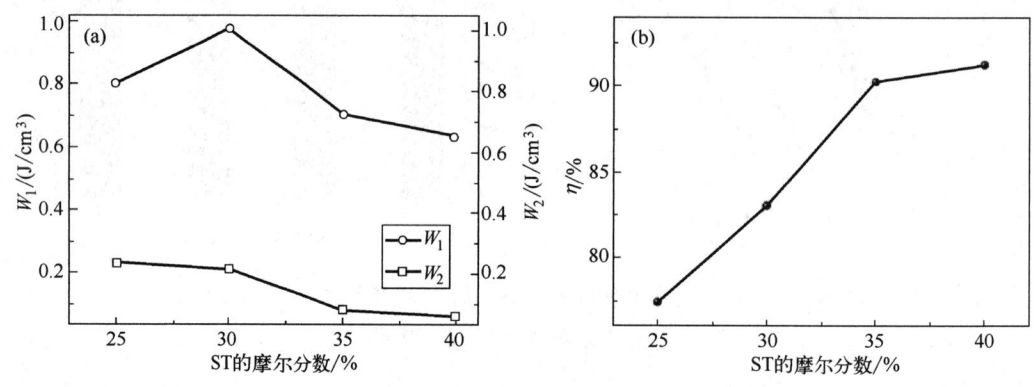

图 6.14 $(1-x)[0.94NBT-0.06BT]-x ST$ 陶瓷在 BDS 时的储能密度、能量损耗（a）和储能效率（b）

6.2.2 SrTiO$_3$ 掺杂 Na$_{0.5}$Bi$_{0.5}$TiO$_3$ 基陶瓷储能性能的温度稳定性

在实际应用时，储能材料除了具有较大的储能密度外，还需要具有较好的温度稳定性。图 6.15 为不同温度时 $(1-x)[0.94NBT-0.06BT]-x ST$ 陶瓷的单边电滞回线，其中，测试温度范围为 20~120℃，每隔 20℃ 采取一个数据点，周期为 100ms，外加电场强度为 50kV/cm。由图可知，随着温度的升高，所有样品的最大极化强度 P_{max} 出现不同程度的降低；当 $x=0.25$ 时，样品的剩余极化强度 P_r 随温度的升高略有降低，其他组分的 P_r 值基本不变。

为了比较 $P_{max}-P_r$ 的值随温度的变化情况，图 6.16 中给出了由电滞回线得出的 $(1-x)[0.94NBT-0.06BT]-x ST$ 陶瓷 $P_{max}-P_r$ 的值随温度的变化曲线。由图中可以看出，所有样品的曲线波动均较小，在 20~120℃ 温度范围内，随着 ST 的含量由 0.25 增加到 0.40，其 $P_{max}-P_r$ 的值波动大小分别为 $1.86\mu C/cm^2$、$1.14\mu C/cm^2$、$2\mu C/cm^2$ 和 $2.46\mu C/cm^2$。

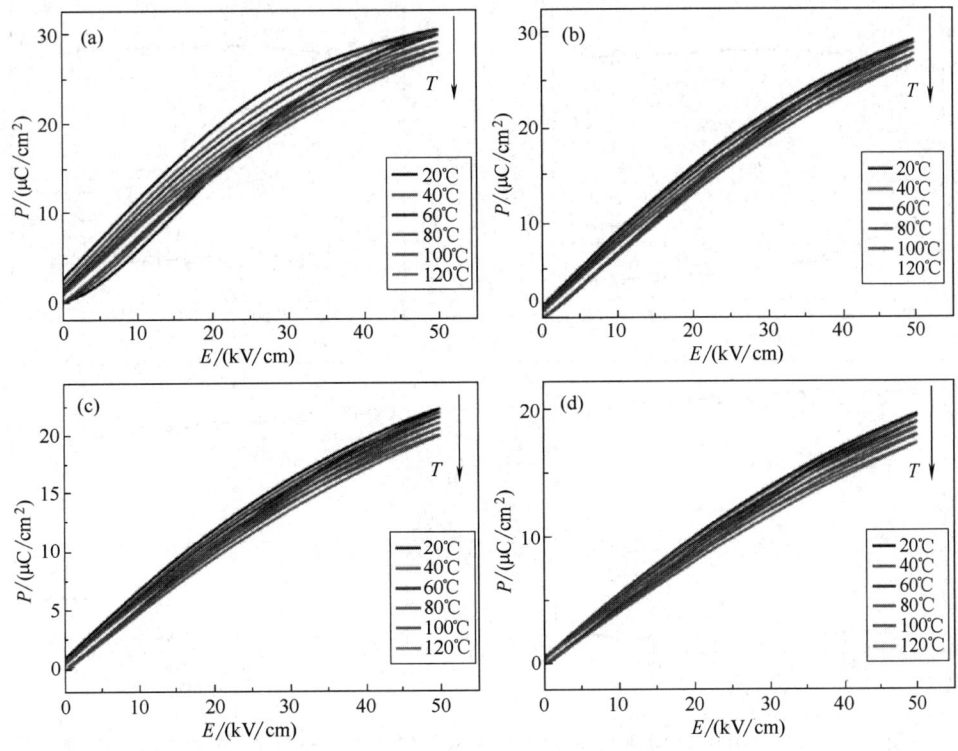

图 6.15 不同温度时 $(1-x)$[0.94NBT-0.06BT]-xST 陶瓷的单边 P-E 曲线

(a) $x=0.25$；(b) $x=0.30$；(c) $x=0.35$；(d) $x=0.40$

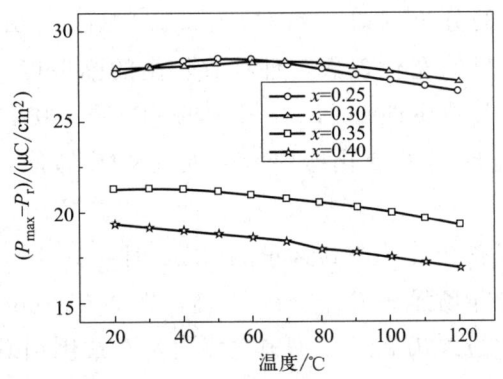

图 6.16 $(1-x)$[0.94NBT-0.06BT]-xST 陶瓷 $P_{max}-P_r$ 的值随温度的变化曲线

图 6.17 为不同温度下 $(1-x)$[0.94NBT-0.06BT]-xST 陶瓷的有效储能密度和能量损耗随温度的变化。由图可以看出，当 ST 含量为 0.25 和 0.30 时，随着温度的升高，二者的有效储能密度均先增大后减小，其波动大小分别为 0.05J/cm³ 和 0.028 J/cm³，能量损耗随着温度的升高出现不同程度的降低，但波动范围均不大。当 ST 含量增加到 0.30~0.40 范围内时，随着温度的升高，二者的有效储能密度均减小，其波动大小分别为 0.036J/cm³ 和 0.042J/cm³，在测试温度范围内，二者的能量损耗基本不变。由此可见，所选成分的 $(1-x)$[0.94NBT-0.06BT]-xST 陶瓷在测试温度

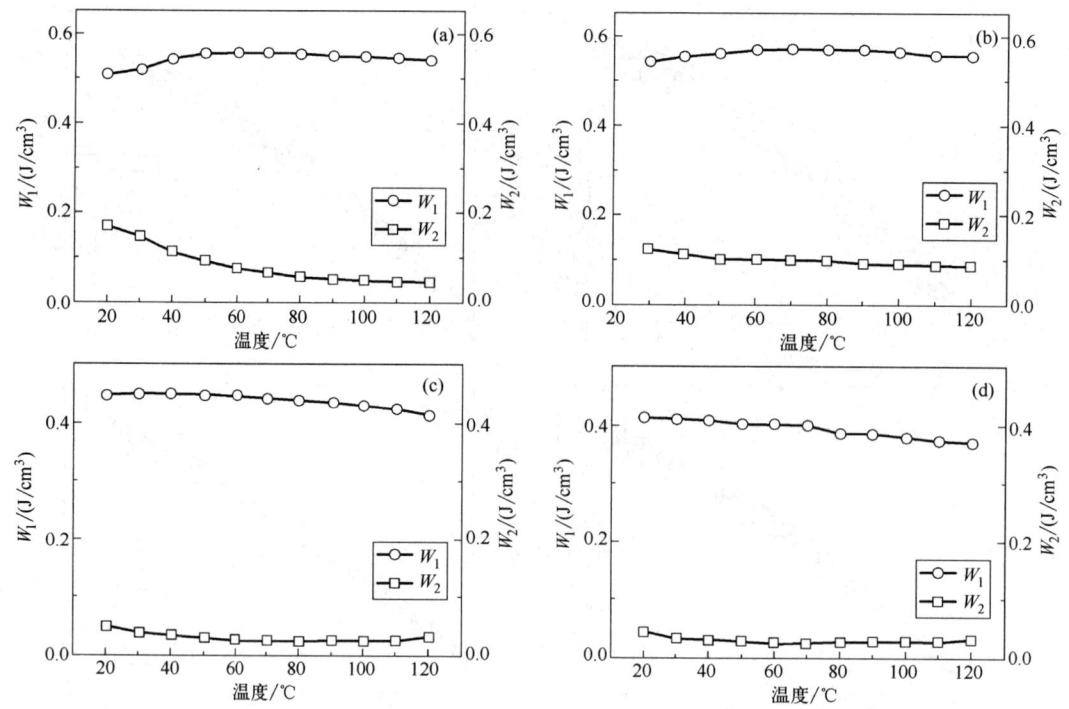

图 6.17 $(1-x)[0.94NBT-0.06BT]-x$ST 有效储能密度和能量损耗随温度的变化
(a) $x=0.25$；(b) $x=0.30$；(c) $x=0.35$；(d) $x=0.40$

范围内均具有较好的温度稳定性。

由第 2 章和第 4 章的分析可知，$(1-x)[0.94NBT-0.06BT]-x$ST 陶瓷的介温谱在居里温度附近出现明显的宽化现象，且具有较高的弥散度（1.78～1.89），是典型的弛豫型铁电体。由于其弛豫性，$(1-x)[0.94NBT-0.06BT]-x$ST 陶瓷的介电性能可以在一个较宽的温度区间内变化缓慢，从而使得其储能性能具有较好的温度稳定性。

结合以上分析可以得出，当 ST 含量为 0.30 时，$(1-x)[0.94NBT-0.06BT]-x$ST 陶瓷具有较大的击穿场强和 $P_{max}-P_r$ 的值，在 90kV/cm 时其有效储能密度可以达到 0.982J/cm³，储能效率为 83%，且在 20～120℃范围内具有较好的温度稳定性，是一类具有广泛应用前景的储能材料。

6.2.3 $Sr_{0.7}Bi_{0.2}TiO_3$ 掺杂 $Na_{0.5}Bi_{0.5}TiO_3$ 基陶瓷储能性能

本小节通过 SBT 掺杂在 $(1-x)$NBT-xSBT（其中 $x=0.30$、0.34、0.38、0.40 和 0.50）陶瓷中同时引入 Sr^{2+} 和 Sr^{2+} 空位，抑制氧空位的产生和晶粒长大，促进动态极性纳米区（PNRs）的生成，提高陶瓷的弛豫程度，获得低电场强度下储能密度和效率均优异的储能材料。

图 6.18（a）为 $(1-x)$NBT-xSBT 陶瓷的 XRD 衍射图谱。由图可知，所有的样

品均表现出典型的 ABO_3 钙钛矿结构，没有明显的杂质相，表明 SBT 溶解在 NBT 的基体晶格中，形成单一的固溶体。

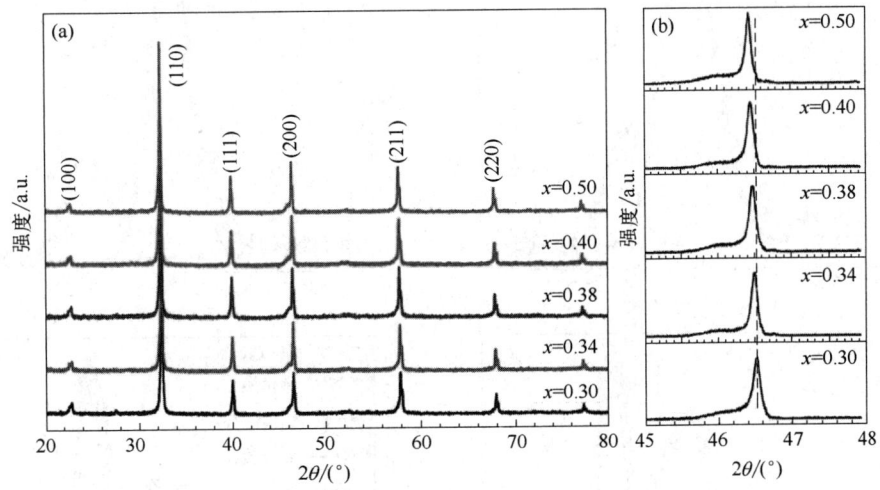

图 6.18　$(1-x)$NBT-xSBT 陶瓷 XRD 图谱
(a) 20°～80°；(b) 45°～48°

图 6.18 (b) 为样品在 45°～48°之间的 (200) 衍射峰的精扫结果。所有样品都观察到明显的 (002) 和 (200) 峰劈裂，表明样品室温时相结构为 T 相。同时，随着 SBT 含量的增加，(200) 峰逐渐向低角度方向偏移。离子半径较大的 Sr^{2+} (0.144nm) 取代了 Bi^{3+} (0.138nm) 和 Na^+ (0.139nm)，使晶胞体积增大，造成衍射峰向低角度方向偏移。

氧空位可以提高氧化离子的电导率，促进 NBT 基钙钛矿陶瓷的晶粒生长，对其储能性能有重要影响。本节采用 XPS 表征氧空位，如图 6.19 所示。所有成分中均观察到 O1s 的两个拟合峰。位于较低能量的峰代表晶格氧 (V_L)，位于较高能量的峰对应氧空位 ($V_O^{\cdot\cdot}$)。$(1-x)$NBT-xSBT 陶瓷中 $V_O^{\cdot\cdot}$ 的产生是由于烧结过程中 Bi^{3+} 挥发造成的 (825℃)。该过程可以用 Kröge-Vink 符号表示：$2Bi_{Bi}^{\times}+3O_O^{\times} \longrightarrow 2V_{Bi}'''+3V_O^{\cdot\cdot}+Bi_2O_3\uparrow$。随着 x 的增加，氧空位浓度从 81.88% 逐渐减少到 57.57%。$(1-x)$NBT-xSBT 陶瓷体系中氧空位浓度下降主要有两个原因：①SBT 中含有大量由电价补偿产生的 Sr^{2+} 空位。引入 A 位阳离子空位可以捕获氧空位，导致氧空位浓度降低；②SBT 含量的增加可以降低 Bi_2O_3 的挥发比例，从而降低氧空位的浓度。以上研究结果表明 SBT 的掺杂有利于抑制氧空位的存在，从而抑制晶粒生长，降低电导率，进一步提高 E_b 和 W_{rec}。

图 6.20 为 $(1-x)$NBT-xSBT 陶瓷的 SEM 图及晶粒分布图。由图 (a)～(e) 可知，所有陶瓷表面致密程度均较好，未发现缺陷裂纹以及孔洞等。随着 SBT 含量的增加，样品的相对密度分别为 92.5%、93.2%、93.7%、94.4% 和 93.6%（采用阿基米德浸渍法测定）。由图 (f)～(j) 可知，当 SBT 含量从 0.3 增加到 0.5 时，NBT 基陶瓷的平均晶粒尺寸从 1.94μm 减小到 1.34μm，表明 SBT 的加入有效抑制了 $(1-$

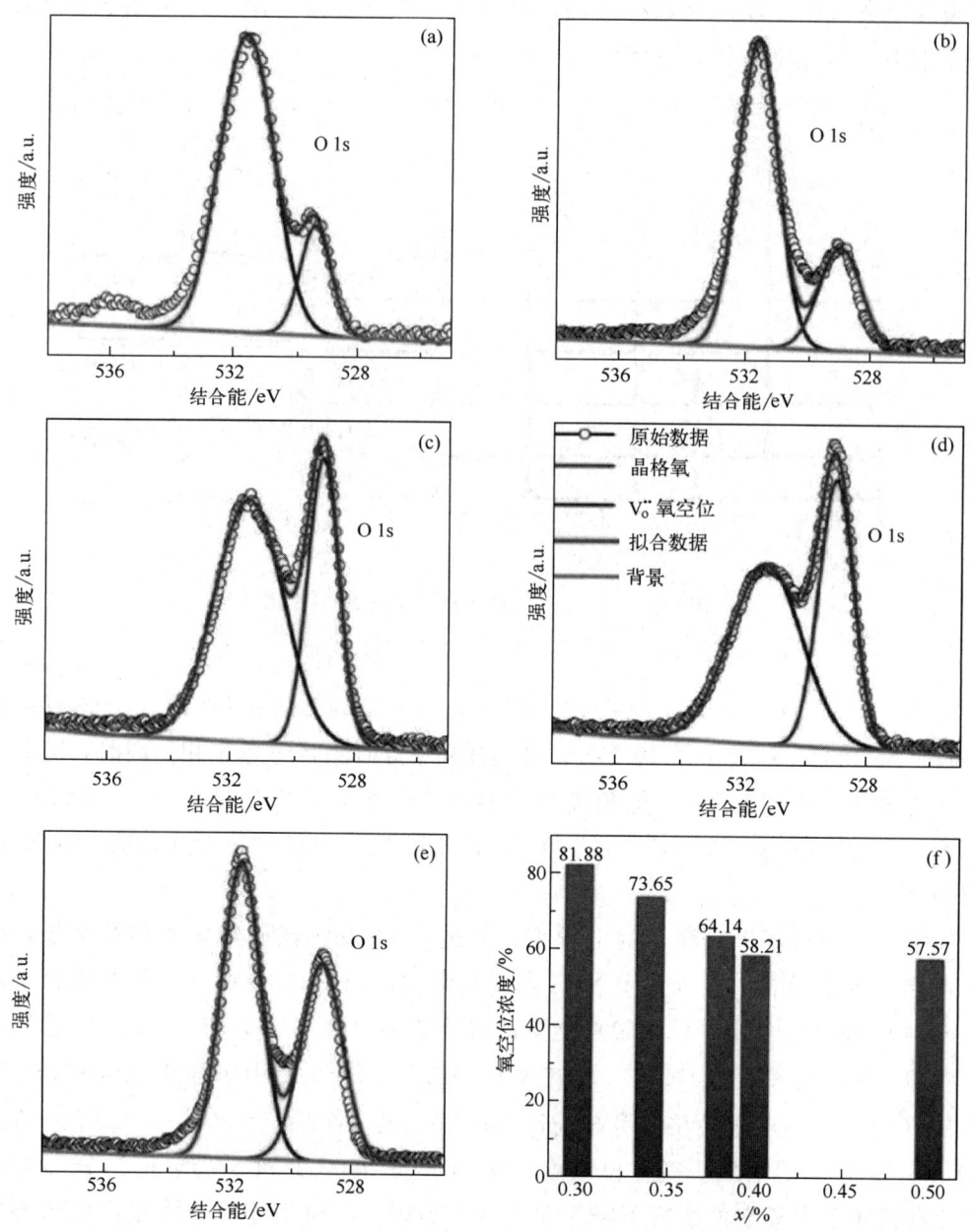

图 6.19 (1−x)NBT-xSBT 陶瓷 O1s XPS 图谱

(a) x=0.30；(b) x=0.34；(c) x=0.38；(d) x=0.40；(e) x=0.50；(f) $V_O^{\cdot\cdot}$ 浓度随 SBT 含量变化

x)NBT-xSBT 陶瓷的晶粒生长。晶粒尺寸的减小主要归因于两个因素。一方面，Sr^{2+} 的离子半径大于基体离子（Na^+ 和 Bi^{3+}），导致晶格应变能增加（ΔG_{strain}），从而抑制晶界迁移。另一方面，晶粒尺寸的减小与氧空位（$V_O^{\cdot\cdot}$）浓度降低有关，氧空位（$V_O^{\cdot\cdot}$）浓度降低会抑制烧结过程中晶粒和/或晶界内的扩散过程，导致晶粒尺寸减小。随着 SBT 含量的增加，晶粒尺寸的减小有助于 E_b 的提高，从而实现高 W_{rec}。

(1−x)NBT-xSBT 陶瓷的介电常数及介电损耗随温度的变化如图 6.21 所示，

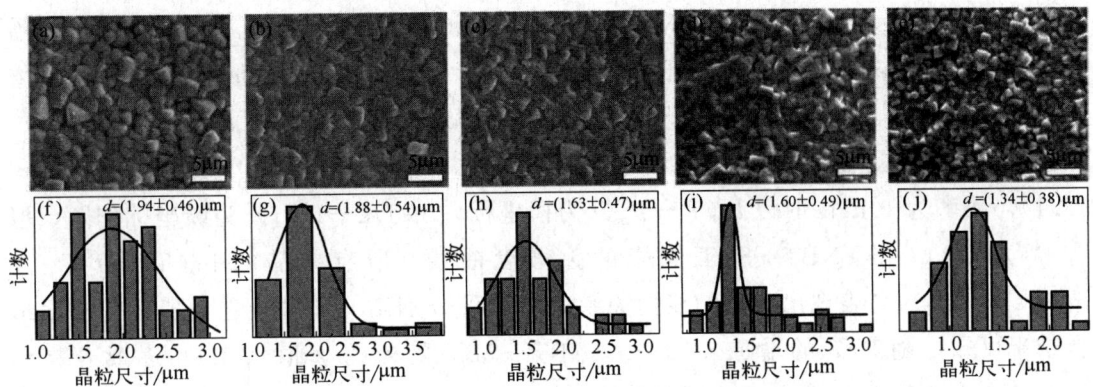

图 6.20 $(1-x)$NBT-xSBT 陶瓷的 SEM 图和晶粒分布图

(a)、(f) $x=0.30$；(b)、(g) $x=0.34$；(c)、(h) $x=0.38$；(d)、(i) $x=0.40$；(e)、(j) $x=0.50$

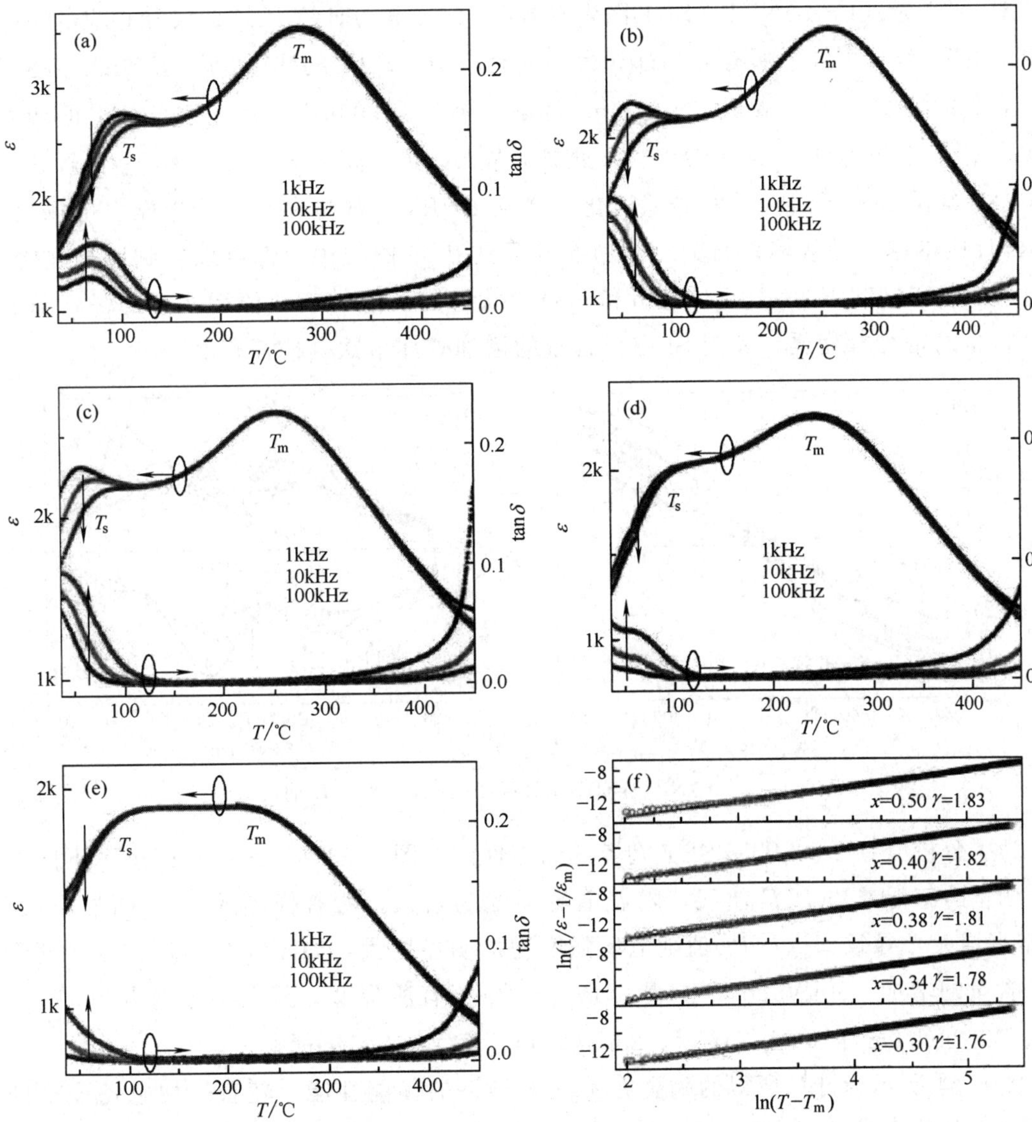

图 6.21 $(1-x)$NBT-xSBT 陶瓷 (a) $x=0.30$，(b) $x=0.34$，(c) $x=0.38$，(d) $x=0.40$，(e) $x=0.50$ 的介温谱；(f) $\ln(T-T_m)$ 对 $\ln(1/\varepsilon-1/\varepsilon_m)$ 的关系以及线性拟合结果

测试温度范围为35～450℃，频率分别为1kHz、10kHz和100kHz。由ε-T变化图谱中可知，所有样品都可以观察到两个介电异常峰（T_s和T_m）。随着SBT含量的增加，T_m（1kHz）从281℃左右下降到220℃，ε的最大值从3509下降到1909。

此外，介电峰的宽化现象表明样品具有较强弛豫性。图6.21（f）是利用公式（2.1），频率为10kHz时以$\ln(T-T_m)$为横坐标，$\ln(1/\varepsilon-1/\varepsilon_m)$为纵坐标作图，拟合得到的$(1-x)$NBT-$x$SBT陶瓷的弥散度曲线。所有样品的$\ln(T-T_m)$与$\ln(1/\varepsilon-1/\varepsilon_m)$均表现出良好的线性关系，且均可分别用一条直线进行拟合。根据拟合结果可知，随着x的增加，$(1-x)$NBT-xSBT陶瓷的γ值从1.76逐渐升高到1.83，表明弛豫程度随SBT含量增加而增强。$(1-x)$NBT-xSBT陶瓷的强弛豫特性有利于实现纤细的P-E曲线和优异的储能性能。

图6.22为$(1-x)$NBT-xSBT陶瓷在80kV/cm电场时的P-E曲线和相应的J-E曲线。由图（a）可知，所有样品都获得了具有小P_r和E_c的瘦腰型P-E曲线。随着SBT含量的增加，P_{max}从40.34μC/cm^{2}逐渐下降到24.03μC/cm^2，表明SBT的加入使铁电宏观畴变为纳米畴（PNRs）。此外，在A位中掺入Sr^{2+}后，陶瓷中会形成Na^+-Bi^{3+}缺陷偶极子对，诱发局部极化，增加PNRs的数量和尺寸。当撤去电场后，PNRs反应迅速，导致较大的P_{max}。所有样品的J-E曲线中，都可以看到四个宽峰，对应于加载和卸载正/负电场时遍历和非遍历状态的可逆转变。值得注意的是，随着SBT含量的增加峰变弱，表明Sr空位含量的增加破坏了铁电长程有序。

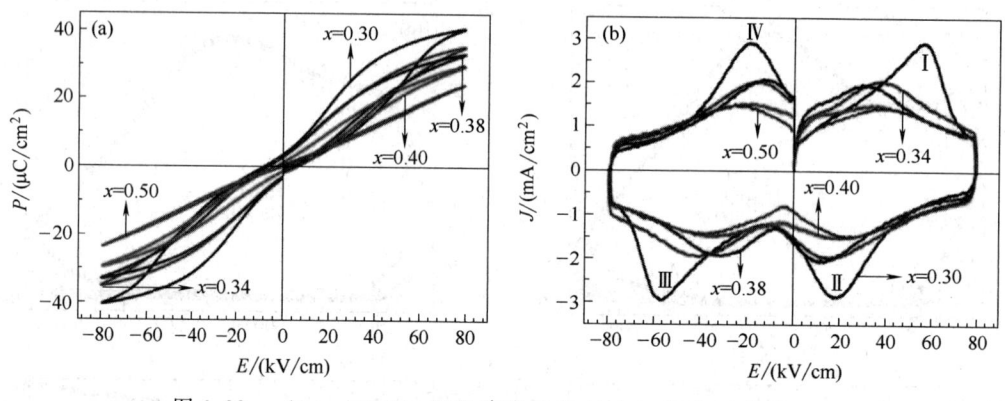

图6.22 $(1-x)$NBT-xSBT陶瓷的P-E（a）和J-E曲线（b）

为了分析$(1-x)$NBT-xSBT陶瓷的储能性能，图6.23（a）～（e）给出了不同电场下测量的室温单边P-E曲线。随着电场强度的增大，所有样品的P_{max}明显增大，P_r略有增大，导致P_{max}-P_r值随电场强度增加明显增大，如图6.23(f)所示。随着SBT含量的增加，80kV/cm下测得的P_{max}-P_r值有所降低，其大小分别为36.9μC/cm^2、32.2μC/cm^2、30.2μC/cm^2、28.3μC/cm^{2}和23.5μC/cm^2。

图6.24所示为计算所得的陶瓷在不同电场下的储能性能。随着外加电场强度的增大，所有样品的有效储能密度W_{rec}出现不同程度的增大，在80kV/cm下，$x=0.30$时，W_{rec}最大可达1.05J/cm^3。当电场强度低于50kV/cm时，所有样品的W_{loss}

均呈上升趋势。当 $E>50\text{kV/cm}$ 时，在 $x=0.30$ 处，由于遍历弛豫态和非遍历弛豫态之间的相变，W_{loss} 出现了明显的升高。随着 SBT 含量的增加，在 80kV/cm 时，由于 P-E 曲线面积的减小，W_{loss} 明显下降。当 x 从 0.30 增加到 0.50 时，η 值从 58.8% 增加到 95.1%。

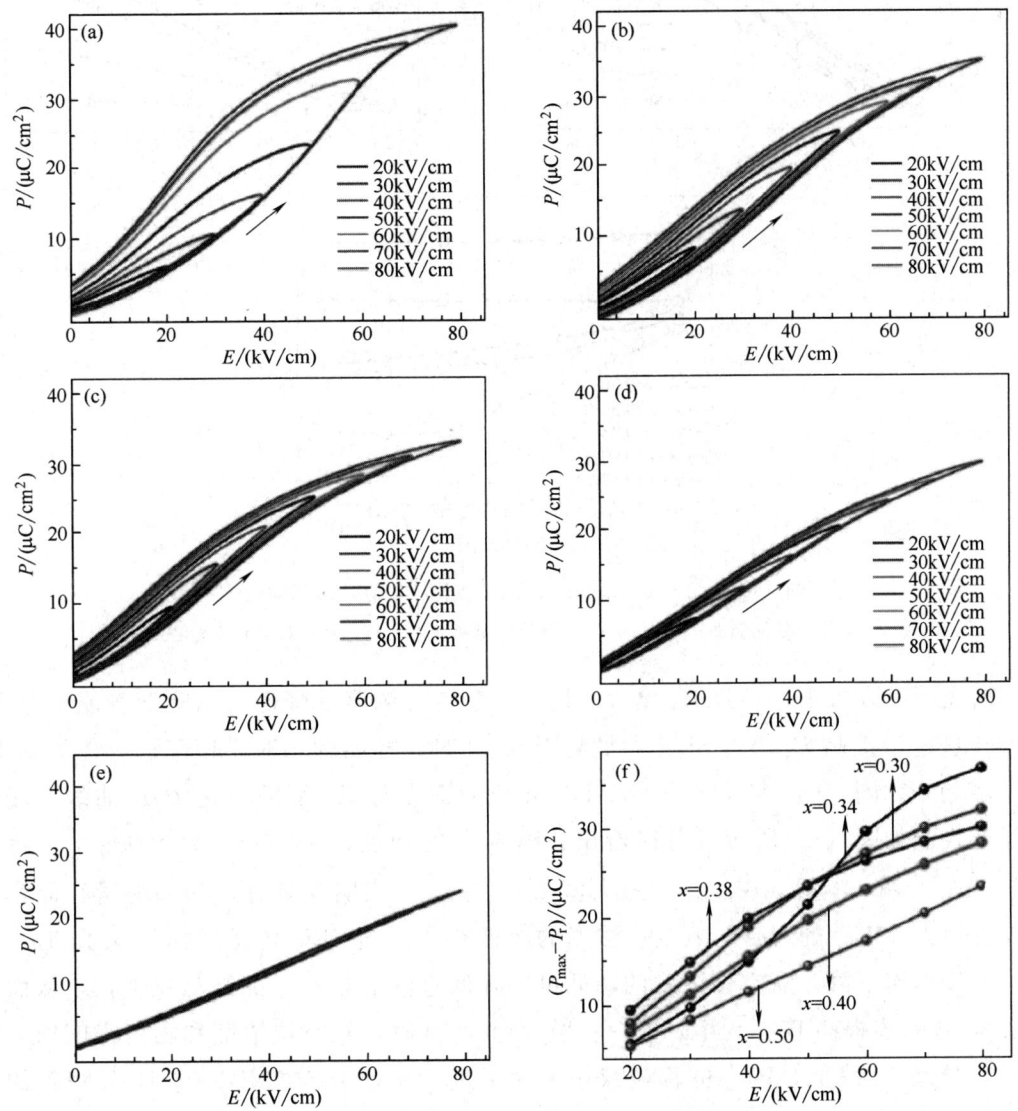

图 6.23 $(1-x)$NBT-xSBT 陶瓷不同电场时的单边 P-E 曲线

(a) $x=0.30$；(b) $x=0.34$；(c) $x=0.38$；(d) $x=0.40$；(e) $x=0.50$；(f) $P_{\text{max}}-P_{\text{r}}$ 随电场变化

如前所述，E_{b} 也是提高能量存储性能的一个非常重要的参数。图 6.25（a）给出了 $(1-x)$NBT-xSBT 陶瓷击穿场强的韦伯分布结果及计算得出的击穿场强的大小。随着 SBT 含量的增加，E_{b} 值先升高后降低。在 $x=0.40$ 时，E_{b} 达到最大为 130kV/cm。E_{b} 的变化主要与平均晶粒尺寸、氧空位浓度、相对密度等多种因素的综合作用有关。小晶粒尺寸的陶瓷通常具有较大的 E_{b}。$(1-x)$NBT-xSBT 陶瓷的平均晶粒尺寸随着

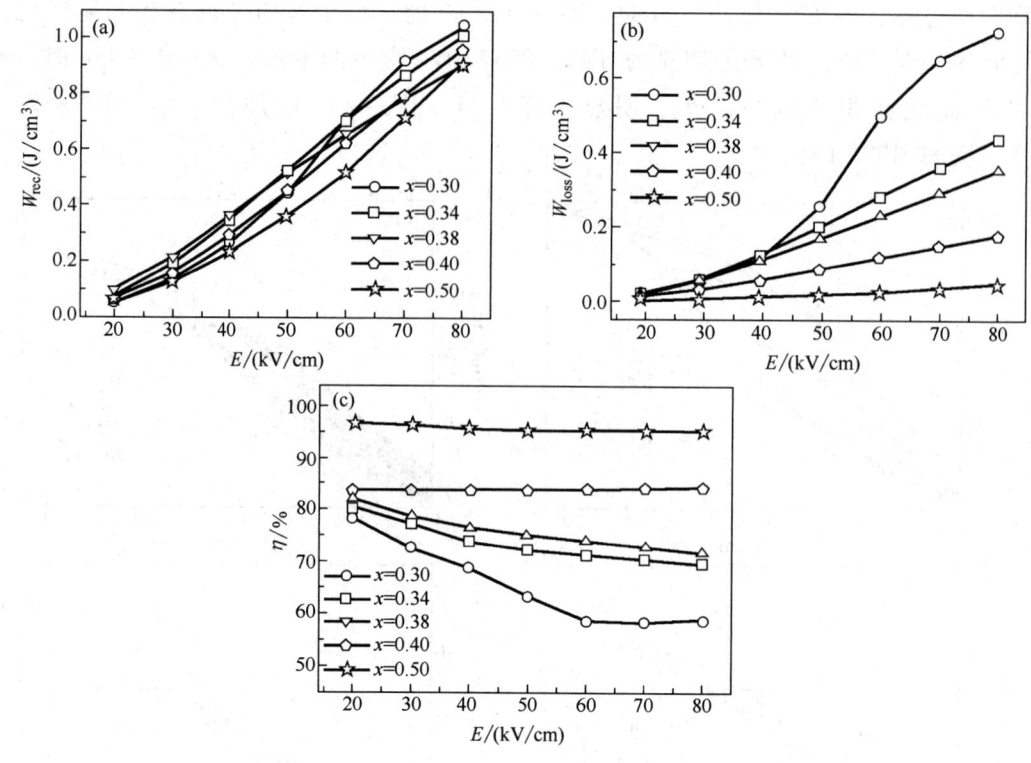

图 6.24 (1−x)NBT-xSBT 陶瓷不同电场时的储能性能
(a) 有效储能密度 W_{rec}；(b) 损耗能量密度 W_{loss}；(c) 储能效率 η 的变化

x 的增大而逐渐减小，导致 E_b 增大。同时，氧空位浓度的降低可以降低直流电导率，有助于进一步提高 E_b。当 SBT 含量高于 0.40 时，样品的相对密度降低可能导致 E_b 呈下降趋势。图 (b) 为 (1−x)NBT-xSBT 陶瓷在其 E_b 下的单边 P-E 曲线。相应的储能性能如图 (c) 所示。可以看出，随着 x 的增加，W_{rec} 先增大后减小，η 逐渐增大，在 $x=0.40$ 时，W_{rec} 达到最大值 1.81J/cm³，表明其具有成为高能量存储密度材料的潜力。W_{rec} 的改善与氧空位浓度的降低有关。当 SBT 含量增加到 0.40 时，氧空位浓度迅速下降。氧空位浓度的降低可以降低直流电导率，抑制晶粒生长，从而提高 E_b，进一步提高 W_{rec}。当 x 进一步增大到 0.50 时，氧空位浓度和相对密度均略有降低，导致 E_b 降低，W_{rec} 也相应减小。为了进一步研究 0.6NBT-0.4BST 陶瓷的储能性能，图 (d)~(f) 中给出了其在 20kV/cm 到击穿电场 (130kV/cm) 时的单边 P-E 曲线，$P_{max}−P_r$ 的值随电场强度的变化和计算得出的储能性能。随着电场强度从 20kV/cm 增加到 130kV/cm，$P_{max}−P_r$ 值从 7.05μC/cm² 逐渐增加到 36.65μC/cm²。结果表明，在 0.6NBT-0.4BST 陶瓷中，由于改善了 E_b，形成了 PNRs，并增强了弛豫行为，从而获得了 W_{rec} 为 1.81J/cm³，η 值高达 85% 的优异储能性能。

以上结果表明 SBT 掺杂能够在 (1−x)BNT-xSBT 陶瓷中引入 Sr^{2+} 空位，陶瓷中会形成 Na^+-Bi^{3+} 缺陷偶极子对，诱发局部极化，形成 PNRs 并增强陶瓷弛豫行为。同时氧空位浓度降低和晶粒尺寸减小提高了击穿场强。当 $x=0.4$ 时，在 130kV/cm

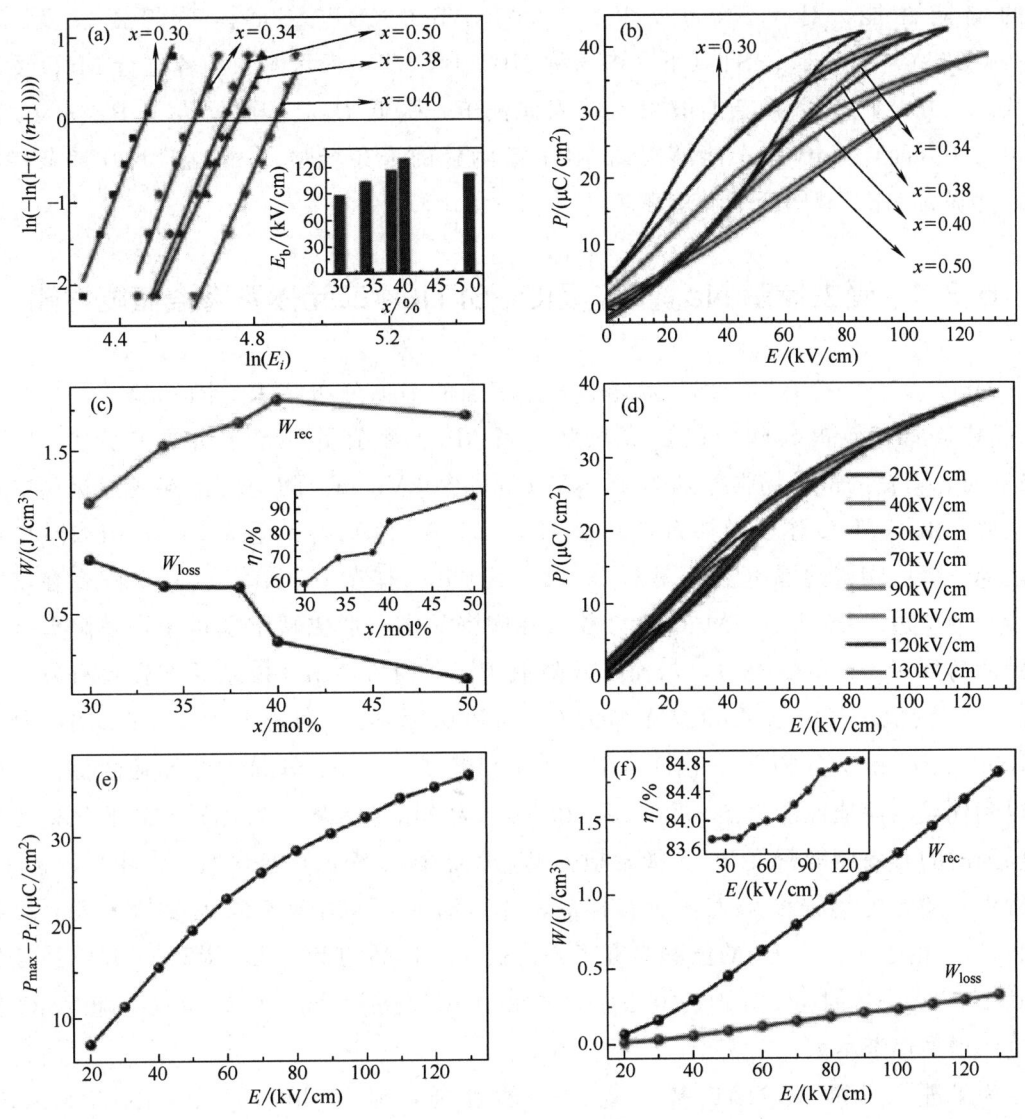

图 6.25 $(1-x)$NBT-xSBT 陶瓷（a）击穿场强的韦伯分布，（b）单边 P-E 曲线，（c）储能密度、能量损耗以及储能效率的变化曲线；0.6NBT-0.4SBT 陶瓷不同电场时的（d）单边 P-E 曲线；（e）$P_{max}-P_r$ 的值变化；（f）储能性能

的低电场强度条件下，实现了 1.81J/cm³ 的有效储能密度和 85% 的高储能效率。

6.3 受主掺杂 $Na_{0.5}Bi_{0.5}TiO_3$ 基陶瓷储能特性

T 相区的 NBT-ST 二元体系以及 NBT-BT-ST 三元体系陶瓷具有瘦腰型 P-E 曲线，能够获得相对较大的储能性能和较好的温度稳定性。为了进一步提高 NBT 基陶瓷的储能性能，对 0.7NBT-0.3ST、0.65NBT-0.35ST 二元体系陶瓷以及 0.7[0.94NBT-0.06BT]-0.3ST（下文中简称 NBT-BT-ST）三元体系陶瓷进行 MnO 受主掺杂。一方面，MnO 掺杂能够引入缺陷偶极子，降低 P_r，从而增大了 $P_{max}-P_r$ 的值；另一方面，MnO 掺杂能够提高 NBT 基陶瓷的击穿场强。因此，MnO 掺杂能够有效地提高 NBT 基陶瓷的储能密度。

6.3.1 受主掺杂 $Na_{0.5}Bi_{0.5}TiO_3$-$SrTiO_3$ 二元体系陶瓷储能性能

MnO 掺杂 0.7NBT-0.3ST 陶瓷的击穿场强的韦伯分布结果［图 6.26（a）］显示 MnO 掺杂能有效提高陶瓷的击穿场强。当 MnO 掺杂量（摩尔分数）为 0.1% 和 0.5% 时，陶瓷的击穿场强分别为 110kV/cm 和 95kV/cm。陶瓷的击穿场强提高的原因主要是由于 MnO 作为硬掺杂，会在 NBT-BT-ST 陶瓷内产生氧空位，阻碍铁电畴的运动，降低陶瓷的漏电流。图 6.26（b）为 MnO 掺杂 0.7NBT-0.3ST 陶瓷在击穿场强时的单边 P-E 曲线。MnO 掺杂能够在陶瓷晶格中形成缺陷偶极子，缺陷偶极子提供使畴翻转可逆的恢复力，从而有效降低 P_r。因此，MnO 掺杂后陶瓷具有较大的 $P_{max}-P_r$ 的值。其中，MnO 掺杂量为 0.1% 和 0.5% 时，陶瓷的 $P_{max}-P_r$ 的值分别为 $35\mu C/cm^2$ 和 $37\mu C/cm^2$。由于 MnO 掺杂引起 $P_{max}-P_r$ 值和击穿场强的提高，能够得到优异的储能性能。图 6.26（c）和（d）为 MnO 掺杂 0.7NBT-0.3ST 陶瓷在击穿场强时的有效储能密度 W_1、能量损耗 W_2 及储能效率 η 的变化曲线。由图（c）可以看出，随着电场强度增大，所有样品的 W_1 和 W_2 均出现不同程度的增大。掺杂 MnO 后，由于 $P_{max}-P_r$ 的值和击穿场强的提高，样品的 W_1 显著提高。MnO 掺杂量为 0.1% 和 0.5% 时 W_1 分别为 $0.93J/cm^3$ 和 $0.97J/cm^3$。同时，储能效率随 MnO 掺杂量的增加逐渐增大。

为了进一步提高 NBT 基陶瓷的储能性能，对 T 相区的 0.65NBT-0.35ST（0.65NBT-0.35ST-xMn）陶瓷进行受主 MnO 掺杂构建缺陷偶极子。图 6.27 为 0.65NBT-0.35ST-xMn 陶瓷不同电场时的单边电滞回线，其中外加电场强度范围为 $10 \sim 70kV/cm$，周期为 100ms。从图中可以看出，0.65NBT-0.35ST 样品的 P_{max} 和 P_r 随着外加电场强度的增加而增大。掺杂 MnO 后，随着电场强度增加，所有样品的 P_{max} 均增大，但 P_r 基本不变。随着 MnO 含量的增加，样品电滞回线的形状发生了明显的改变，样品的 P_{max} 明显增大，同时 P_r 基本降至为零。P_r 的降低主要是缺陷偶极子造成的。MnO 掺杂能够在 NBT 基陶瓷晶格内构建缺陷偶极子，得到 P_r 可忽略的双电滞回线。当 $x=1.0\%$ 时，样品在 70kV/cm 电场时的 P_{max} 最大为 $37.3\mu C/cm^2$，同时 P_r 降至 $2.9\mu C/cm^2$。P_{max} 的增大和 P_r 的降低有利于提高陶瓷 $P_{max}-P_r$ 的值，从而改善陶瓷储能性能。70kV/cm 电场时样品的 $P_{max}-P_r$ 值分别为 $21.3\mu C/cm^2$、$31.2\mu C/cm^2$、$34.4\mu C/cm^2$ 和 $29.8\mu C/cm^2$。

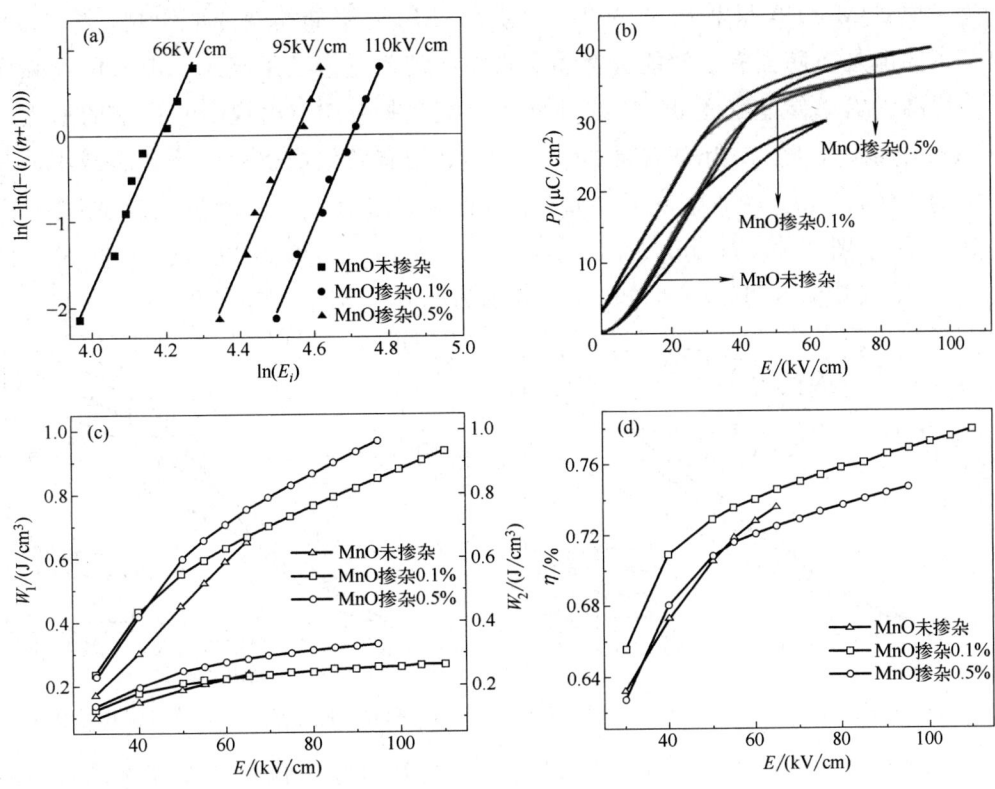

图 6.26 MnO 掺杂 0.7NBT-0.3ST 陶瓷

(a) 击穿场强的韦伯分布；(b) P-E 曲线；(c) 储能密度、能量损耗；(d) 储能效率的变化曲线

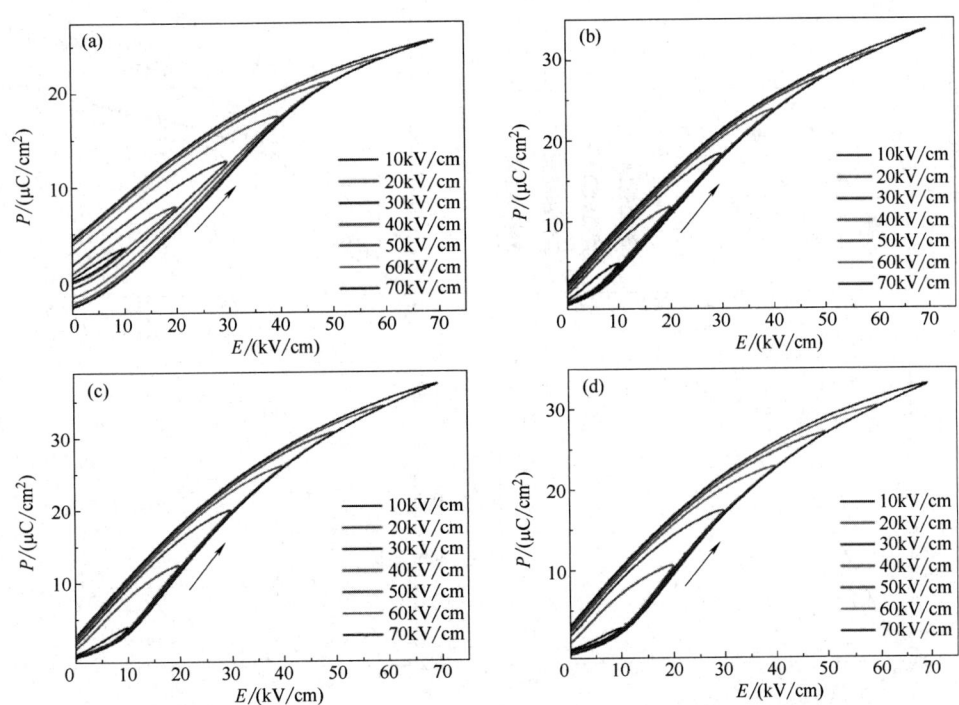

图 6.27 不同电场下 0.65NBT-0.35ST-xMn 陶瓷的单边 P-E 曲线

(a) $x=0.0\%$；(b) $x=0.5\%$；(c) $x=1.0\%$；(d) $x=1.5\%$

为了比较 MnO 含量对 0.65NBT-0.35ST-xMn 陶瓷储能性能的影响，图 6.28 中给出了不同电场下陶瓷有效储能密度和能量损耗的变化。结果显示，随着电场强度的增大，样品的有效储能密度 W_1 均线性增大，能量损耗 W_2 出现不同程度的增大。在 70kV/cm 电场时，随着 MnO 含量的增大，样品的有效储能密度先增大后减小，其大小分别为 0.64J/cm³、0.81J/cm³、0.78J/cm³ 和 0.73J/cm³，能量损耗先减小后增大，其大小分别为 0.31J/cm³、0.20J/cm³、0.25J/cm³ 和 0.29J/cm³。同时，掺杂 MnO 后，储能效率也明显增大，其大小分别为 65%、81%、75% 和 73%。

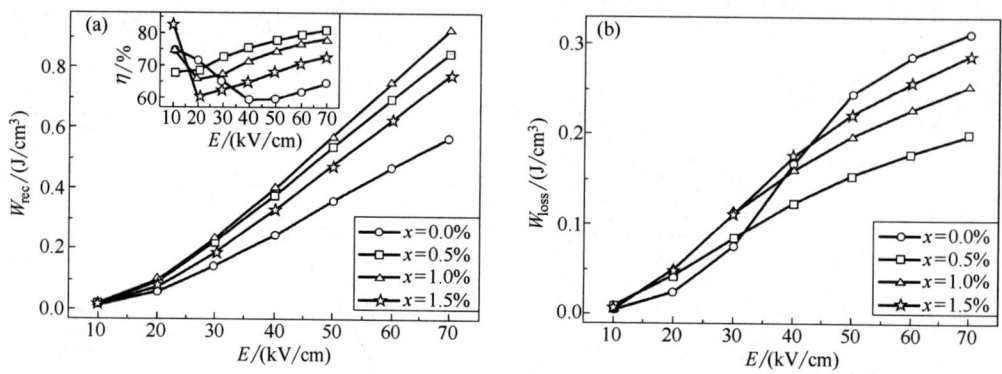

图 6.28 不同电场下 0.65NBT-0.35ST-xMn 陶瓷（a）有效储能密度；（b）能量损耗的变化

除了增大 $P_{max}-P_r$ 的值外，还可以通过提高其击穿场强来实现陶瓷材料储能密度的提高。图 6.29（a）所示为 0.65NBT-0.35ST-xMn 陶瓷击穿场强的韦伯分布图。

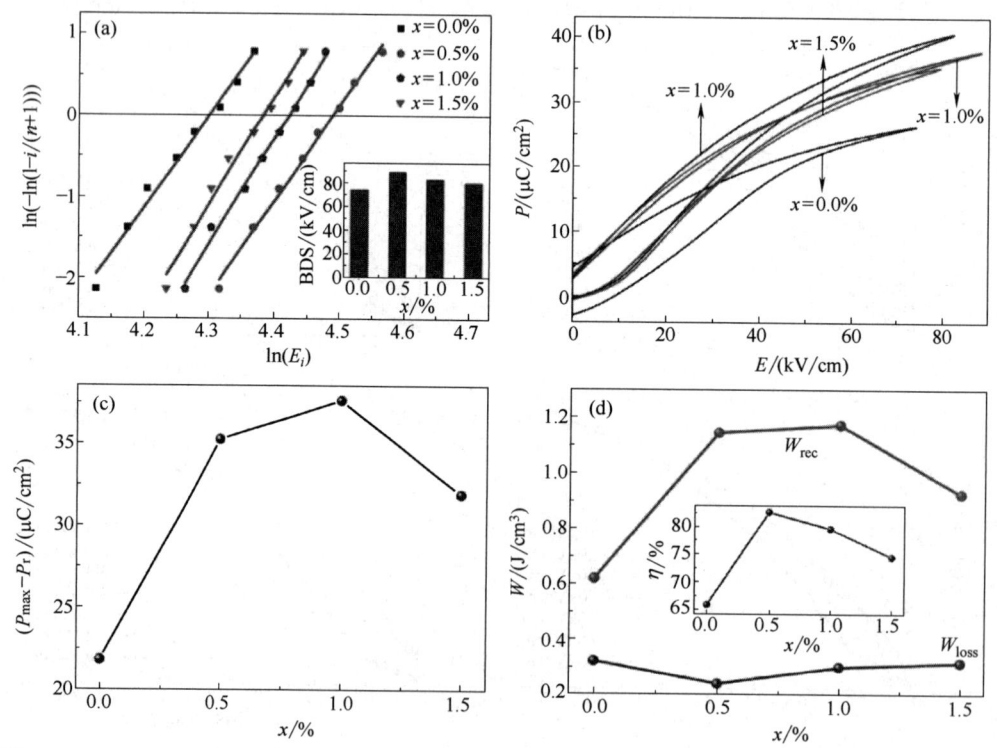

图 6.29 0.65NBT-0.35ST-xMn 陶瓷（a）击穿场强的韦伯分布；（b）击穿场强时的 P-E 曲线；（c）$P_{max}-P_r$ 的值；（d）有效储能密度、能量损耗以及储能效率的变化曲线

通过韦伯分布计算得出的陶瓷击穿场强分别为 74kV/cm、89kV/cm、83kV/cm 和 80kV/cm。由此可见，MnO 掺杂 0.65NBT-0.35ST 不仅能提高 $P_{max}-P_r$ 的值，还能提高其击穿场强。

0.65NBT-0.35ST-xMn 陶瓷在击穿场强时的单边 P-E 曲线和 $P_{max}-P_r$ 的值如图 6.29 (b) 和 (c) 所示。随 MnO 含量的增加，$P_{max}-P_r$ 的值先增大后减小。当 MnO 含量为 1.0% 时，$P_{max}-P_r$ 的值达到最大值，在 83kV/cm 时，其大小为 37μC/cm^2，远高于未掺杂 MnO 的 NBT-ST 的 $P_{max}-P_r$ 的值（21.84μC/cm^2）。图 6.29 (d) 所示为 0.65NBT-0.35ST-xMn 陶瓷在击穿场强时的有效储能密度 W_1、能量损耗 W_2 及储能效率 η 的变化曲线。随着 MnO 含量的增加，有效储能密度和能量损耗均先增大后减小。其中，MnO 含量为 0.5% 和 1.0% 时 W_1 分别为 1.14J/cm^3 和 1.17J/cm^3，η 分别为 83% 和 80%，该性能组合明显优于目前大部分无铅陶瓷体系得到的。以上研究结果表明利用受主掺杂在 T 相区的 NBT-ST 陶瓷中构建缺陷偶极子，能同时提高 $P_{max}-P_r$ 的值与击穿场强，从而得到优异的储能性能。通过调节基体组分，可以进一步提高其储能性能，这些研究结果为设计优异的储能材料提供了一种方法。

6.3.2 受主掺杂 $Na_{0.5}Bi_{0.5}TiO_3$-$BaTiO_3$-$SrTiO_3$ 三元体系陶瓷储能性能

图 6.30 为 MnO 掺杂 NBT-BT-ST 陶瓷不同电场时的单边电滞回线，其中外加电场强度范围为 30～70kV/cm，周期为 100ms。从图中可以看出，随着外加电场强度的增大，所有样品的最大极化强度 P_{max} 均增大，剩余极化强度基本不变。随着 MnO 含量的增加，样品电滞回线的形状发生了明显的改变。当 MnO 含量较低时，样品呈现类反铁电相的电滞回线，当 MnO 的含量（摩尔分数）高于 0.9% 时，样品剩余极化强度基本为零，出现反铁电相的双电滞回线。双电滞回线的出现主要是缺陷偶极子造成的。MnO 掺杂能够在 NBT 基陶瓷晶格内构建缺陷偶极子，得到剩余极化强度 P_r 可忽略的双电滞回线。此外，MnO 掺杂后 NBT-BT-ST 陶瓷中可能出现反铁电相，从而导致了双电滞回线的出现。剩余极化强度 P_r 的降低有利于提高陶瓷 $P_{max}-P_r$ 的值，从而改善陶瓷储能密度。

为了比较 MnO 含量对陶瓷 $P_{max}-P_r$ 的值的影响，图 6.31 中给出了不同 MnO 含量的 NBT-BT-ST 陶瓷 $P_{max}-P_r$ 的值随电场强度的变化曲线。由图可以看出，随着电场强度的增大，所有样品的 $P_{max}-P_r$ 的值均增大。在同一电场时，随着 MnO 含量的增加，$P_{max}-P_r$ 的值先增大后减小，当 MnO 含量为 1.1% 时，$P_{max}-P_r$ 的值最大。$P_{max}-P_r$ 值的这种变化主要有以下两方面原因：一方面，随着 MnO 含量的增加，晶格内形成足够多的缺陷偶极子，使得 P_r 值减小，从而使 $P_{max}-P_r$ 的值增大；另一方面，晶粒的长大有利于畴的运动，由第 3 章分析可知，随着 MnO 含量增多，晶粒尺寸先增大，当 MnO 含量高于 1.1% 时，过多的 MnO 积累在晶界处，抑制晶粒的继续长大，因此 $P_{max}-P_r$ 的值先增大后减小。在 70kV/cm 电场时，随着 MnO 含量的增多，

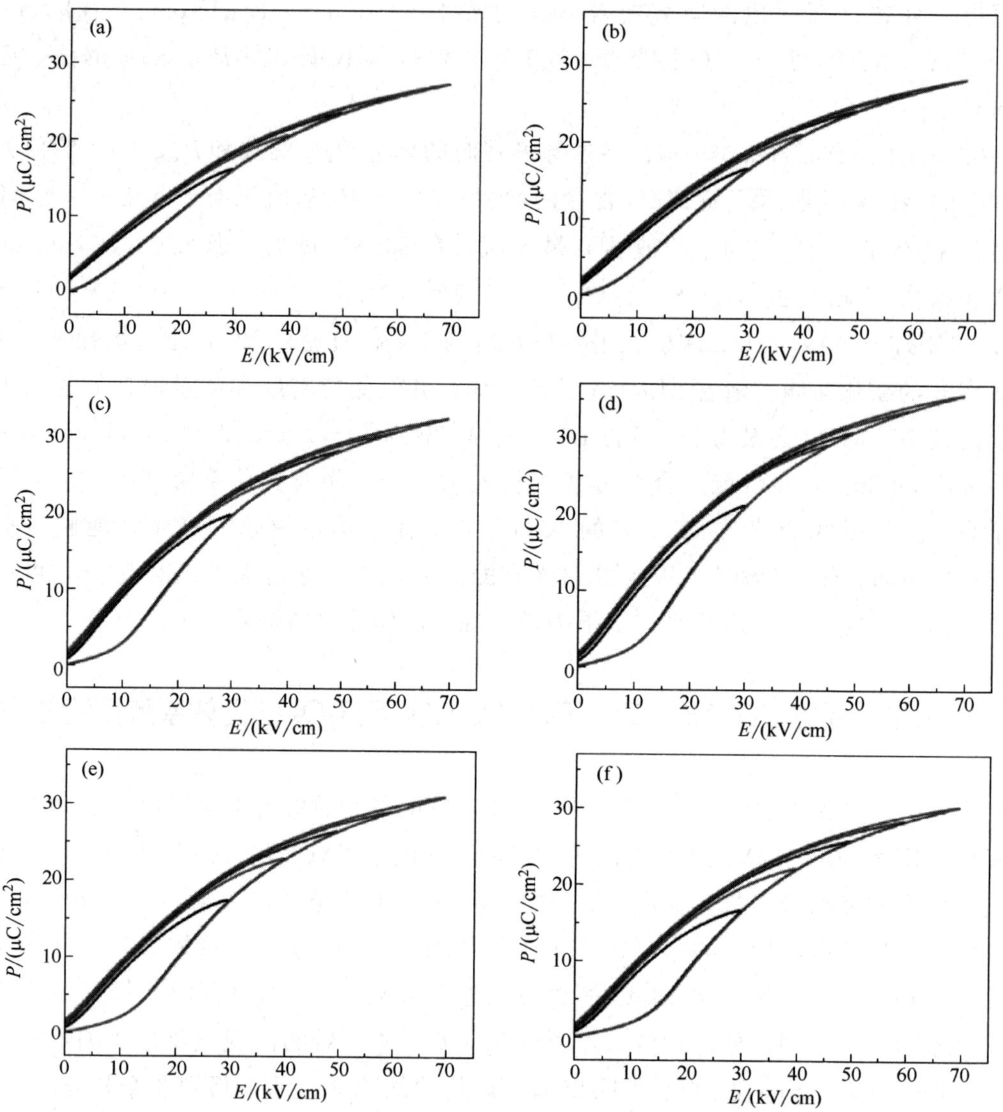

图 6.30 不同 MnO 含量的 NBT-BT-ST 陶瓷单边 P-E 曲线随电场强度的变化

(a) $x=0.1\%$；(b) $x=0.5\%$；(c) $x=0.9\%$；(d) $x=1.1\%$；(e) $x=1.3\%$；(f) $x=1.5\%$

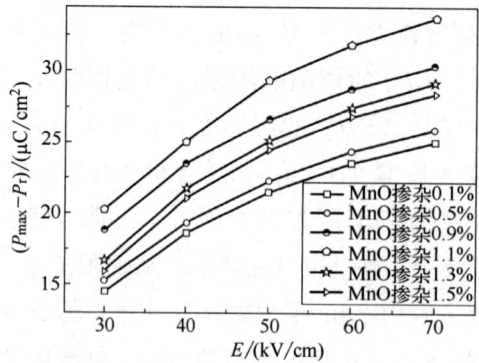

图 6.31 MnO 掺杂 NBT-BT-ST 陶瓷 $P_{max}-P_r$ 的值随电场强度的变化曲线

样品 $P_{max}-P_r$ 的值分别为 $25.01\mu C/cm^2$、$25.9\mu C/cm^2$、$30.35\mu C/cm^2$、$33.69\mu C/cm^2$、$29.16\mu C/cm^2$ 和 $28.44\mu C/cm^2$。由此可以看出，当 MnO 含量低于 1.1% 时，即缺陷偶极子和晶粒尺寸发挥作用时，陶瓷的 $P_{max}-P_r$ 的值显著提高。

图 6.32 为不同 MnO 含量的 NBT-BT-ST 陶瓷有效储能密度和能量损耗随电场强度的变化。由图可见，随着电场强度的增大，样品的有效储能密度 W_1 均线性增大，能量损耗 W_2 出现不同程度的增大。当 MnO 含量为 1.1% 时，有效储能密度最大。有效储能密度 W_1 的增大主要是由于电场强度的增加和 $P_{max}-P_r$ 值的增大引起的。由此可以看出，电场强度和 $P_{max}-P_r$ 值的增大均能明显改善陶瓷的储能性能。能量损耗 W_2 的增大主要是由于电场强度的增加造成的。

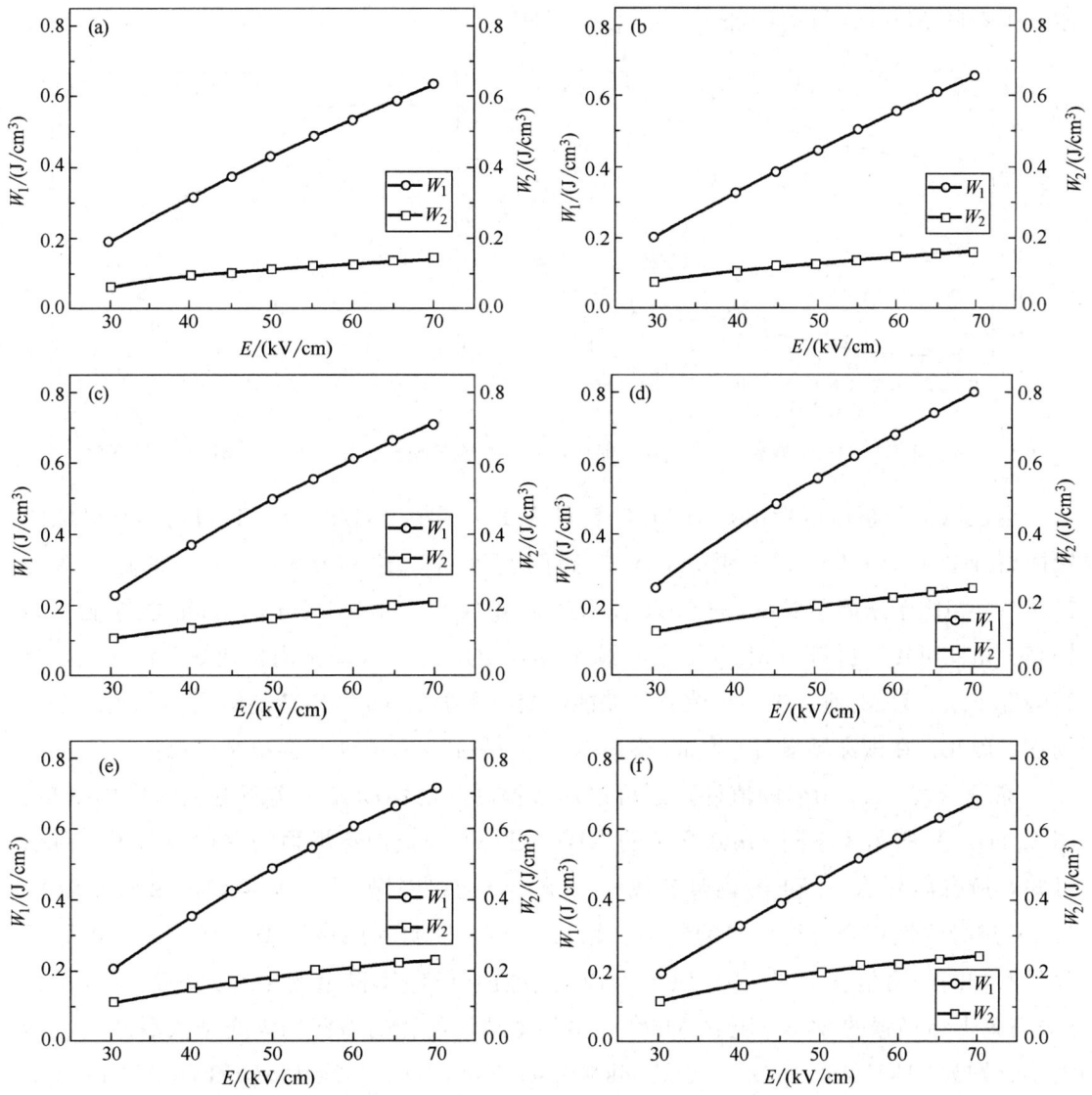

图 6.32 不同 MnO 含量 NBT-BT-ST 陶瓷有效储能密度和能量损耗随电场强度的变化
(a) $x=0.1\%$；(b) $x=0.5\%$；(c) $x=0.9\%$；(d) $x=1.1\%$；(e) $x=1.3\%$；(f) $x=1.5\%$

为了比较 MnO 含量对 NBT-BT-ST 陶瓷储能性能的影响，图 6.33 中给出了在 70kV/cm 电场时，MnO 掺杂 NBT-BT-ST 陶瓷有效储能密度、能量损耗以及储能效率随 MnO 含量的变化情况。由图 6.33（a）可知，在 70kV/cm 电场时，随着 MnO 含量的增大，样品的有效储能密度先增大后减小，其大小分别为 $0.633J/cm^3$、$0.653J/cm^3$、$0.716J/cm^3$、$0.80J/cm^3$、$0.711J/cm^3$ 和 $0.684J/cm^3$，能量损耗基本呈增大趋势，其大小分别为 $0.139J/cm^3$、$0.157J/cm^3$、$0.207J/cm^3$、$0.244J/cm^3$、$0.233J/cm^3$ 和 $0.253J/cm^3$。由图 6.31 可知，在相同电场下，当 MnO 的含量为 1.1% 时，$P_{max}-P_r$ 的值最大，因此在该组分时有效储能密度最大。由图 6.33（b）可知，随着 MnO 含量的增加，储能效率逐渐降低。在 70kV/cm 电场时，储能效率分别为 82%、80.6%、77.6%、76.6%、75.3% 和 73%。储能效率的降低主要是由于能量损耗随 MnO 含量的增加一直增大造成的。

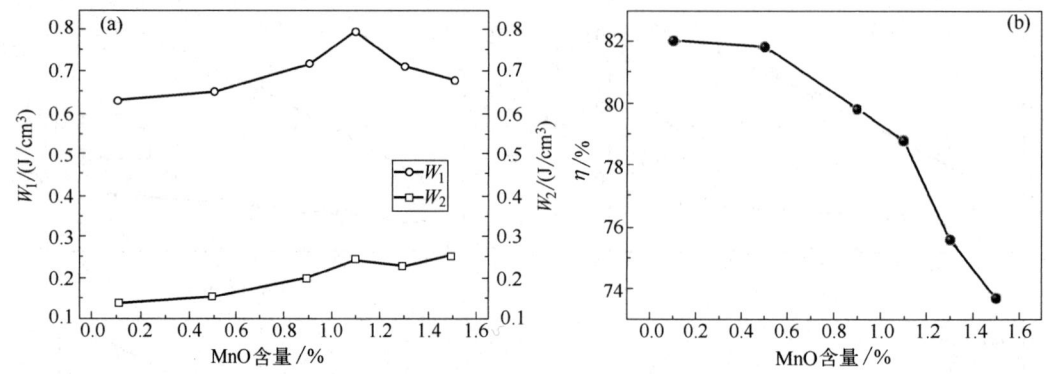

图 6.33　NBT-BT-ST 陶瓷（a）有效储能密度；（b）能量损耗、储能效率随 MnO 含量变化

通过以上分析可以看出，当 MnO 含量为 1.1% 时，NBT-BT-ST 陶瓷具有最优的储能性能。在 70kV/cm 电场时，有效储能密度可以达到 $0.80J/cm^3$，储能效率为 76.6%，相比于未掺杂 MnO 的 NBT-BT-ST 陶瓷（$W_1=0.76J/cm^3$），其储能性能略有提高。由此可见，适量的 MnO 掺杂能够在 NBT-BT-ST 陶瓷晶格内构建缺陷偶极子，提高陶瓷 $P_{max}-P_r$ 的值，进一步改善其储能性能。再加之 MnO 掺杂能够提高陶瓷的击穿场强，因此，在击穿场强时，MnO 掺杂 NBT-BT-ST 陶瓷能够获得更高的储能性能。

除了增大 $P_{max}-P_r$ 的值外，还可以通过提高其击穿场强来实现储能密度的提高。图 6.34（a）所示为不同 MnO 含量的 NBT-BT-ST 陶瓷击穿场强的韦伯分布图。由图可知，所有样品的 X_i 和 Y_i 均具有线性关系，且通过对图（a）两参数的韦伯方程 $Y_i(X_i)$ 进行线性拟合可得直线的斜率 β 均大于 11，说明利用该模型分析样品的击穿场强具有较高的可信度。图（b）所示为通过韦伯方程计算得出的 MnO 掺杂 NBT-BT-ST 陶瓷击穿场强的大小。随着 MnO 含量的增加，陶瓷的击穿场强先增大后减小，其大小分别为 71kV/cm、83kV/cm、86kV/cm、95kV/cm、82kV/cm 和 76kV/cm。

MnO 作为硬掺杂，一方面，会在 NBT-BT-ST 陶瓷内产生氧空位，阻碍铁电畴的运动，降低陶瓷的漏电流，因此 MnO 掺杂能够提高陶瓷的击穿场强。另一方面，陶瓷的致密度对其击穿场强也有一定的影响：少量 MnO 掺杂时，样品的致密度较低，因此击穿场强较小，当 MnO 含量高于 0.5% 时，陶瓷晶粒尺寸明显增大，致密度提高，从而增大了其击穿场强。过量的 MnO 沉积在晶粒边界，限制晶粒的继续长大，使得击穿场强有所降低。由以上分析可以看出，当 MnO 含量为 1.1% 时，陶瓷不仅具有较大的 $P_{max}-P_r$ 的值，还表现出较高的击穿场强，所有其储能性能会得到较大的提高。

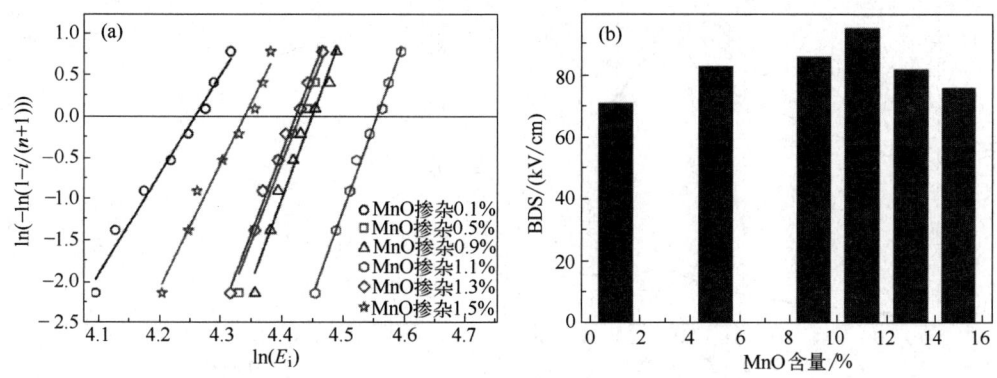

图 6.34　MnO 掺杂 NBT-BT-ST 陶瓷（a）击穿场强的韦伯分布；（b）击穿场强随 ST 含量的变化

图 6.35 所示为室温下 MnO 掺杂 NBT-BT-ST 陶瓷在 BDS 时的单边 P-E 曲线及 $P_{max}-P_r$ 的值随 MnO 含量的变化。由图（a）可知，陶瓷样品在 BDS 时所得到的剩余极化强度 P_r 差别很小，最大极化强度 P_{max} 随 MnO 含量的增加先增大后减小，因此 $P_{max}-P_r$ 的值会随 MnO 含量的增加先增大后减小，其变化曲线如图（b）所示。当 MnO 含量为 1.1% 时，$P_{max}-P_r$ 的值达到最大值，在 95kV/cm 时，其大小为 37μC/cm^2，远高于未掺杂 MnO 的 NBT-BT-ST 的 $P_{max}-P_r$ 的值（30.82μC/cm^2）。

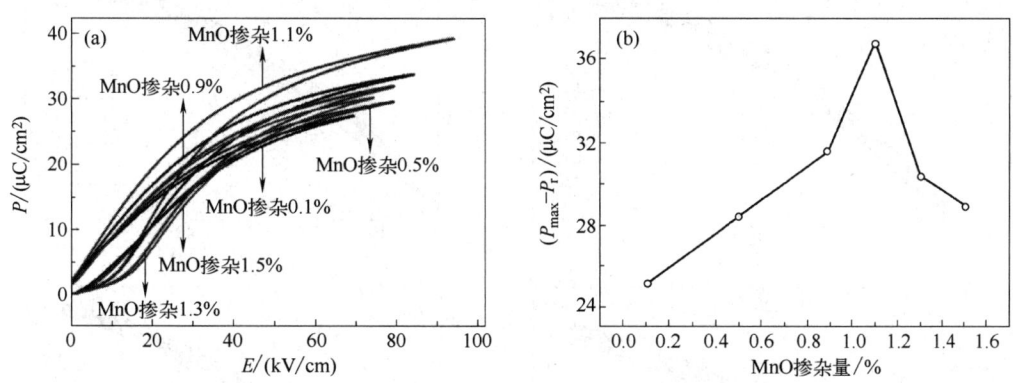

图 6.35　MnO 掺杂 NBT-BT-ST 陶瓷 BDS 时的（a）电滞回线；（b）$P_{max}-P_r$ 的值

图 6.36 所示为室温下不同 MnO 掺杂 NBT-BT-ST 陶瓷在 BDS 时的有效储能密度 W_1、能量损耗 W_2 及储能效率 η 的变化曲线。由图（a）可以看出，随着 MnO 含量的增加，有效储能密度和能量损耗均先增大后减小，在 MnO 含量为 1.1% 时达到最大，在 95kV/cm 时，其大小分别为 1.06J/cm^3 和 0.28J/cm^3。储能效率随 MnO 含量的增加逐渐减小，其大小分别为 82%、81.8%、79.8%、78.8%、75.6% 和 73.7%。

通过以上分析可以得出,与未掺杂 MnO 的 NBT-BT-ST 陶瓷相比,当 MnO 含量为 1.1% 时,陶瓷的击穿场强和 $P_{max}-P_r$ 的值均得到提高,因而其储能性能得到明显改善,在 95kV/cm 时,$W_1=1.06J/cm^3$,$W_2=0.28J/cm^3$,$\eta=78.8\%$,该性能组合明显优于目前大部分无铅陶瓷体系得到的,为设计优异的储能材料提供了一种方法。

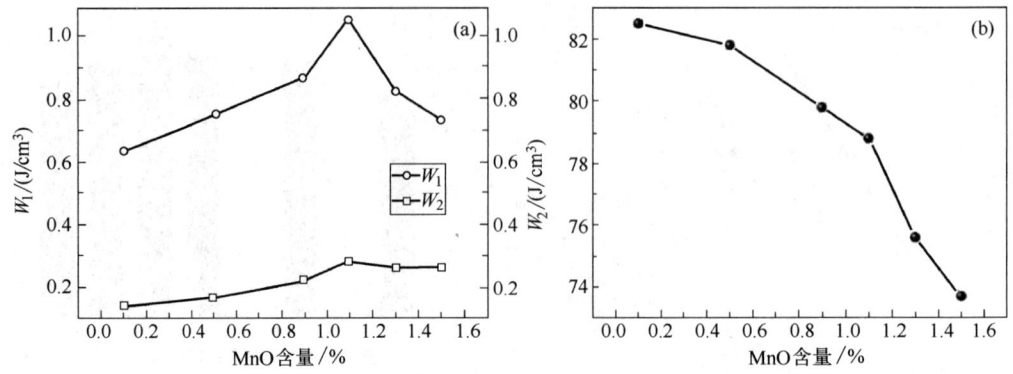

图 6.36　MnO 掺杂 NBT-BT-ST 陶瓷 BDS 时有效储能密度、能量损耗(a)及储能效率(b)

在实际应用中,储能材料除了具有较大的储能密度外,还要具有较好的温度稳定性。图 6.37 为不同 MnO 含量 NBT-BT-ST 陶瓷的单边 P-E 曲线随温度的变化。测试温度范围为 40~120℃,每隔 20℃ 取一个数据点。为了防止陶瓷在高温下被击穿,所选外加电场强度为 60kV/cm。

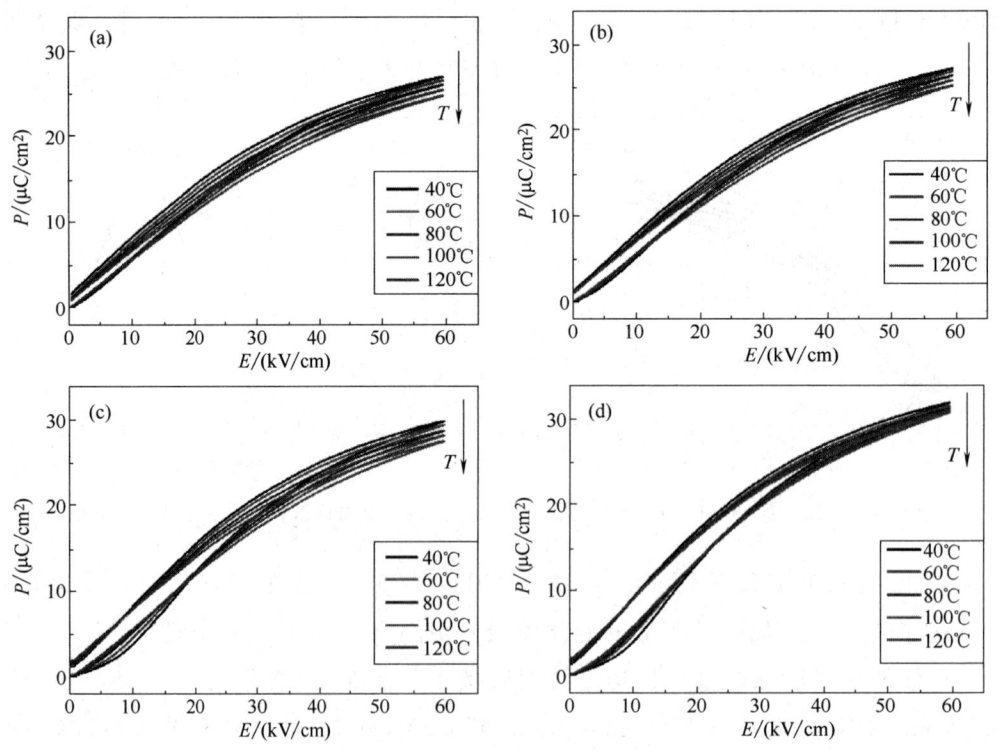

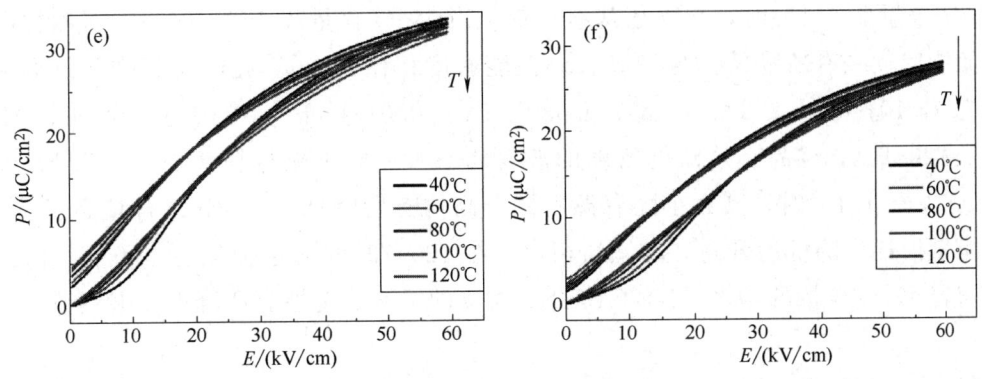

图 6.37　不同温度时 MnO 掺杂 NBT-BT-ST 陶瓷的单边 P-E 曲线

(a) $x=0.1\%$；(b) $x=0.5\%$；(c) $x=0.9\%$；(d) $x=1.1\%$；(e) $x=1.3\%$；(f) $x=1.5\%$

由图可以看出，当 MnO 含量为 0.1%～1.1% 时，随着温度的增加，所测样品剩余极化强度 P_r 基本不变，最大极化强度 P_{max} 略有降低，因此，其 $P_{max}-P_r$ 的值随温度的增加略有降低，说明在 MnO 含量为 0.1%～1.1% 时具有较好的温度稳定性。当 MnO 含量为 1.3%～1.5% 时，随着温度的增加，样品的剩余极化强度 P_r 逐渐增大，最大极化强度 P_{max} 略有降低，因此，其 $P_{max}-P_r$ 的值随温度的变化较为明显，其温度稳定性有所降低。

为了定量分析 MnO 掺杂后，NBT-BT-ST 陶瓷储能性能温度稳定性的变化情况，图 6.38 中给出了不同 MnO 含量的 NBT-BT-ST 陶瓷 $P_{max}-P_r$ 的值随温度的变化曲线。由图中可以看出，随着温度的升高，所有样品 $P_{max}-P_r$ 的值均出现不同程度的降低。在测试温度范围内，随着 MnO 含量的增加，$P_{max}-P_r$ 的值波动的大小分别为 $1.45\mu C/cm^2$、$1.92\mu C/cm^2$、$2.62\mu C/cm^2$、$2.93\mu C/cm^2$、$3.41\mu C/cm^2$ 和 $3.05 \mu C/cm^2$。由此可见，随着 MnO 含量的增加，$P_{max}-P_r$ 的值的波动性大体呈增加趋势，且波动幅度较小。$P_{max}-P_r$ 的值波动幅度的大小决定了陶瓷储能性能温度稳定性的好坏，因此，掺杂 MnO 后，样品的储能性能应该具有较好的温度稳定性。

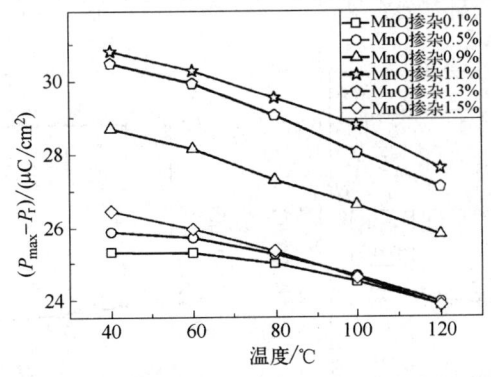

图 6.38　MnO 掺杂 NBT-BT-ST 陶瓷 $P_{max}-P_r$ 的值随温度的变化曲线

图 6.39 为根据单边 P-E 曲线计算得出的不同 MnO 含量 NBT-BT-ST 陶瓷的有效储能性能及能量损耗随温度的变化曲线。对于有效储能密度而言，随着温度的升高，

当 MnO 含量为 0.1% 时，其大小基本不变；当 MnO 含量高于 0.1% 时，所测样品的有效储能密度均有所降低。与室温有效储能密度相比，120℃温度时其降低量的大小分别为 0.019J/cm³、0.032J/cm³、0.030J/cm³、0.016J/cm³、0.015J/cm³ 和 0.043J/cm³。由此可见，样品有效储能密度的波动均不大。对于能量损耗而言，当 MnO 含量为 0.1%~1.1% 时，其大小随着温度的升高均有所降低；当 MnO 含量高于 1.1% 时，能量损耗先降低后升高，与室温相比，在 120℃ 时的能量损耗基本不变。由此可见，随着 MnO 含量的增多，NBT-BT-ST 陶瓷的温度稳定性有所降低，但其波动程度均较小。

图 6.40 所示为不同 MnO 含量 NBT-BT-ST 陶瓷的储能效率随温度的变化曲线。

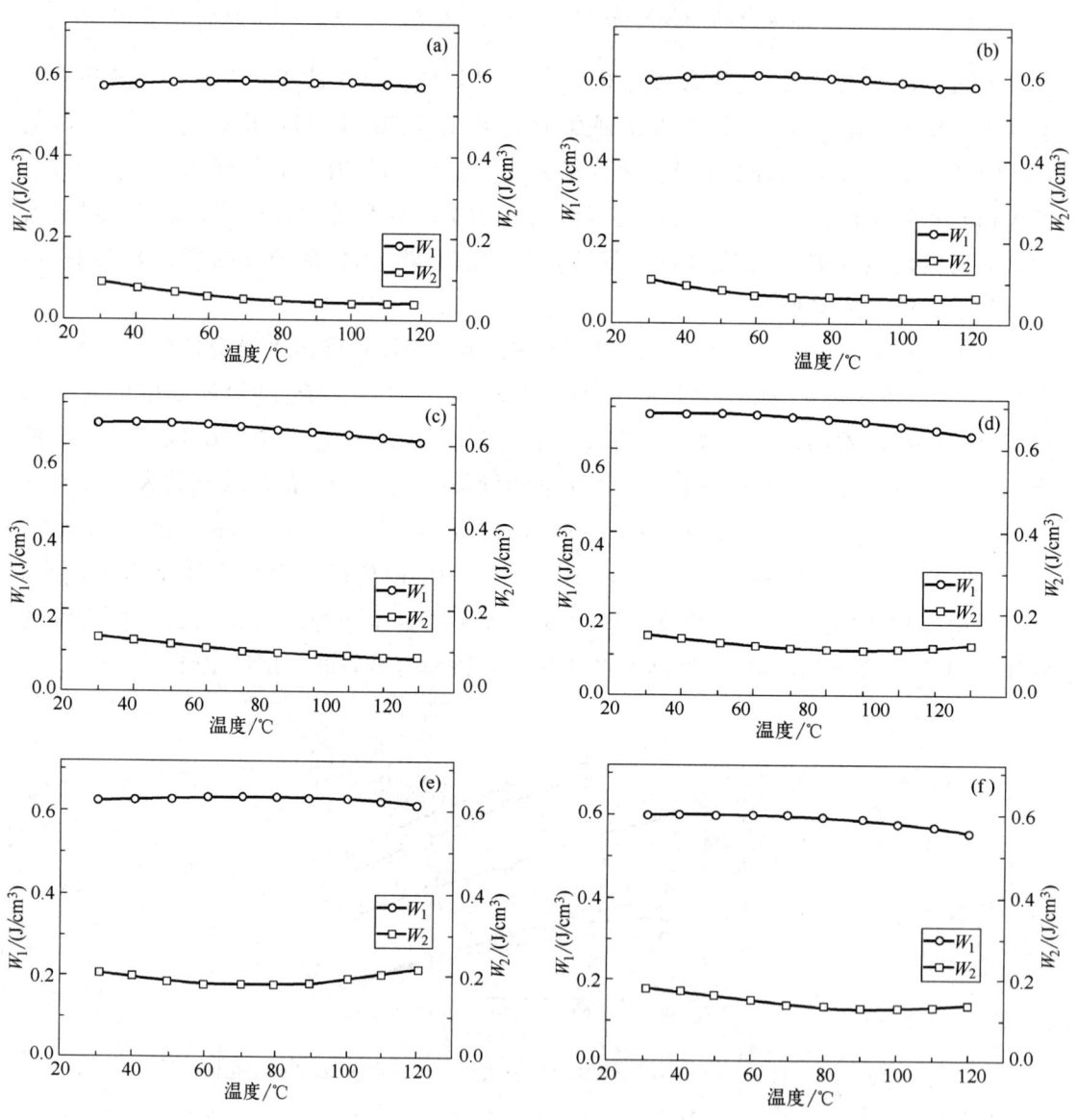

图 6.39　MnO 掺杂 NBT-BT-ST 陶瓷有效储能密度和能量损耗随温度的变化

(a) $x=0.1\%$；(b) $x=0.5\%$；(c) $x=0.9\%$；(d) $x=1.1\%$；(e) $x=1.3\%$；(f) $x=1.5\%$

由图可知，随着温度的升高，0.1% MnO 掺杂时，由于其有效储能密度基本不变，能量损耗逐渐降低，因此其储能效率一直增大。当温度由 30℃ 增加到 120℃ 时，储能效率由 85.8% 增加到 93.5%。当 MnO 含量高于 0.1% 时，储能效率先增大后减小，但其大小均大于室温时的储能效率。

通过以上分析可以得出，适量的 MnO 掺杂不仅能够通过引入缺陷偶极子提高陶瓷 $P_{max}-P_r$ 的值，而且能够通过降低陶瓷的漏电流提高陶瓷的击穿场强，因此，MnO 掺杂能够有效提高 NBT-BT-ST 陶瓷的储能密度。此外，MnO 掺杂 NBT-BT-ST 陶瓷还表现出较高的温度稳定性，是一类具有应用价值的储能材料。在以后的研究中可以通过优化制备工艺（如 SPS 烧结）提高陶瓷的击穿场强，进一步改善陶瓷的储能性能。

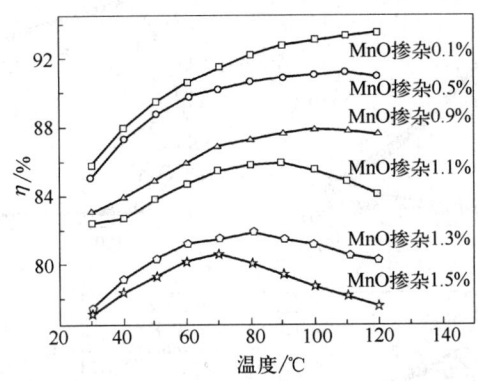

图 6.40 MnO 掺杂 NBT-BT-ST 陶瓷储能效率随温度的变化

6.4 施主掺杂 $Na_{0.5}Bi_{0.5}TiO_3$ 基陶瓷储能特性

通过对 NBT 基陶瓷掺杂室温时为顺电相的钛酸锶（ST）能够调控其相变温度，可以得到剩余极化强度较小的瘦腰型电滞回线，从而优化其储能性能。除了受主掺杂能够形成缺陷偶极子来提高 NBT 基陶瓷储能性能外，施主掺杂同样能在陶瓷晶格中形成离子对偶极子。本节以四方相区的 NBT-ST 陶瓷和铁电相与弛豫相共存的 NBT-ST 为基体，通过 B 位施主 Nb^{5+} 掺杂构筑离子对偶极子，利用离子对形成的偶极矩降低陶瓷的剩余极化强度以及偶极子应力场对畴壁的钉扎效应获得优异储能材料。

6.4.1 施主掺杂 T 相区 $Na_{0.5}Bi_{0.5}TiO_3$-$SrTiO_3$ 陶瓷储能性能

当 ST 掺杂量高于 0.30 时，NBT-ST 陶瓷处于 T（弛豫相）相区，样品表现出瘦腰型电滞回线。通过 Nb_2O_5 施主掺杂在 T 相区的 NBT-ST 陶瓷中构造出了 Nb^{5+}-Ti^{3+} 离子对偶极子，能够进一步优化 NBT 基陶瓷的储能性能。因此，本节主要研究了 Nb_2O_5 掺杂 T 相区 0.65NBT-0.35ST 陶瓷的储能性能，即 0.65NBT-0.35ST-xNb（其中 $x=0.0\%$、0.25% 和 0.5%）。

0.65NBT-0.35ST-xNb 陶瓷介电常数及介电损耗随温度的变化如图 6.41 所示，测试温度范围为 35~400℃，频率分别为 1kHz、10kHz 和 100kHz。由 ε-T 变化图谱可知，所有样品均表现出一个介电反常峰，最大介电常数对应的温度为居里温度 T_m。随着 Nb^{5+} 掺杂量的增加，T_m（1kHz）由 84℃降低至 61℃，$ε_m$ 最大值由 5042 逐渐减小至 4670。

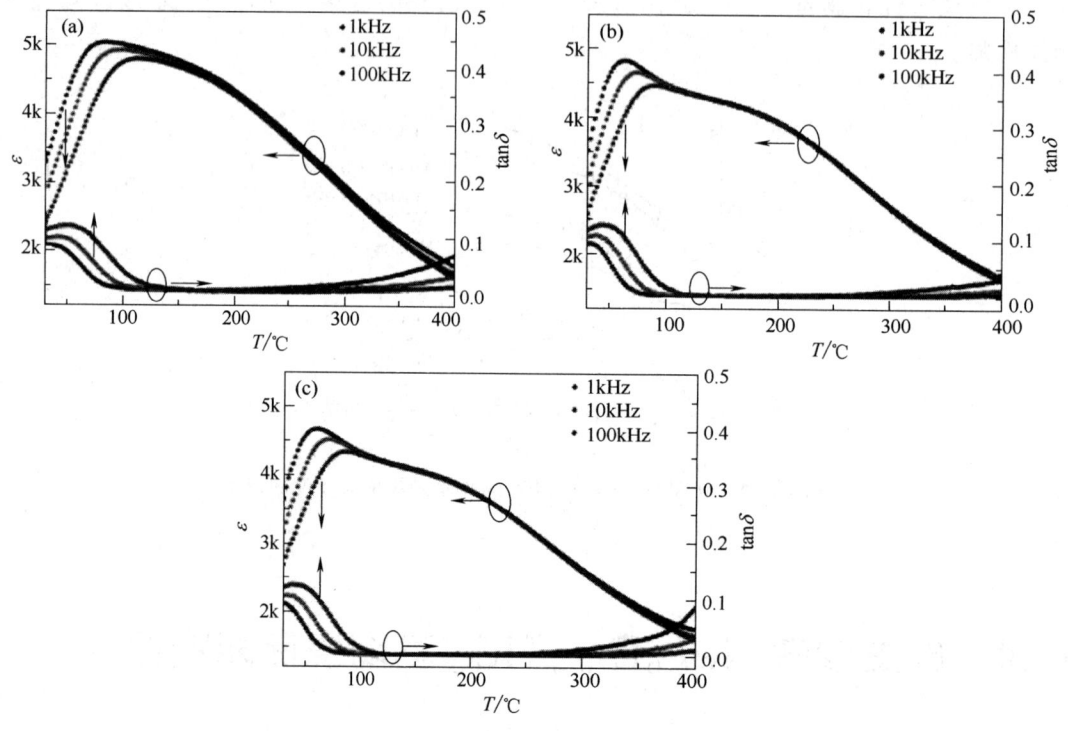

图 6.41 0.65NBT-0.35ST-xNb 陶瓷的介温谱
(a) $x=0.0\%$；(b) $x=0.25\%$；(c) $x=0.5\%$

图 6.42（a）和（b）为 0.65NBT-0.35ST-xNb 陶瓷在 60kV/cm 电场时的 P-E 曲线和相应的 J-E 曲线。由图（a）可知，所有样品均表现出瘦腰型 P-E 曲线，且随着 Nb^{5+} 掺杂量的增加，样品的 P-E 曲线逐渐变窄细。由图（b）可知相应的 J-E 曲线具有四个强度较弱的宽峰，表明陶瓷相结构为弛豫相，与 XRD 结果一致。该相结构含有较多极性较弱的纳米极性微区（PNRs），PNRs 在撤去电场后能够快速回到初始状态，从而有利于获得较高的储能效率。值得注意的是，掺杂 Nb^{5+} 后，P_r 和 E_c 显著降低至接近于零。同时，P_{max} 在 x 增加到 0.25% 时显著增加，然后随着 Nb^{5+} 掺杂量的进一步增加而降低。这些结果同样是由于 0.65NBT-0.35ST-xNb 陶瓷中 Ti^{3+}-Nb^{5+} 离子对偶极子造成的。Nb^{5+} 作为施主掺杂剂，取代 Ti^{4+} 后，由于离子价的不平

衡，Ti^{4+} 变成 Ti^{3+}。陶瓷中会形成类似缺陷偶极子的 Ti^{3+}-Nb^{5+} 离子对偶极子，从而产生自建电场。产生的自建电场可以在去除电场后将新畴切换回原来的状态，得到 P_r 可以忽略不计，P_{max} 较高的 P-E 曲线。施主掺杂 Nb^{5+} 产生的 P_{max} 的提高和 P_r 的降低有利于在 0.65NBT-0.35ST-xNb 陶瓷体系中获得较高的储能密度和效率。

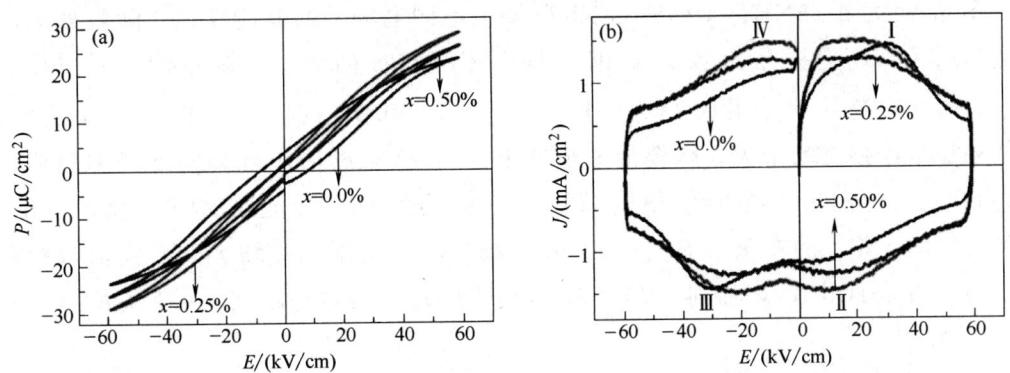

图 6.42　0.65NBT-0.35ST-xNb 陶瓷室温时的（a）P-E 曲线；（b）J-E 曲线

为了进一步研究电场强度与 0.65NBT-0.35ST-xNb 陶瓷储能的依赖关系，图 6.43（a）~（c）中给出了 0.65NBT-0.35ST-xNb 陶瓷在 20~60kV/cm 电场强度区间内的单边 P-E 曲线。由图（a）可知，对于未掺杂样品，随着电场强度的增大，P_{max} 和 P_r 均有不同程度的增大。Nb^{5+} 掺杂后，随着电场强度的增加，P_{max} 明显增加，而

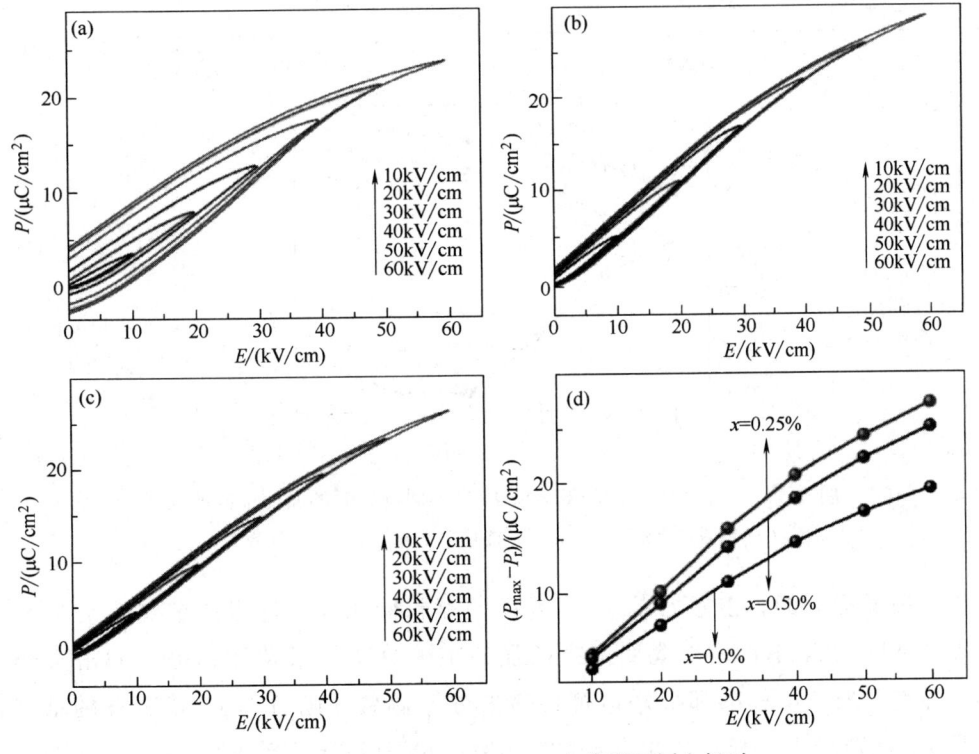

图 6.43　0.65NBT-0.35ST-xNb 陶瓷不同电场时

（a）$x=0.0\%$；（b）$x=0.25\%$；（c）$x=0.5\%$ 的单边 P-E 曲线；（d）P_{max}-P_r 值随电场的变化

P_r 基本不变，导致 $P_{max}-P_r$ 值明显增大，如图（d）所示。在电场强度为 60kV/cm 时，$P_{max}-P_r$ 值随着 x 的增加先明显增大后略有下降。在 $x=0.25\%$ 时，其最大值可达 27.3μC/cm²。这样高的 $P_{max}-P_r$ 值和纤细的电滞回线有利于获得较高的储能密度和效率。

图 6.44 为 0.65NBT-0.35ST-xNb 陶瓷在不同电场下的储能性能。随着外加电场强度的增大，所有样品的 W_{rec} 和 W_{loss} 均有不同程度的增大，在 60kV/cm 下，$x=0.25\%$ 时，陶瓷的 W_{rec} 最大为 0.68J/cm³。当 $x=0.0\%$ 时，由于 W_{loss} 的快速增加，随着外加电场强度的增大，陶瓷的 η 值在 $E<40$kV/cm 时出现瞬间下降的趋势，然后略有增加。当 Nb^{5+} 掺杂后，η 值随外加电场强度的增大而逐渐增大。随着 Nb^{5+} 掺杂量的增加，W_{rec} 的变化与 $P_{max}-P_r$ 值相似，随 x 的增加先增大到最大值，然后略有下降。当 x 从 0.00 增加到 0.50% 时，由于 $P-E$ 曲线越来越细，η 值从 62.1% 增加到 87.0%。

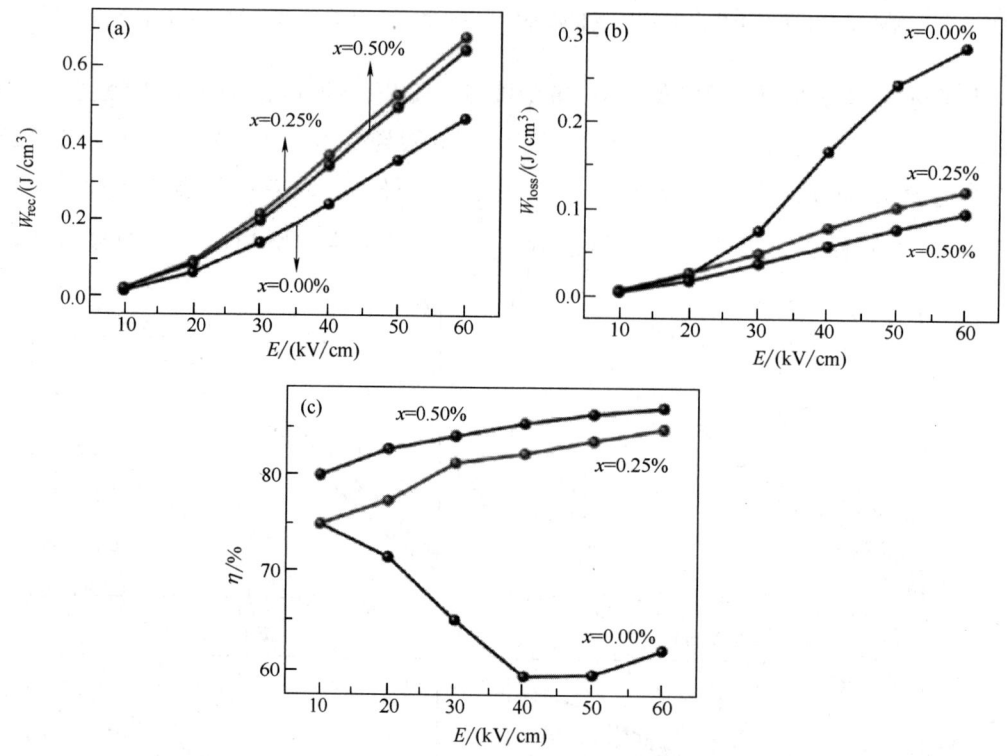

图 6.44　0.65NBT-0.35ST-xNb 陶瓷不同电场时的储能性能的变化
(a) 有效储能密度 W_{rec}；(b) 能量损耗 W_{loss}；(c) 储能效率 η

正如前面提到的，击穿场强 E_b 也是陶瓷材料储能性能优劣的重要因素。图 6.45 给出 0.65NBT-0.35ST-xNb 陶瓷击穿场强的韦伯分布结果及计算得出的击穿场强的大小。显然，所有的样品都很好地符合韦伯分布函数。随着 Nb^{5+} 掺杂量的增加，击穿场强 E_b 逐渐增大后减小。在 $x=0.25\%$ 时，E_b 达到最大值 82kV/cm。综合以上结果表明，在 T 相区的 0.65NBT-0.35ST 陶瓷中加入适量的 Nb^{5+} 不仅可以提高

$P_{max}-P_r$ 值，还可以提高 E_b 值，两者均有利于获得高的 W_{rec} 和 η。

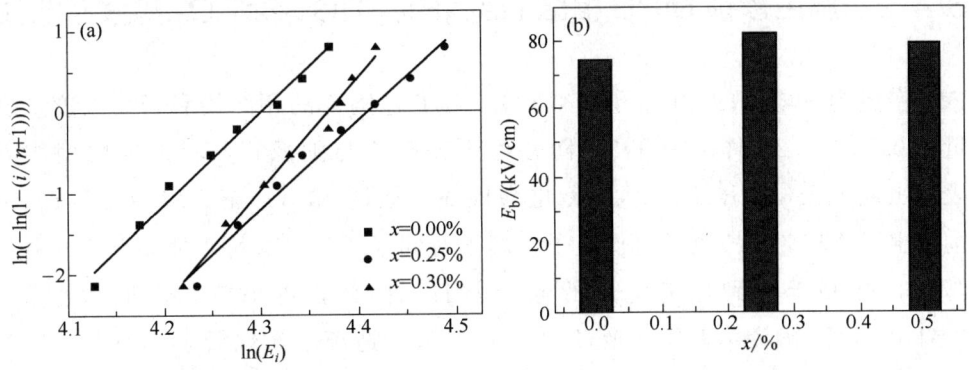

图 6.45 0.65NBT-0.35ST-xNb 陶瓷击穿场强的韦伯分布（a）和 E_b 随 Nb^{5+} 掺杂量的变化（b）

图 6.46（a）为 0.65NBT-0.35ST-xNb 陶瓷在 E_b 时的单边 P-E 曲线，相应的 $P_{max}-P_r$ 值变化如图（b）所示。在 82kV/cm 下，当 $x=0.25\%$ 时，$P_{max}-P_r$ 值可达 32.5μC/cm²。$x=0.25\%$ 时获得较高的 $P_{max}-P_r$ 和 E_b 值，有利于获得优异的储能性能。由 0.65NBT-0.35ST-xNb 陶瓷在 E_b 时的单边 P-E 曲线计算得到的 W_{rec}、W_{loss} 和 η 的大小如表 6.1 所示。由表 6.1 可以得出，随着 x 的增加，W_{rec} 先增大后减小，η 逐渐增大，当 $x=0.25\%$ 时，W_{rec} 达到最大值 1.04J/cm³，且此时储能效率为 86.7%。以上研究表明施主掺杂 Nb^{5+} 在 T 相区的 0.65NBT-0.35ST 陶瓷中同样能够形成 Nb^{5+}-Ti^{3+} 离子对偶极子，提高 $P_{max}-P_r$ 的值和 E_b 的大小，在合适的掺杂量时获得优异储能性能。

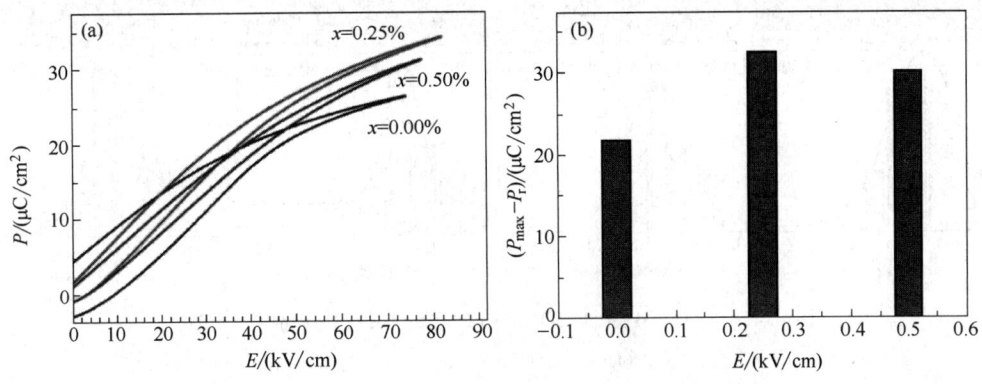

图 6.46 0.65NBT-0.35ST-xNb 陶瓷击穿场强时的单边 P-E 曲线（a）和 $P_{max}-P_r$ 的值变化（b）

表 6.1 0.65NBT-0.35ST-xNb 陶瓷电性能及储能性能

x/%	ε_m (1kHz)	T_m/℃ (1kHz)	$(P_{max}-P_r)$ /(μC/cm²)	E_b /(kV/cm)	W_{rec} /(J/cm³)	W_{loss} /(J/cm³)	η /%
0.00	5042	82	21.8	74	0.62	0.32	65.9
0.25	4817	63	32.5	82	1.04	0.16	86.7
0.50	4670	62	30.0	79	0.98	0.14	87.5

6.4.2 施主掺杂 MPB 相区 $Na_{0.5}Bi_{0.5}TiO_3$-$SrTiO_3$ 陶瓷储能性能

掺杂室温为顺电相的 ST 能够有效调控 NBT 基陶瓷的相结构和相变温度,当 ST 掺杂量为 0.24~0.26 时,NBT-ST 陶瓷处于铁电相与弛豫相共存的准同型相界区,样品表现出最大极化强度 P_{max} 大的双电滞回线。通过 Nb_2O_5 施主掺杂在 NBT-ST 陶瓷中构造出了 Nb^{5+}-Ti^{3+} 离子对偶极子,离子对偶极子的形成可以使剩余极化强度 P_r 明显降低,有利于得到性能优异的储能材料。因此,本小节以准同型相界区的 0.75NBT-0.25ST 陶瓷为基体,通过 Nb_2O_5 掺杂构造离子对偶极子,得到 0.75NBT-0.25ST-xNb(其中 x=0.5%、1.0%、1.5%、2.5%)。系统研究 Nb_2O_5 施主掺杂 0.75NBT-0.25ST 陶瓷体系的微观组织结构,介电、铁电及储能性能等。

图 6.47 为 0.75NBT-0.25ST-xNb 陶瓷的 SEM 图及晶粒分布图。由图(a)~(d)可知,所有陶瓷表面致密程度均较好,未发现缺陷裂纹以及孔洞等。由图(e)~(h)可知,平均晶粒尺寸随 Nb^{5+} 掺杂量的增加而逐渐减小,其大小分别为 1.29μm、1.28μm、1.26μm 和 1.0μm。平均晶粒尺寸减小有助于提高陶瓷的击穿场强,从而改善储能性能。

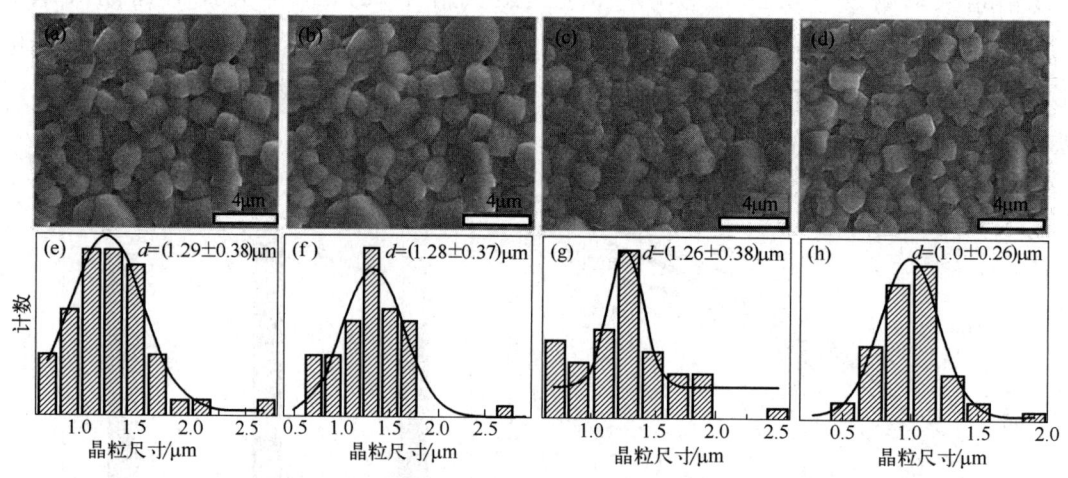

图 6.47　0.75NBT-0.25ST-xNb 陶瓷的 SEM 图和晶粒分布图
(a)、(e) x=0.5%;(b)、(f) x=1.0%;(c)、(g) x=1.5%;(d)、(h) x=2.5%

0.75NBT-0.25ST-xNb 陶瓷介电常数及介电损耗随温度的变化如图 6.48 所示,测试温度范围为 35~450℃,频率分别为 1kHz、10kHz 和 100kHz。由 ε-T 变化图谱可知,所有样品均表现出两个介电反常峰,其中第一个峰对应的是三方相 R 相向四方相 T 相的相变峰,第二个峰对应的是弛豫相向顺电相的相变峰。高温相变处对应的温度为居里温度 T_m。$\tan\delta$-T 曲线中,介电损耗峰对应的温度为退极化温度 T_d。结果表明,T_d 和 T_c 均随着 Nb^{5+} 掺杂量的增加而降低,其中 x=2.5%时的退极化温度降至室温附近,表明此时陶瓷相结构为弛豫相。此外,所有陶瓷的两个介电峰均表现出宽化现象，表明 NBT 基陶瓷具有弛豫型铁电体的性质。图 6.48（e）是在频率为 10kHz 时以 $\ln(T-T_m)$ 为横坐标、$\ln(1/\varepsilon-1/\varepsilon_m)$ 为纵坐标作图，拟合得到的 0.75NBT-0.25ST-xNb 陶瓷的弥散度曲线。所有样品的 $\ln(T-T_m)$ 与 $\ln(1/\varepsilon-1/\varepsilon_m)$ 均表现

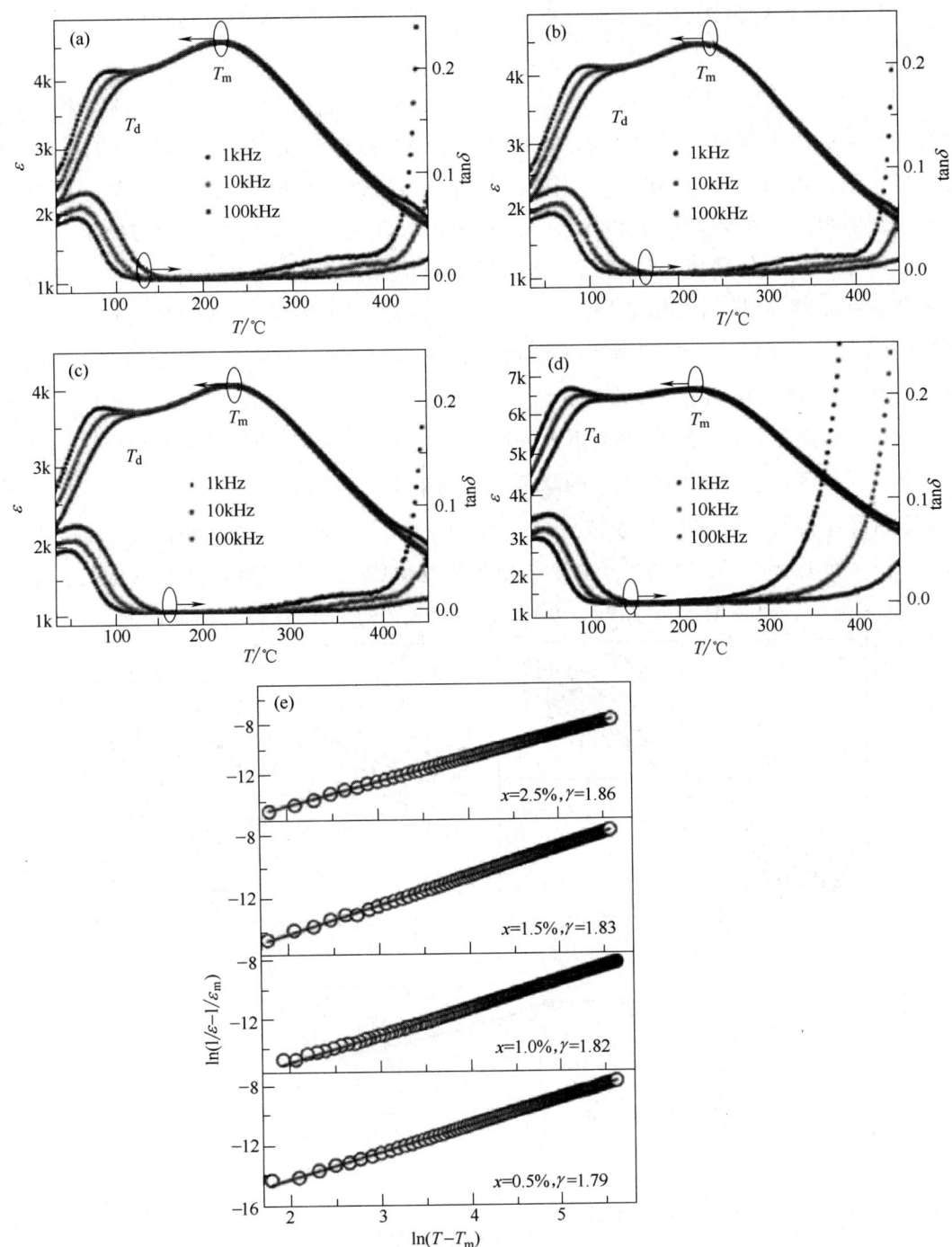

图 6.48 0.75NBT-0.25ST-xNb 陶瓷分别在（a）$x=0.5\%$，(b) $x=1.0\%$，(c) $x=1.5\%$，(d) $x=2.5\%$ 的介温谱，(e) $\ln(T-T_m)$ 与 $\ln(1/\varepsilon-1/\varepsilon_m)$ 的关系以及线性拟合结果

出良好的线性关系，且均可分别用一条直线进行拟合。根据拟合结果可知，所有陶瓷都表现出较大的弥散度（$\gamma>1.7$），说明 0.75NBT-0.25ST-xNb 陶瓷在 $x=0.5\%$～2.0% 范围内均为弛豫型铁电体。随着 Nb^{5+} 掺杂量的增加，γ 值逐渐增大，当 $x=2.5\%$ 时，陶瓷的弥散度最大，其大小为 $\gamma=1.86$，表明其相变的弥散程度已经接近完全弥散。

图 6.49（a）和（b）为 0.75NBT-0.25ST-xNb 陶瓷在 80kV/cm 电场时的 P-E 曲线和相应的 J-E 曲线。由图（a）可知，随着 Nb 掺杂量的增加，样品的 P-E 曲线逐渐变窄细。由图（b）可知，Nb^{5+} 掺杂量为 0.5% 时，J-E 曲线在高于某一电场强度下出现明显的 4 个峰，峰Ⅰ和峰Ⅲ分别代表施加及去除电场时弛豫相与铁电相的相变峰，峰Ⅱ和峰Ⅳ分别代表施加及去除电场时铁电相与弛豫相的相变峰。4 个峰的出现表明 $x=0.5\%$ 时样品的相结构为 R、T 两相共存。随着 Nb^{5+} 掺杂量的增加，J-E 曲线中峰逐渐变平缓，表明弛豫相逐渐增多。图 6.49（c）为剩余极化强度 P_r 和最大极化强度 P_{max} 随 Nb^{5+} 掺杂量的变化情况。随着 Nb^{5+} 掺杂量的增加，P_r 和 P_{max} 均出现不同幅度的降低。这一现象主要由两方面原因造成：①Nb^{5+} 掺杂后弛豫相增多，破坏了铁电长程有序，造成 P_r 和 P_{max} 的降低。②高价的 Nb^{5+} 掺杂后替代 B 位 Ti^{4+}，为了使体系价态保持稳定平衡，从而迫使 Ti^{4+} 变为 Ti^{3+}，形成了类似缺陷偶极子的 Nb^{5+}-Ti^{3+} 离子对偶极子，离子对偶极子在撤去电场后能够提供电畴翻转可逆的恢复力，从而使 P_r 大幅降低。瘦腰型 P-E 曲线以及 P_r 的减小有利于获得较好的储能性能。

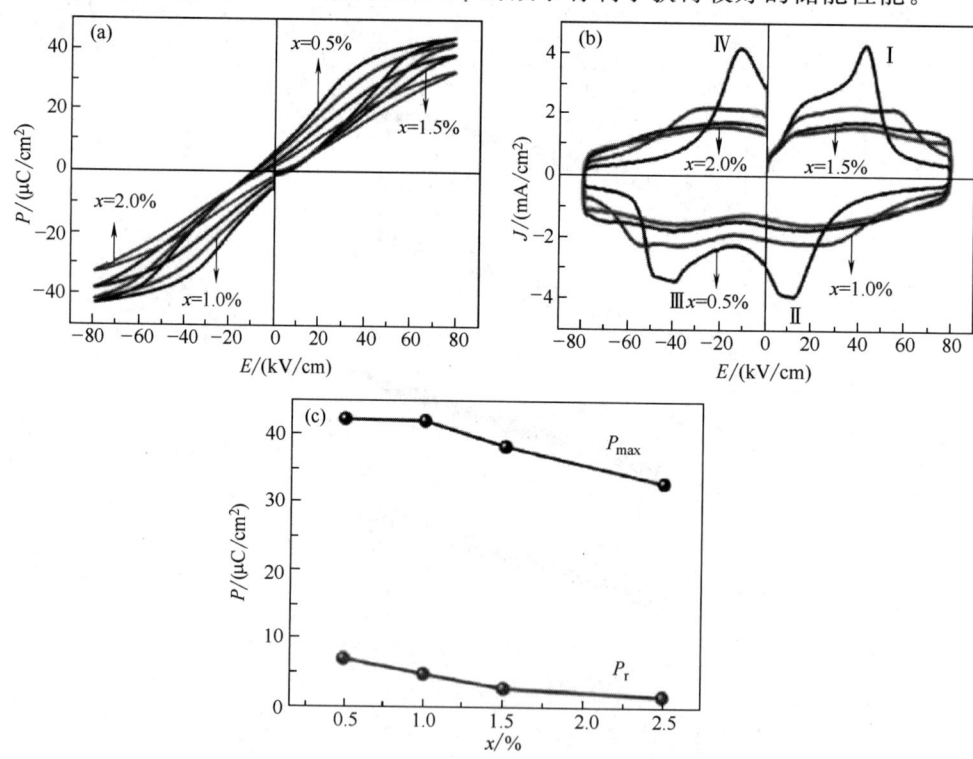

图 6.49　0.75NBT-0.25ST-xNb 陶瓷的铁电性能

（a）P-E 曲线；（b）J-E 曲线；（c）P_r 和 P_{max} 随 Nb^{5+} 掺杂量的变化

为了分析 Nb^{5+} 掺杂准同型相界区 NBT-ST 陶瓷的储能性能,图 6.50 中给出了 0.75NBT-0.25ST-xNb 陶瓷在 20~80kV/cm 电场强度区间内的单边 P-E 曲线。由图可知,随着电场强度增大,所有样品的 P_{max} 明显增大,P_r 值的增大幅度随 Nb 掺杂量的增加逐渐减小。当 $x \geqslant 1.5\%$ 时,P_r 值随电场强度增加基本不变。

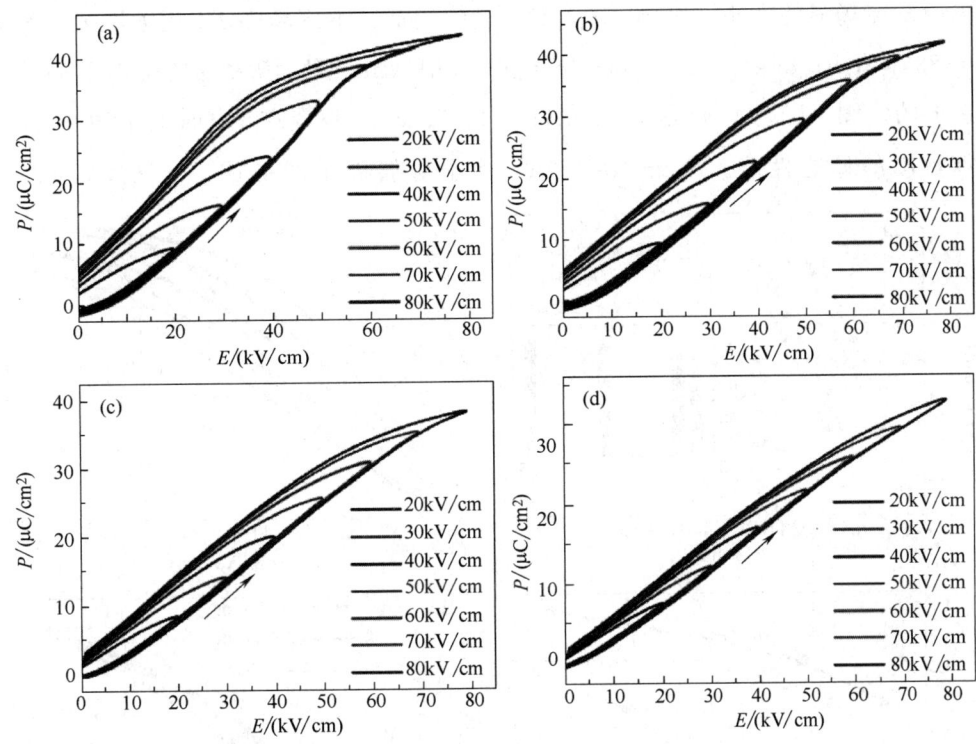

图 6.50 0.75NBT-0.25ST-xNb 陶瓷不同电场强度时的单边 P-E 曲线
(a) $x=0.5\%$;(b) $x=1.0\%$;(c) $x=1.5\%$;(d) $x=2.5\%$

图 6.51 所示为根据公式 (6.2)~公式 (6.4) 计算所得的 0.75NBT-0.25ST-xNb 陶瓷在不同电场强度下的储能性能。由图可知,随着电场强度的增大,所有样品的有效储能密度 W_{rec} 呈线性增大,能量损耗出现不同程度的增大,且随着 Nb^{5+} 掺杂量增加,能量损耗随电场强度的增大幅度明显降低。在 80kV/cm 电场时,W_{rec} 随着 Nb^{5+} 掺杂量的增加先增大后减小,在 $x=1.5\%$ 时 W_{rec} 最大为 1.13J/cm³;由于逐渐变为瘦

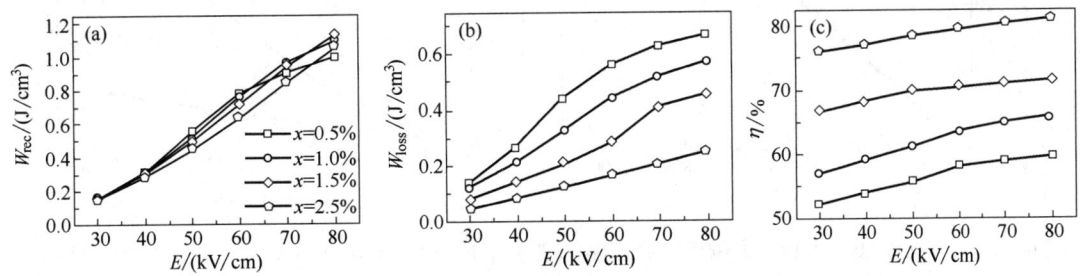

图 6.51 0.75NBT-0.25ST-xNb 陶瓷不同电场时的储能性能的变化
(a) 有效储能密度 W_{rec};(b) 能量损耗 W_{loss};(c) 储能效率 η

腰型 $P\text{-}E$ 曲线和 P_r 的降低，W_{loss} 随着 Nb^{5+} 掺杂量的增加出现大幅度降低。因此储能效率 η 随 Nb^{5+} 掺杂量的增加明显增大，在 $x=2.5\%$ 时在 80kV/cm 电场下 η 最大为 81%。

图 6.52（a）给出了 0.75NBT-0.25ST-xNb 陶瓷的击穿场强的韦伯分布结果及计算得出的击穿场强的大小。随着 Nb^{5+} 掺杂量的增加，击穿场强 E_b 逐渐增大，其大小分别为 83kV/cm、86kV/cm、95kV/cm 和 100kV/cm。E_b 增大主要是由于晶粒大小降低造成的。图（b）、（c）是 0.75NBT-0.25ST-xNb 陶瓷在 E_b 时的单边 $P\text{-}E$ 曲线和计算得出的储能性能。由于 $Nb^{5+}\text{-}Ti^{3+}$ 离子对偶极子的形成，0.75NBT-0.25ST-

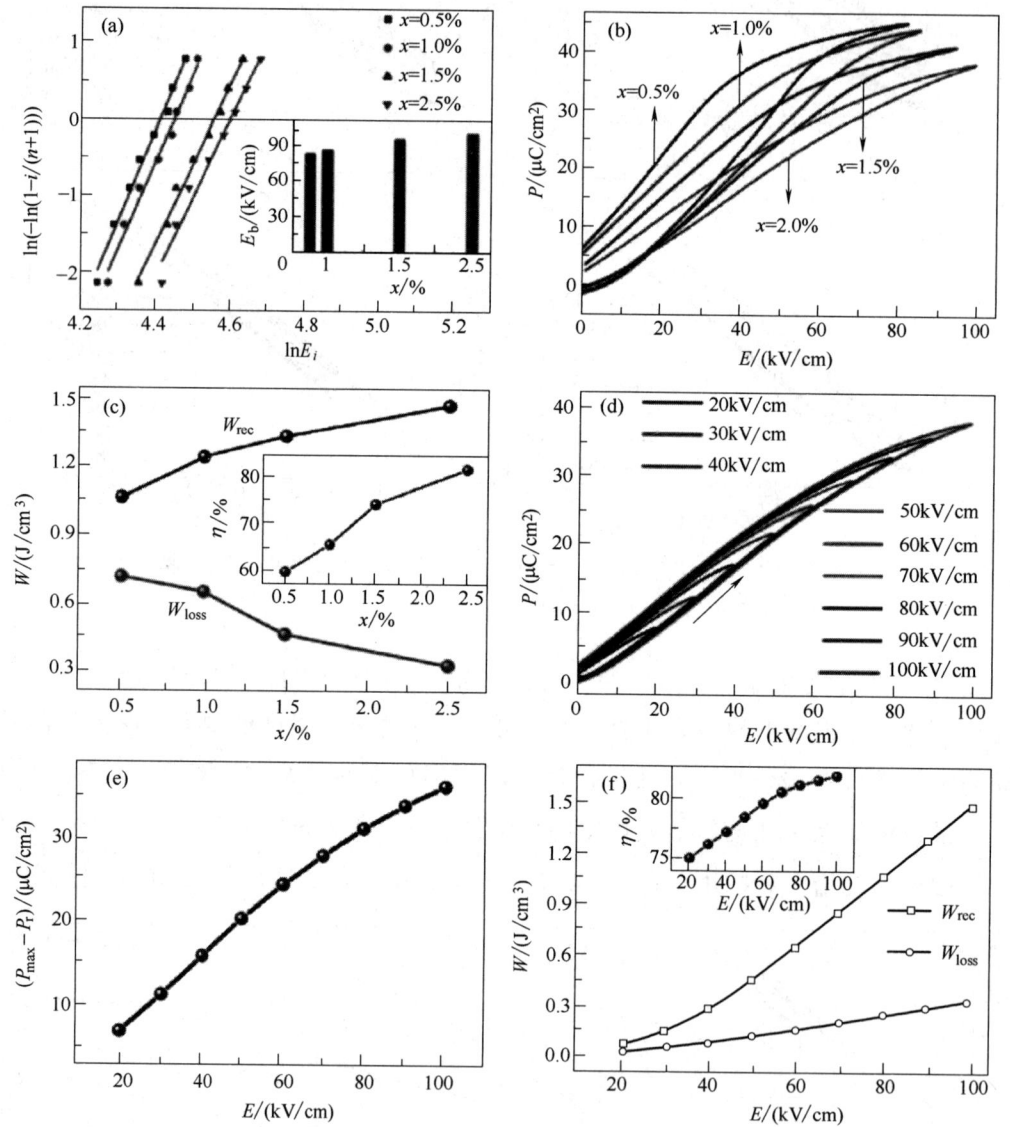

图 6.52 0.75NBT-0.25ST-xNb 陶瓷（a）击穿场强的韦伯分布，（b）击穿场强时的单边 $P\text{-}E$ 曲线，（c）储能密度、能量损耗以及储能效率的变化曲线，0.75NBT-0.25ST-0.25%Nb 陶瓷不同电场时的（d）单边 $P\text{-}E$ 曲线，（e）$P_{max}-P_r$ 的差值变化，（f）储能性能

xNb 陶瓷 P_r 明显降低。由于晶粒的减小,E_b 随 Nb^{5+} 掺杂量的增加而增大。因此,W_{rec} 和 η 随 Nb^{5+} 掺杂量增加出现大幅度增大,W_{loss} 随着 Nb^{5+} 掺杂量增加出现大幅度降低。在 $x=2.5\%$ 时获得最优储能性能,W_{rec} 和 η 在 100kV/cm 时分别为 1.47J/cm³ 和 81.8%。

图 6.52(d)~(f) 为 $x=2.5\%$ 时(0.75NBT-0.25ST-0.25%Nb)陶瓷的单边 P-E 曲线,$P_{max}-P_r$ 的值随电场的变化和计算得出的储能性能。由图 6.52(d) 可知,P_{max} 随电场增大明显增大,但由于 Nb^{5+}-Ti^{3+} 离子对偶极子的形成,P_r 随电场增大基本不变,因此 $P_{max}-P_r$ 的差值随电场增大出现大幅度增加,在 100kV/cm 时其最大值为 36.11μC/cm²。相应地,0.75NBT-0.25ST-0.25%Nb 陶瓷的 W_{rec} 和 η 随电场增加出现大幅度增大,从而获得优异的储能性能。以上研究结果表明利用施主掺杂在铁电相与弛豫相两相共存的 MPB 区的 0.75NBT-ST 陶瓷中构建 Nb^{5+}-Ti^{3+} 离子对偶极子,能得到较大的 $P_{max}-P_r$ 的值与击穿场强,在 100kV/cm 电场时得到有效储能密度 W_{rec} 为 1.47J/cm³,储能效率 η 为 81.8%优异储能性能。

6.5 高熵氧化物复合改性 $Na_{0.5}Bi_{0.5}TiO_3$ 基陶瓷储能特性

高熵氧化物(HEOs)是一种含有 5 种或 5 种以上的金属离子的复合氧化物,具有单相晶体结构。虽然这些元素的典型晶体结构差别很大,但它们形成了一种联合晶格,并且在晶体中的位置没有任何明显的有序性,类似于玻璃,这种无序也称为高熵。高熵氧化物有介电常数高、介电损耗低的特点,兼备介电性能和铁电性能的铁电体和玻璃的优点。高熵氧化物根据结构主要分为岩盐型、萤石型、尖晶石型以及钙钛矿型四种。其中,钙钛矿高熵氧化物中通常包含 ZrO_2、SnO_2、HfO_2、MnO_2、Nb_2O_5、Ta_2O_5、TiO_2、Al_2O_3 等三到五价金属氧化物组分,通常是取代 ABO_3 中 B 位的金属氧化物,在巨介电性能的电子功能材料中比较有应用潜力。本节将 TiO_2、ZrO_2、HfO_2、Al_2O_3、Ta_2O_5 五种氧化物高温制备成单相高熵氧化物粉体,并作为第二相复合到 Nb^{5+} 掺杂 0.75NBT-0.25ST [$Na_{0.375}Bi_{0.375}Sr_{0.25}Ti_{0.975}Nb_{0.025}O_3$-$x$($Ti_{0.2}Zr_{0.2}Hf_{0.2}Al_{0.2}Ta_{0.2}$)$O_2$] 陶瓷中提高其储能性能。

6.5.1 $Na_{0.375}Bi_{0.375}Sr_{0.25}Ti_{0.975}Nb_{0.025}O_3$-x($Ti_{0.2}Zr_{0.2}Hf_{0.2}Al_{0.2}Ta_{0.2}$)$O_2$ 陶瓷的物相及形貌

用传统固相烧结法制备了 $Na_{0.375}Bi_{0.375}Sr_{0.25}Ti_{0.975}Nb_{0.025}O_3$-$x$($Ti_{0.2}Zr_{0.2}Hf_{0.2}Al_{0.2}Ta_{0.2}$)$O_2$ 陶瓷,高熵氧化物含量分别为 0.5%、1%、2%、4%,高熵粉的预烧温

度为 1200℃，保温两小时，陶瓷的预烧温度为 950℃，烧结温度为 1150℃。$Na_{0.375}Bi_{0.375}Sr_{0.25}Ti_{0.975}Nb_{0.025}O_3$-$x$($Ti_{0.2}Zr_{0.2}Hf_{0.2}Al_{0.2}Ta_{0.2}$)$O_2$ 陶瓷 XRD 谱图如图 6.53 所示，由图可知陶瓷最高峰均在 32°附近，说明陶瓷是单一钙钛矿结构，没有杂相，证明了 NBT、ST、Nb_2O_5 充分固溶，高熵氧化物含量很少，在 XRD 图中没有显示。此外，（200）晶面对应峰位于 46°～47°之间，此峰前面有一个裂分峰，为（002）晶面峰，是弛豫相 T 相存在的标志。此外，XRD 峰位随着高熵氧化物含量增加向左移动，这可能是由于在复合材料中高熵氧化物的添加造成了晶格畸变，晶面间距增大。

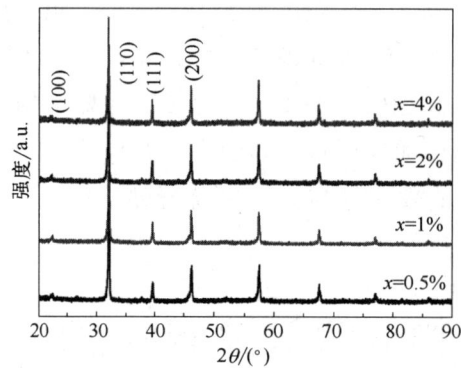

图 6.53　$Na_{0.375}Bi_{0.375}Sr_{0.25}Ti_{0.975}Nb_{0.025}O_3$-$x$($Ti_{0.2}Zr_{0.2}Hf_{0.2}Al_{0.2}Ta_{0.2}$)$O_2$ 的 XRD 图

图 6.54（a）～（d）是 $Na_{0.375}Bi_{0.375}Sr_{0.25}Ti_{0.975}Nb_{0.025}O_3$-$x$($Ti_{0.2}Zr_{0.2}Hf_{0.2}Al_{0.2}Ta_{0.2}$)$O_2$ 陶瓷的 SEM 图，由图可以观察到，所制得的陶瓷表面比较致密，未发现缺陷裂纹。

图 6.54　$Na_{0.375}Bi_{0.375}Sr_{0.25}Ti_{0.975}Nb_{0.025}O_3$-$x$($Ti_{0.2}Zr_{0.2}Hf_{0.2}Al_{0.2}Ta_{0.2}$)$O_2$ 陶瓷的 SEM 图
(a) x=0.5%；(b) x=1%；(c) x=2%；(d) x=4%

x=0.5%时陶瓷表面颗粒均由小多边形和圆形颗粒组成，颗粒尺寸较为均一；x=1%时陶瓷表面部分颗粒长大为大方块，颗粒尺寸开始不均匀；x=2%时陶瓷表面部分颗粒长大为晶须状；x=4%时陶瓷表面晶须状晶粒越来越多，小多边形和圆形颗粒越来越少，逐渐消失。晶须状晶粒的出现可能是由于熔点较低的相择优取向所致。高熵氧化物含量为 0.5%、1%、2%、4%时，平均晶粒尺寸分别为 1.354μm、

1.434μm、2.708μm、3.25μm，可以看出，高熵氧化物的添加使晶体生长有了择优取向，从而增大了晶粒尺寸。

6.5.2　$Na_{0.375}Bi_{0.375}Sr_{0.25}Ti_{0.975}Nb_{0.025}O_3$-$x(Ti_{0.2}Zr_{0.2}Hf_{0.2}Al_{0.2}Ta_{0.2})O_2$ 陶瓷的相变行为

图 6.55（a）～（d）所示为 $Na_{0.375}Bi_{0.375}Sr_{0.25}Ti_{0.975}Nb_{0.025}O_3$-$x(Ti_{0.2}Zr_{0.2}Hf_{0.2}Al_{0.2}Ta_{0.2})O_2$ 的介温谱，测试频率为 1kHz、10kHz 和 100kHz，测试的温度范围是 30～400℃，升温速率为 2℃/min。从图中介电常数随温度的变化曲线可以看出，在相同温度下随着高熵氧化物含量增加，介电常数降低但是仍保持在较高的水平，这是因为高熵氧化物为钙钛矿结构，可以发生自发极化，介电常数较高，但相较于 NBT-ST 介电常数较低，所以降低了复合陶瓷的介电常数。所有高熵氧化物复合改性陶瓷都存在两个相变峰，分别对应居里温度和 R/T 相变温度。这两个峰值分别表示铁电相向弛豫相的转变和弛豫相向顺电相的转变。不同高熵氧化物含量的陶瓷，会发生相变弥散和频率色散现象，即介电峰宽化和居里温度随测试频率提高而提高。R/T 相变温度在室温，说明陶瓷室温下就是弛豫相。此外，在 R/T 相变温度到 300℃ 之间，介电损耗随着温度的增加一直保持在一个较低的水平，说明在此温度区间材料的损耗较低，漏

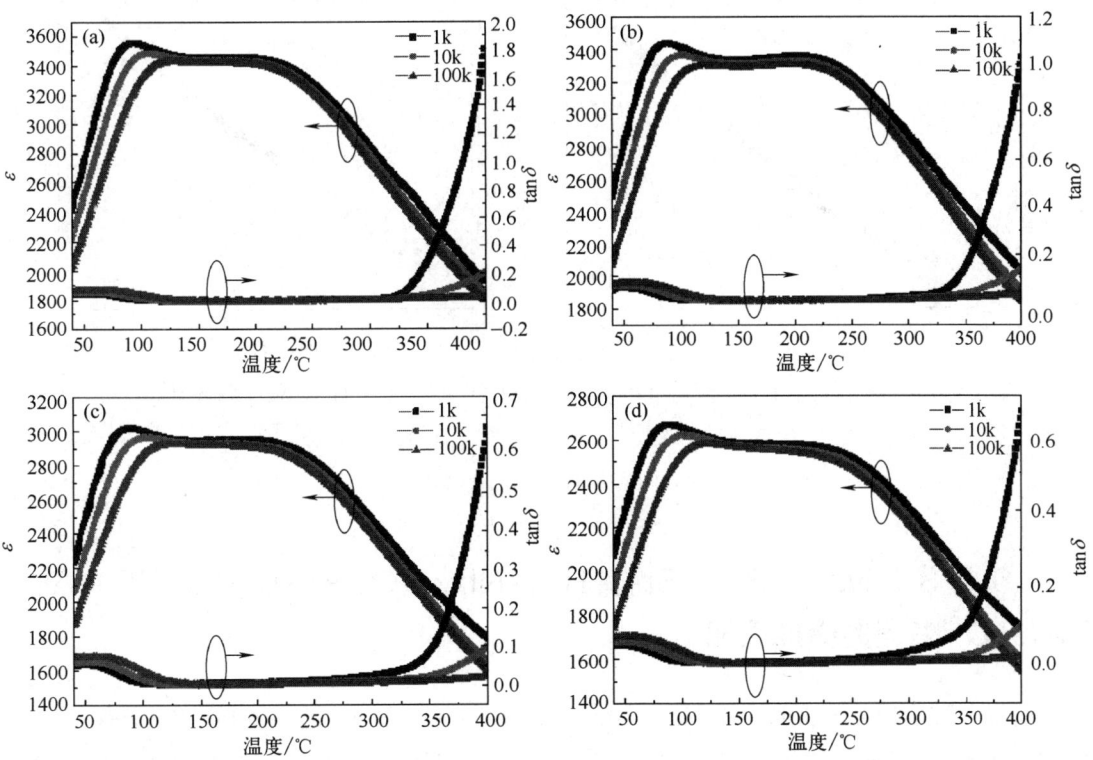

图 6.55　$Na_{0.375}Bi_{0.375}Sr_{0.25}Ti_{0.975}Nb_{0.025}O_3$-$x(Ti_{0.2}Zr_{0.2}Hf_{0.2}Al_{0.2}Ta_{0.2})O_2$ 陶瓷的介温谱
（a）$x=0.5\%$；（b）$x=1\%$；（c）$x=2\%$；（d）$x=4\%$

电较低，较低的损耗会保证材料较长寿命。随着高熵氧化物含量增加，居里温度以及 R/T 相变温度均降低。在高熵氧化物含量 $x=0.5\%$、1%、2%、4% 时的居里温度分别为 192.7℃、196.7℃、190℃、177.8℃，R/T 相变温度分别为 57.7℃、51.7℃、52℃、46.8℃。

图 6.56 为在 10kHz 下 $Na_{0.375}Bi_{0.375}Sr_{0.25}Ti_{0.975}Nb_{0.025}O_3$-$x$($Ti_{0.2}Zr_{0.2}Hf_{0.2}Al_{0.2}Ta_{0.2}$)$O_2$ 陶瓷 $\ln(T-T_m)$ 对 $\ln(1/\varepsilon-1/\varepsilon_m)$ 线性拟合的结果。由图 6.56 可知，不同高熵氧化物含量的 $\ln(T-T_m)$ 和 $\ln(1/\varepsilon-1/\varepsilon_m)$ 均成线性关系，可用直线进行拟合，所有陶瓷样品的直线的斜率大于 1.7，说明这些组分陶瓷均为弛豫型铁电体，且随着高熵氧化物含量的增加，弥散度呈减低趋势。

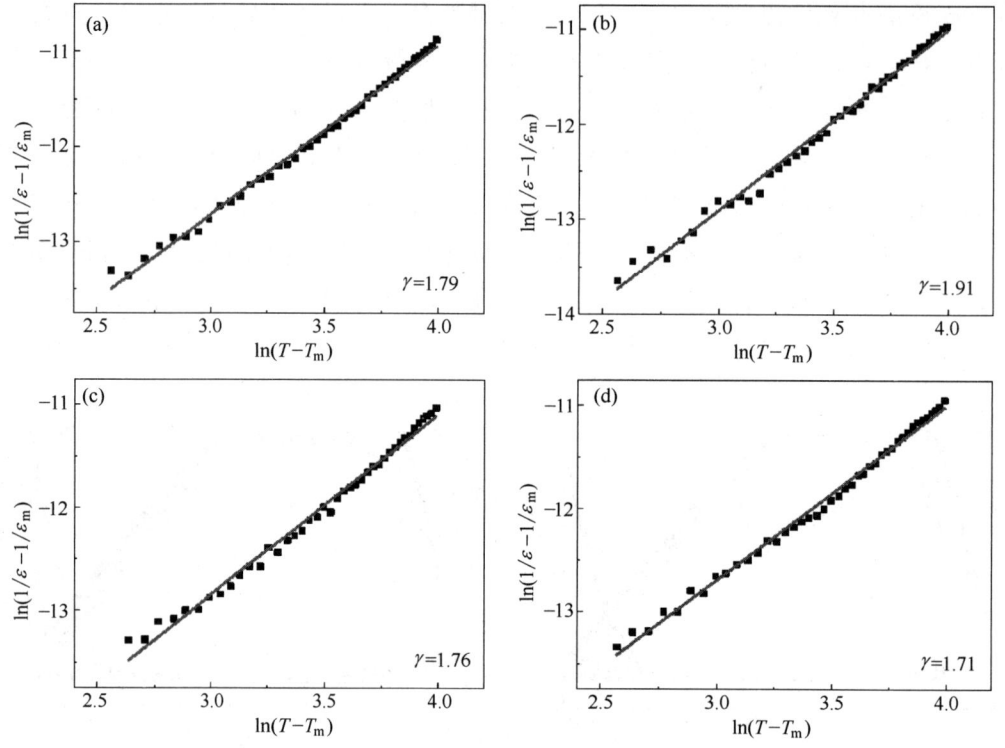

图 6.56　$Na_{0.375}Bi_{0.375}Sr_{0.25}Ti_{0.975}Nb_{0.025}O_3$-$x$($Ti_{0.2}Zr_{0.2}Hf_{0.2}Al_{0.2}Ta_{0.2}$)$O_2$
陶瓷 $\ln(T-T_m)$ 与 $\ln(1/\varepsilon-1/\varepsilon_m)$ 的线性拟合
(a) $x=0.5\%$；(b) $x=1\%$；(c) $x=2\%$；(d) $x=4\%$

6.5.3　$Na_{0.375}Bi_{0.375}Sr_{0.25}Ti_{0.975}Nb_{0.025}O_3$-$x$($Ti_{0.2}Zr_{0.2}Hf_{0.2}Al_{0.2}Ta_{0.2}$)$O_2$ 陶瓷的储能性能

图 6.57（a）~（d）为 $Na_{0.375}Bi_{0.375}Sr_{0.25}Ti_{0.975}Nb_{0.025}O_3$-$x$($Ti_{0.2}Zr_{0.2}Hf_{0.2}Al_{0.2}Ta_{0.2}$)$O_2$ 陶瓷不同电场时的单边 P-E 曲线，由图可知，随着高熵氧化物含量的提高，所测得的电滞回线逐渐变瘦，这是因为陶瓷的击穿场强增加，同时饱和极化强度降低，电滞回线显示出"纤细"的效果。高熵氧化物含量 $x=0.5\%$、1%、2%、4% 对

应的击穿场强分别为 55kV/cm、70kV/cm、80kV/cm、90kV/cm，均高于未添加的陶瓷的 50kV/cm，说明添加高熵氧化物能够提高陶瓷的击穿场强。

为了分析高熵氧化物含量对陶瓷储能性能的影响，图 6.58 中给出了不同电场时 $Na_{0.375}Bi_{0.375}Sr_{0.25}Ti_{0.975}Nb_{0.025}O_3-x(Ti_{0.2}Zr_{0.2}Hf_{0.2}Al_{0.2}Ta_{0.2})O_2$ 陶瓷的储能性能。从图 6.58（a）可以看出，陶瓷在击穿场强下的有效储能密度随高熵氧化物含量的增加而增大，在 $x=4\%$ 时有效储能密度最高为 $0.885J/cm^3$，能量损耗随高熵氧化物的含

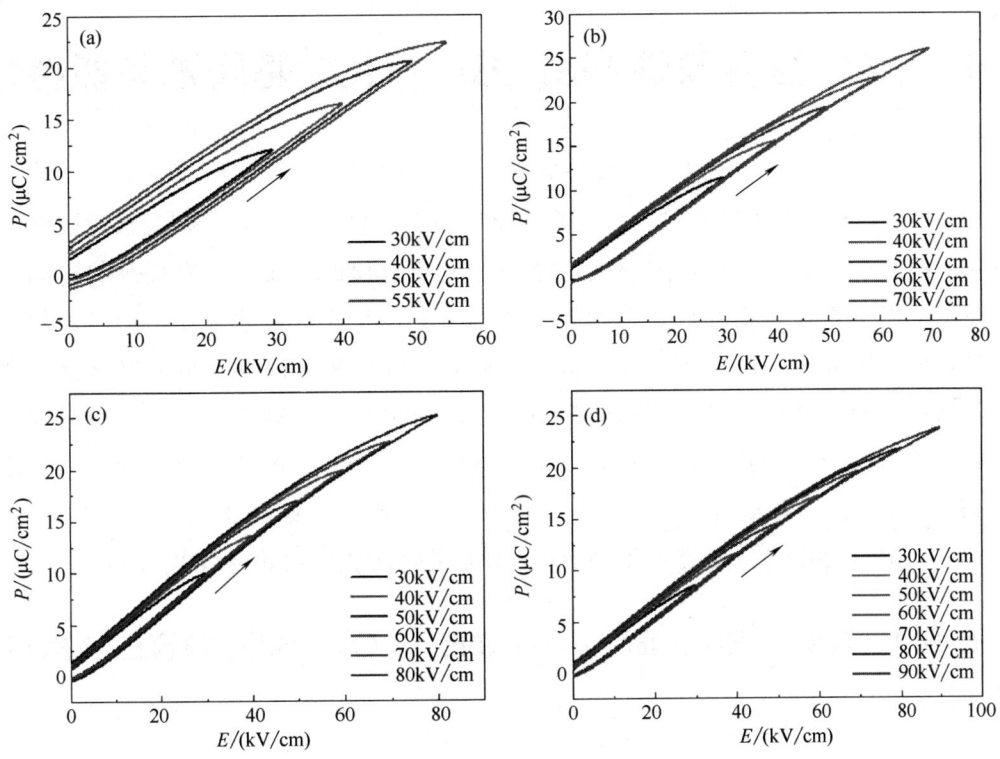

图 6.57 不同电场下 $Na_{0.375}Bi_{0.375}Sr_{0.25}Ti_{0.975}Nb_{0.025}O_3-x(Ti_{0.2}Zr_{0.2}Hf_{0.2}Al_{0.2}Ta_{0.2})O_2$
陶瓷的单边电滞回线
(a) $x=0.5\%$；(b) $x=1\%$；(c) $x=2\%$；(d) $x=4\%$

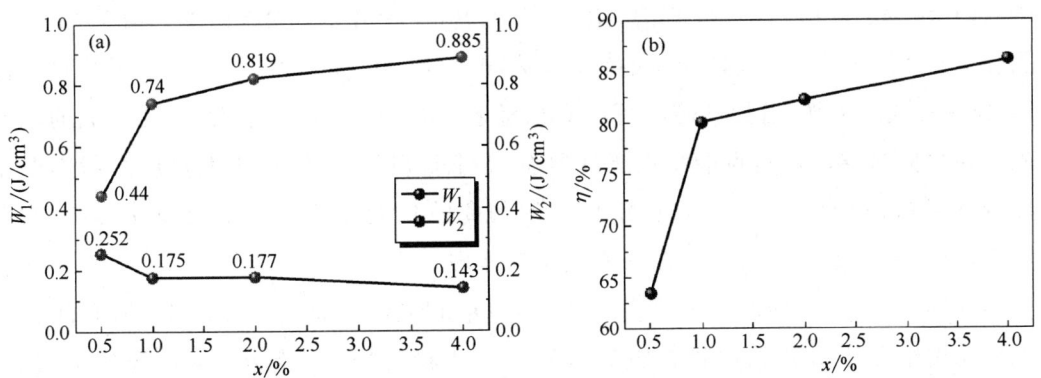

图 6.58 $Na_{0.375}Bi_{0.375}Sr_{0.25}Ti_{0.975}Nb_{0.025}O_3-x(Ti_{0.2}Zr_{0.2}Hf_{0.2}Al_{0.2}Ta_{0.2})O_2$ 陶瓷在各自击穿场强下的（a）储能密度和能量损耗；(b) 储能效率随高熵氧化物含量变化关系

量增加而降低，当 $x=4\%$ 时能量损耗最低为 $0.143J/cm^3$；从图 6.58（b）可以看出，储能效率随着高熵氧化物含量的增加而提高，$x=4\%$ 时储能效率最高，为 86.1%。由此可见，高熵氧化物的添加可以同时提高 NBT 基陶瓷有效储能密度以及效率，其中，4%的高熵氧化物的陶瓷有效储能密度为 $0.885J/cm^3$，储能效率为 86.1%。高熵氧化物复合改性的 NBT-ST 基陶瓷在陶瓷电容器中有很好的应用前景。

6.6 SiO$_2$ 复合改性 Na$_{0.5}$Bi$_{0.5}$TiO$_3$ 基陶瓷储能特性

Nb^{5+} 的掺杂可以迫使 Ti^{4+} 变价，形成 Nb^{5+}-Ti^{3+} 离子对，降低剩余极化强度，达到电滞回线"瘦腰"的目的，但是其击穿场强仍处于较低状态，还有提高的空间。想要提高材料击穿性能就需要从材料的微观结构入手，改善材料的微观结构以及陶瓷制备工艺，增加陶瓷致密度或者添加抗击穿材料成分进行复合改性。玻璃符合这两个条件，玻璃在陶瓷烧结中可以起到助烧剂的作用，细化晶粒，减小气孔率。同时玻璃属于线性电介质，其击穿场强很高，介电常数低，介电损耗低。所以在 0.75NBT-0.25ST-0.2%Nb 体系的基础上，加入 SiO$_2$ 提高陶瓷击穿场强（Na$_{0.375}$Bi$_{0.375}$Sr$_{0.25}$Ti$_{0.975}$Nb$_{0.025}$O$_3$-xSiO$_2$）。研究了不同 SiO$_2$ 添加量时陶瓷的抗击穿特性及储能特性。

6.6.1 Na$_{0.375}$Bi$_{0.375}$Sr$_{0.25}$Ti$_{0.975}$Nb$_{0.025}$O$_3$-xSiO$_2$ 陶瓷的物相与表面形貌

用传统固相烧结法制备了 Na$_{0.375}$Bi$_{0.375}$Sr$_{0.25}$Ti$_{0.975}$Nb$_{0.025}$O$_3$-xSiO$_2$ 陶瓷，其中 SiO$_2$ 添加量分别为 1%、3%、5%、7%，陶瓷的预烧温度为 950℃，烧结温度在 SiO$_2$ 添加量为 1%、3%、5%、7%时分别为 1150℃、1120℃、1115℃和 1110℃。图 6.59（a）为 Na$_{0.375}$Bi$_{0.375}$Sr$_{0.25}$Ti$_{0.975}$Nb$_{0.025}$O$_3$-xSiO$_2$ 陶瓷的 XRD 谱图，由于 SiO$_2$ 为非晶相，在 XRD 图中只呈现均一的钙钛矿相。图 6.59（b）为不同 SiO$_2$ 添加量的陶瓷在 32°～33°的 XRD 精扫谱图，可以看出随着 SiO$_2$ 添加量的增大（110）晶面的峰位先向左再向右移动，这可能是由于在复合材料中 SiO$_2$ 添加量增大使应力状态改变造成的。图 6.59（c）为不同 SiO$_2$ 添加量的陶瓷的拉曼图谱，可证明非晶 SiO$_2$ 的存在，但由于 SiO$_2$ 添加量太少，在图谱中没有体现。

图 6.60 为 Na$_{0.375}$Bi$_{0.375}$Sr$_{0.25}$Ti$_{0.975}$Nb$_{0.025}$O$_3$-xSiO$_2$ 陶瓷的 SEM 图，所有陶瓷表面颗粒均由小多边形和圆形颗粒组成，颗粒尺寸较为均一。随着 SiO$_2$ 添加量增加，晶粒尺寸逐渐减小，当 $x=7\%$ 时陶瓷表面有大的孔洞存在。随着 SiO$_2$ 添加量增加，陶瓷的平均晶粒尺寸分别为 0.751μm、0.593μm、0.397μm 和 0.275μm，可以看出，

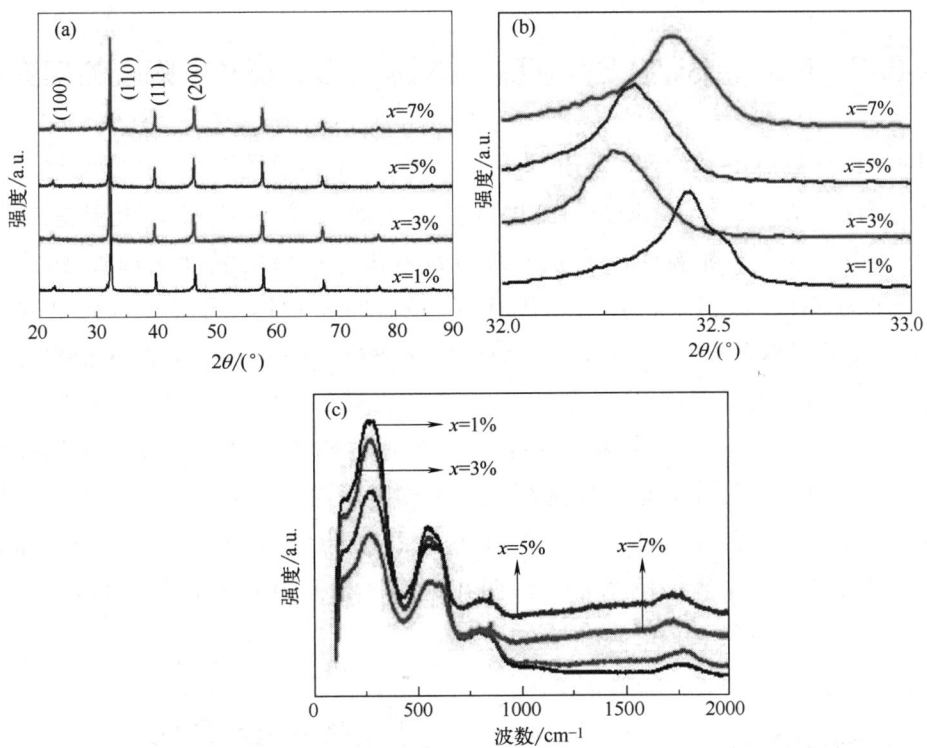

图 6.59 $Na_{0.375}Bi_{0.375}Sr_{0.25}Ti_{0.975}Nb_{0.025}O_3$-$x$$SiO_2$ 陶瓷

(a) 20°～90°，(b) 32°～33°XRD 图，(c) 拉曼光谱

SiO_2 的添加可以降低烧结温度，细化晶粒，减小晶粒尺寸，但过多的添加可能会导致晶粒团聚，陶瓷会出现孔洞、缺陷等。

图 6.60 $Na_{0.375}Bi_{0.375}Sr_{0.25}Ti_{0.975}Nb_{0.025}O_3$-$x$$SiO_2$ 陶瓷的 SEM 图

(a) $x=1\%$；(b) $x=3\%$；(c) $x=5\%$；(d) $x=7\%$

6.6.2 $Na_{0.375}Bi_{0.375}Sr_{0.25}Ti_{0.975}Nb_{0.025}O_3$-$xSiO_2$ 陶瓷的相变行为

图 6.61（a）～（d）是 $Na_{0.375}Bi_{0.375}Sr_{0.25}Ti_{0.975}Nb_{0.025}O_3$-$xSiO_2$ 的介温谱，测试的频率是 1kHz、10kHz 和 100kHz，测试的温度范围是 30～450℃，升温速率为 2℃/min。从图中介电常数随温度的变化曲线可以看出，在相同温度下随着 SiO_2 含量增加，介电常数降低，这是因为 SiO_2 破坏了原有的铁电性，同时本身介电常数只有 3.9，所以显著降低复合陶瓷的介电常数。除了 SiO_2 含量 $x=7\%$ 的陶瓷都存在两个相变峰，分别对应居里温度和 R/T 相变温度。这两个峰值分别表示铁电相向弛豫相的转变和弛豫相向顺电相的转变。不同 SiO_2 含量的陶瓷，会发生相变弥散和频率色散现象，即介电峰宽化和居里温度随测试频率提高而提高。R/T 相变温度在室温，说明陶瓷室温下就是弛豫相。此外，在 R/T 相变温度到 400℃ 之间，介电损耗随着温度的增加一直保持在一个较低的水平，说明在此温度区间材料的损耗较低，漏电较低，较低的损耗会保证材料较长的寿命。

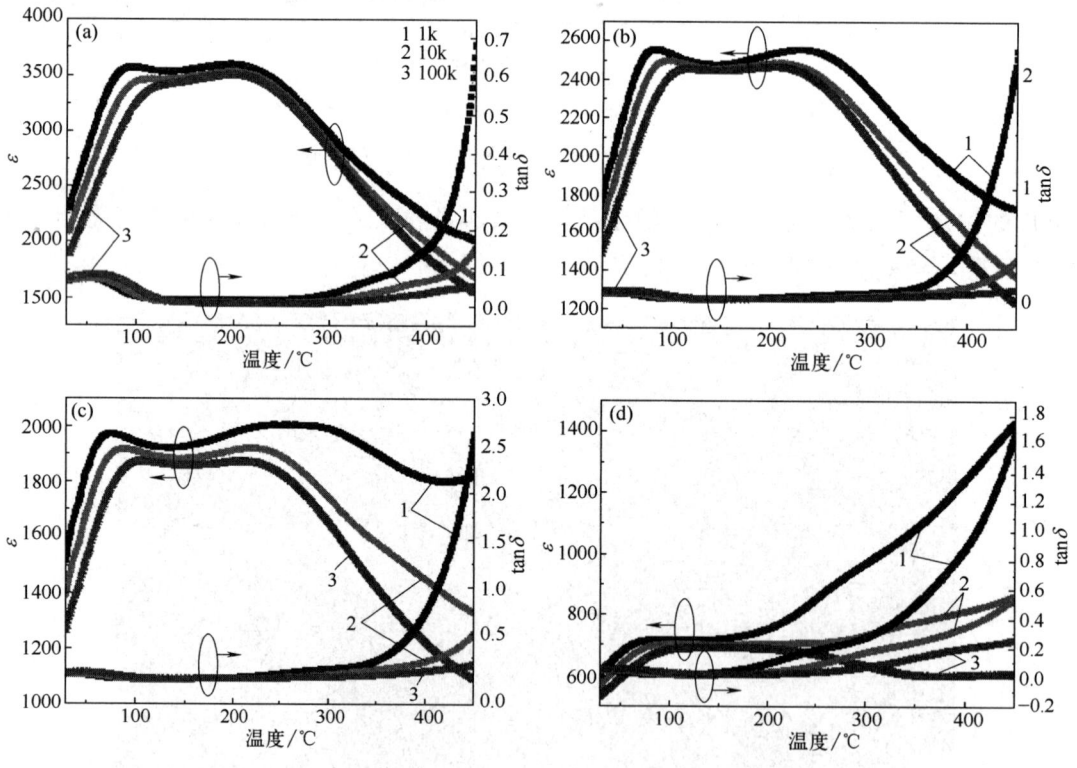

图 6.61 $Na_{0.375}Bi_{0.375}Sr_{0.25}Ti_{0.975}Nb_{0.025}O_3$-$xSiO_2$ 陶瓷的介温谱
(a) $x=0$；(b) $x=1\%$；(c) $x=3\%$；(d) $x=7\%$

在 1kHz 频率时，在居里温度以上，随着温度增加，介电常数先减小，再急剧增加，且介电常数开始增加的温度随 SiO_2 含量增加而降低。对这一现象的猜测是通常情况下铁电陶瓷过了居里温度之后，介电常数是要降低的。介电常数再次提高可能是由于界面处绝缘的二氧化硅与立方的陶瓷相形成了界面势垒层结构，从而提高介电常数。介电常数开始增加的温度降低，可能与R/T相变温度降低有关。

为了更直观地比较SiO_2含量对居里温度以及R/T相变温度的影响，本节给出了SiO_2含量对应的居里温度和R/T相变温度。图6.62是在10kHz频率条件下，居里温度以及R/T相变温度随SiO_2含量的变化趋势。首先，随着SiO_2含量的增加，$Na_{0.375}Bi_{0.375}Sr_{0.25}Ti_{0.975}Nb_{0.025}O_3$-$xSiO_2$陶瓷的居里温度逐渐升高。其中，$x=0$、1%、3%、7%时的居里温度分别为197.5℃、204.1℃、221.7℃、243℃。R/T相变温度呈现降低趋势，$x=0$、1%、3%、7%时的R/T相变温度分别为53.5℃、46℃、34.7℃、34℃，逐渐接近于室温，这说明陶瓷室温下就是弛豫相。以上证明了SiO_2的添加会升高居里温度和降低R/T相变温度，可以调节陶瓷的温度使用范围。

图6.63为在10kHz时$Na_{0.375}Bi_{0.375}Sr_{0.25}Ti_{0.975}Nb_{0.025}O_3$-$xSiO_2$陶瓷$\ln(T-T_m)$对$\ln(1/\varepsilon-1/\varepsilon_m)$线性拟合的结果。由图可知，不同$SiO_2$含量陶瓷的$\ln(T-T_m)$和$\ln(1/\varepsilon-1/\varepsilon_m)$均成线性关系，可用直线进行拟合，当$x=0$、1%、3%时，直线的斜率大于1.7，说明这些组分陶瓷均为弛豫型铁电体。当$x=7$%时，γ为1.58，说明其不是弛豫型铁电体，这在后续的铁电性能测试中也得以证明。随着SiO_2含量的增加，弥散度逐渐减低，这是因为SiO_2是线性电介质。

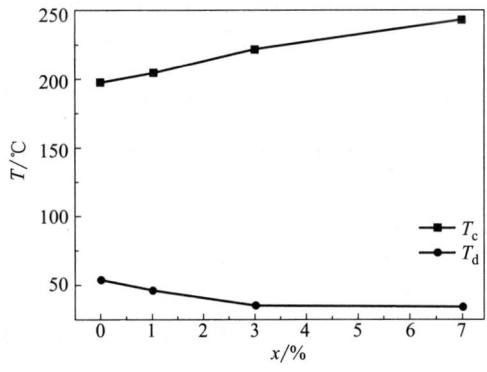

图6.62　在10kHz频率下，居里温度和R/T相变温度与SiO_2含量的关系

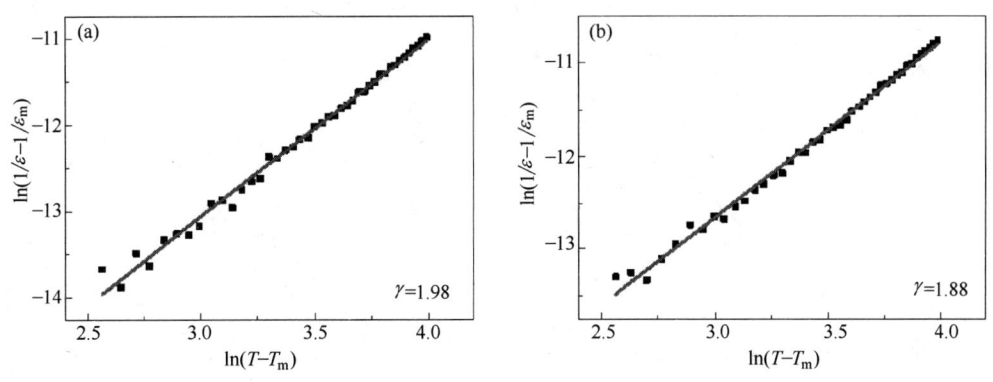

图6.63

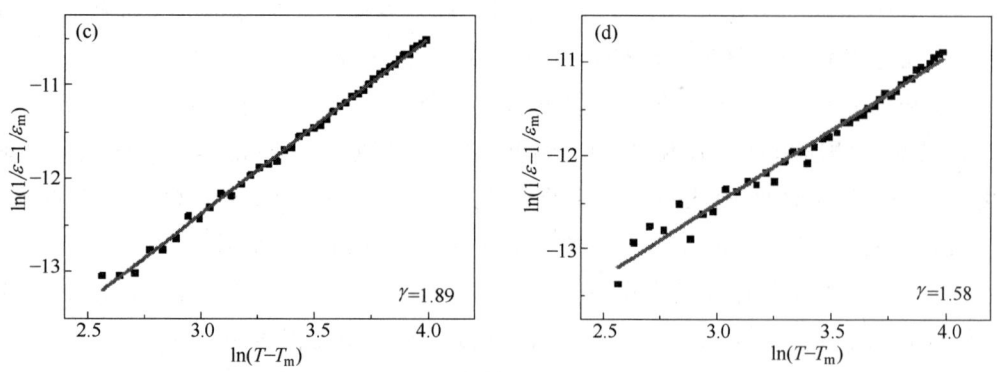

图 6.63 $Na_{0.375}Bi_{0.375}Sr_{0.25}Ti_{0.975}Nb_{0.025}O_3$-$xSiO_2$ 陶瓷 $\ln(T-T_m)$ 与 $\ln(1/\varepsilon-1/\varepsilon_m)$ 的线性拟合
(a) $x=0$；(b) $x=1\%$；(c) $x=3\%$；(d) $x=7\%$

6.6.3　$Na_{0.375}Bi_{0.375}Sr_{0.25}Ti_{0.975}Nb_{0.025}O_3$-$xSiO_2$ 陶瓷的储能性能

图 6.64（a）～（d）为 $Na_{0.375}Bi_{0.375}Sr_{0.25}Ti_{0.975}Nb_{0.025}O_3$-$xSiO_2$ 陶瓷的电滞回线，由图可知，除了 $x=7\%$，随着 SiO_2 含量的提高，所测得的电滞回线逐渐变瘦，这是因为陶瓷的击穿场强增加，同时饱和极化强度降低，在视觉上呈现纵向变窄横向拉长的效果，SiO_2 添加对陶瓷的抗击穿特性是有提高的。但是当 $x=7\%$ 时，电滞回线的线形发生了变化，过多的 SiO_2 添加会使陶瓷变为铁电体，这与线性拟合的结论保持一致。

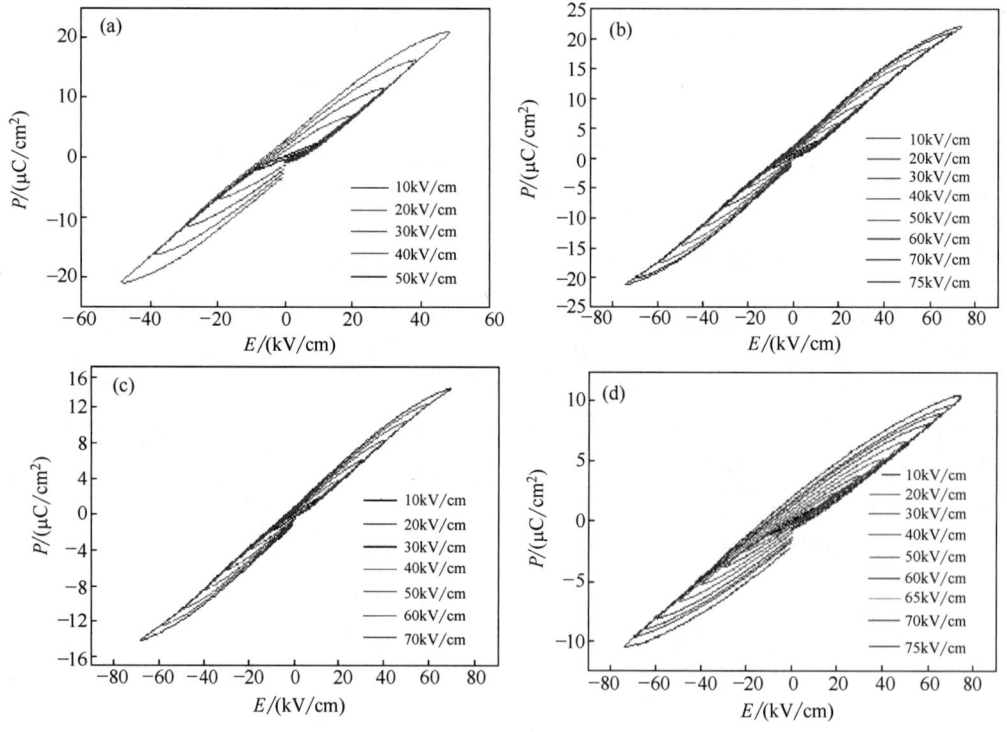

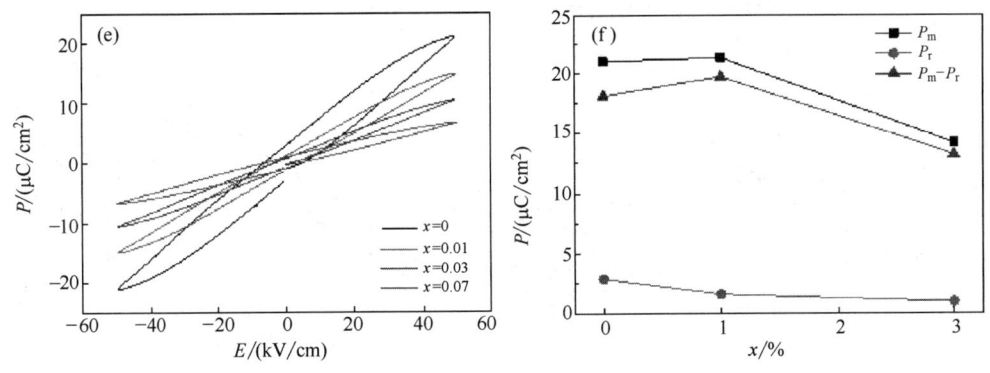

图 6.64 室温下 $Na_{0.375}Bi_{0.375}Sr_{0.25}Ti_{0.975}Nb_{0.025}O_3$-$x$$SiO_2$ 的 (a) $x=0$, (b) $x=1\%$, (c) $x=3\%$, (d) $x=7\%$ 的电滞回线; (e) 电场为 50kV/cm 时的 P-E 曲线; (f) P_m, P_r, P_m-P_r 随 SiO_2 含量变化关系图

图 6.64 (e) 为不同 SiO_2 含量下 $Na_{0.375}Bi_{0.375}Sr_{0.25}Ti_{0.975}Nb_{0.025}O_3$-$x$$SiO_2$ 陶瓷在外加电场强度为 50kV/cm 时的 P-E 曲线。可以推断,SiO_2 含量提升使得电滞回线变扁变纤细,其 P_m 和 P_r 都减小,饱和极化强度降幅较大。饱和极化强度的降低可能会降低有效储能密度,但是纤细的电滞回线会使有效储能密度变大。图 6.64 (f) 是在击穿场强时的饱和极化强度、剩余极化强度、二者差值随 SiO_2 含量的变化关系,可以看出饱和极化强度随 SiO_2 含量的增加,先增加再减小,增加的部分是由于 SiO_2 增加了其击穿场强,在高电场强度下的饱和极化强度增大抵消了 SiO_2 对极化强度的降低,减小的部分是由于 SiO_2 增加击穿场强而增加的饱和极化强度没有抵消 SiO_2 降低的极化强度;剩余极化强度降低,由 $x=0$ 时的 $2.8726\mu C/cm^2$ 降低到 $x=0.03$ 时的 $0.965\mu C/cm^2$ 是由于 SiO_2 铁电性差,总体极化强度低导致的;二者差值受饱和极化强度的主导作用,变化趋势与其一致,在 $x=1\%$ 时 P_m-P_r 值最大为 $19.72\mu C/cm^2$。高电场强度使得电介质中少量载流子快速移动,碰撞晶格的原子让其移动且扩散此移动造成击穿。SiO_2 作为非晶物质存在于晶界处,受到应力时可以变形,减缓了击穿的过程。击穿时的电压值较大,当介质厚度一定时,表现为增大了击穿场强。

图 6.65 (a)~(d) 为不同 SiO_2 含量在不同电场下的单边电滞回线,可以看出除了 $x=7\%$ 陶瓷的击穿场强提高,饱和极化强度在降低,电滞回线变瘦。

为了更直观地看出 SiO_2 含量对陶瓷储能性能的影响,图 6.65 (a) 中给出了陶瓷在击穿场强下储能密度随 SiO_2 含量的变化,在 $x=1\%$ 时有效储能密度达到最大值 $0.615J/cm^3$,此时储能效率为 75.3%;当 $x=3\%$ 时,储能效率最高,为 79.1%。从图 6.65 (b) 可以看出,在 SiO_2 含量为 1% 和 3% 时,储能效率较高。所以可以得出结论,适当添加 SiO_2 可以提高储能密度以及保持较高储能效率,添加 1% 的 SiO_2 时储能性能最好,其有效储能密度为 $0.615J/cm^3$,储能效率为 75.3%。

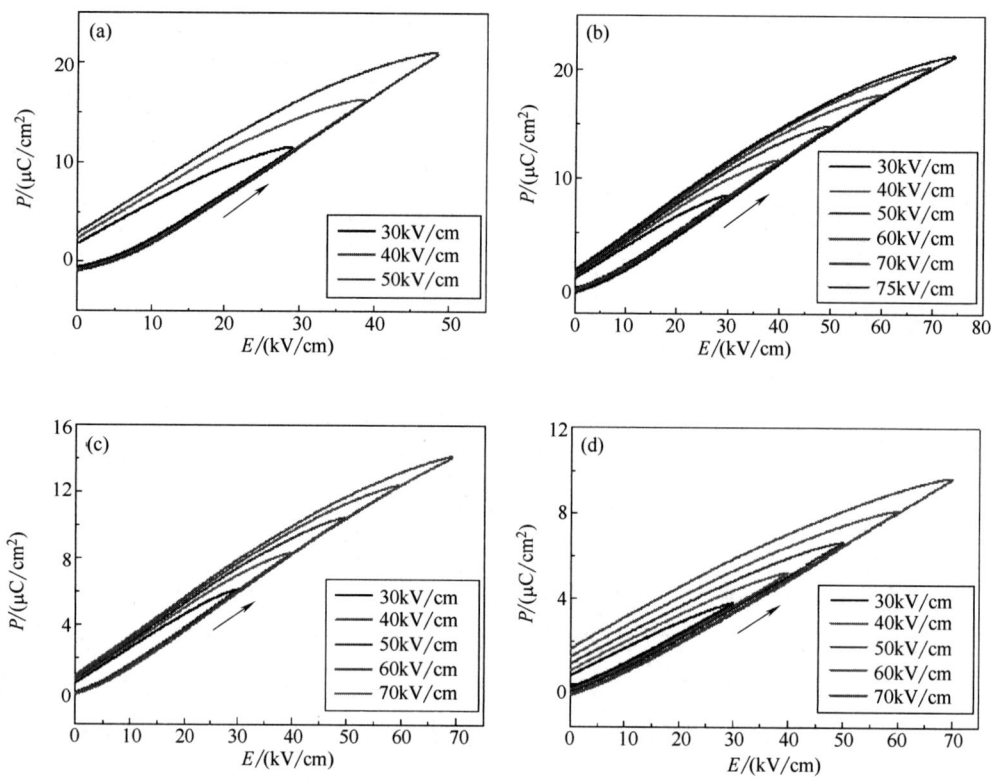

图 6.65 不同电场下 $Na_{0.375}Bi_{0.375}Sr_{0.25}Ti_{0.975}Nb_{0.025}O_3$-$xSiO_2$ 陶瓷的单边电滞回线

(a) $x=0$；(b) $x=1\%$；(c) $x=3\%$；(d) $x=7\%$

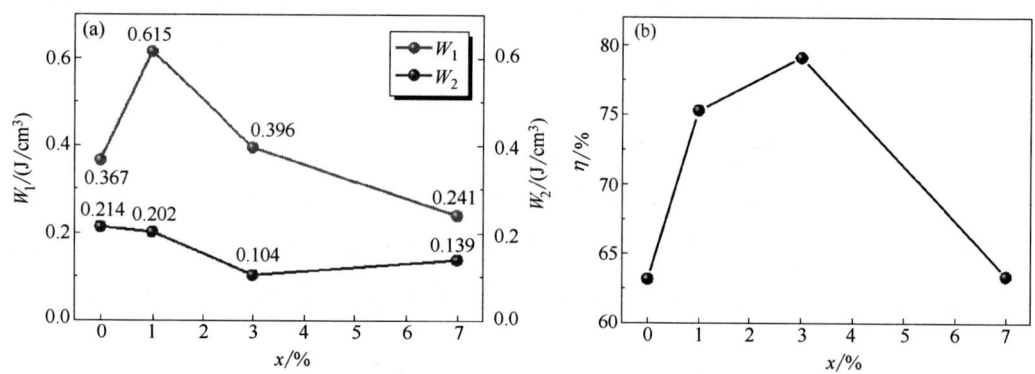

图 6.66　$Na_{0.375}Bi_{0.375}Sr_{0.25}Ti_{0.975}Nb_{0.025}O_3$-$xSiO_2$ 陶瓷在各自击穿场强下的

(a) 储能密度；(b) 储能效率随 SiO$_2$ 含量的变化关系

以上研究表明，SiO$_2$ 为非晶态，存在于晶界处，当应力状态改变时，SiO$_2$ 会变形来减缓击穿的过程，会提高 NBT 基陶瓷的击穿场强，但 SiO$_2$ 为线性电介质，极化强度低，其添加也会降低陶瓷的饱和极化强度。当找到击穿场强和饱和极化强度的平衡时，会得到最高的有效储能密度和较高的储能效率，在 $Na_{0.375}Bi_{0.375}Sr_{0.25}Ti_{0.975}Nb_{0.025}O_3$-$xSiO_2$ 体系中，$x=1\%$ 时，储能密度最高为 0.615J/cm^3，储能效率为 75.3%。

参考文献

[1] Hao X. A review on the dielectric materials for high energy-storage application. Journal of Advanced Dielectrics, 2013, 03 (01): 1330001.

[2] Chu B, Zhou X, Ren K, Neese B, Lin M R, Wang Q, Bauer F, Zhang Q M. A dielectric polymer with high electric energy density and fast discharge speed. Science, 2006, 313 (5785): 334-336.

[3] Li H, Ren L L, Zhou Y, Yao B, Wang Q. Recent progress in polymer dielectrics containing boron nitride nanosheets for high energy density capacitors. High Voltage, 2020, 5 (4): 365-376.

[4] Cho S, Yun C, Kim Y S, Wang H, Jian J, Zhang W R, Huang J J, Wang X J, Wang H Y, MacManus-Driscoll J L. Strongly enhanced dielectric and energy storage properties in lead-free perovskite titanate thin films by alloying. Nano Energy, 2018, 45: 398-406.

[5] Zeng F Z, Cao M H, Zhang L, Liu M, Hao H, Yao Z H, Liu H X. Microstructure and dielectric properties of $SrTiO_3$ ceramics by controlled growth of silica shells on $SrTiO_3$ nanoparticles. Ceramics International, 2017, 43 (10): 7710-7716.

[6] Gao F, Dong X L, Mao C L, Cao F, Wang G S. Phase diagram of $(1-x\%)(0.89Bi_{0.5}Na_{0.5}TiO_3-0.06BaTiO_3-0.05K_{0.5}Na_{0.5}NbO_3)-x\%MnO_2$ lead-free anti-ferroelectric ceramics. Solid State Communications, 2012, 152 (17): 1670-1672.

[7] Luo L H, Wang B Y, Jiang X J, Li W P. Energy storage properties of $(1-x)(Bi_{0.5}Na_{0.5})TiO_3$-$xKNbO_3$ lead-free ceramics. Journal of Materials Science, 2013, 49 (4): 1659-1665.

[8] Ding J X, Liu Y F, Lu Y N, Qian H, Gao H, Chen H, Ma C J. Enhanced energy-storage properties of $0.89Bi_{0.5}Na_{0.5}TiO_3-0.06BaTiO_3-0.05K_{0.5}Na_{0.5}NbO_3$ lead-free anti-ferroelectric ceramics by two-step sintering method. Materials Letters, 2014, 114: 107-110.

[9] Wang Y F, Lv Z L, Xie H, Cao J. High energy-storage properties of $[(Bi_{1/2}Na_{1/2})_{0.94}Ba_{0.06}]La_{(1-x)}Zr_xTiO_3$ lead-free anti-ferroelectric ceramics. Ceramics International, 2014, 40 (3): 4323-4326.

[10] Wang B Y, Luo L H, Jiang X J, Li W P, Chen H B. Energy-storage properties of $(1-x)Bi_{0.47}Na_{0.47}Ba_{0.06}TiO_3$-$xKNbO_3$ lead-free ceramics. Journal of Alloys and Compounds, 2014, 585: 14-18.

[11] Xu Q, Li T M, Hao H, Zhang S J, Wang Z J, Cao M H, Yao Z H, Liu H X. Enhanced energy storage properties of $NaNbO_3$ modified $Bi_{0.5}Na_{0.5}TiO_3$ based ceramics. Journal of the European Ceramic Society, 2015, 35 (2): 545-553.

[12] Zhang L, Pu X Y, Chen M, Bai S S, Pu Y P. Influence of $BaSnO_3$ additive on the energy storage properties of $Na_{0.5}Bi_{0.5}TiO_3$-based relaxor ferroelectrics. Journal of the European Ceramic Society, 2018, 38: 2304-2311.

[13] Wu J Y, Mahajan A, Riekehr L, Zhang H F, Yang B, Meng N, Zhang Z, Yan H X. Perovs-

kite $Sr_x(Bi_{1-x}Na_{0.97-x}Li_{0.03})_{0.5}TiO_3$ ceramics with polar nano regions for high power energy storage. Nano Energy, 2018, 50: 723-732.

[14] Wu Y C, Wang G S, Jiao Z, Fan Y Z, Peng P, Dong X L. High electrostrictive properties and energy storage performances with excellent thermal stability in Nb-doped $Bi_{0.5}Na_{0.5}TiO_3$-based ceramics. RSC Advances, 2019, 9: 21355.

[15] Zhang L, Hao X. Dielectric properties and energy-storage performances of $(1-x)(Bi_{0.5}Na_{0.5})TiO_3$-$x$$SrTiO_3$ thick films prepared by screen printing technique. Journal of Alloys and Compounds, 2014, 586: 674-678.

[16] Li Q N, Zhou C R, Xu J W, Yang L, Zhang X, Zeng W D, Yuan C L, Chen G H, Rao G H. Ergodic relaxor state with high energy storage performance induced by doping $Sr_{0.85}Bi_{0.1}TiO_3$ in $Bi_{0.5}Na_{0.5}TiO_3$ ceramics. Journal of Electronic Materials, 2016, 45 (10): 5146-5151

[17] Pu Y P, Zhang L, Cui Y F, Chen M. High energy storage density and optical transparency of microwave sintered homogeneous $(Na_{0.5}Bi_{0.5})_{1-x}Ba_xTi_{1-y}Sn_yO_3$ Ceramics. ACS Sustainable Chemistry & Engineering, 2018, 6: 6102-6109.

[18] 胡笛. 脉冲电容器用$Na_{0.5}Bi_{0.5}TiO_3$基介电陶瓷的制备、储能性能及温度稳定性研究. 宁波：宁波大学，2021.

[19] Jiang S L, Zhang L, Zhang G Z, Liu S S, Yi J Q, Xiong X, Yu Y, He J G, Zeng Y K. Effect of Zr:Sn ratio in the lead lanthanum zirconate stannate titanate anti-ferroelectric ceramics on energy storage properties. Ceramics International, 2013, 39 (5): 5571-5575.

[20] Zhang T D, Zhao Y, Li W L, Fei W D. High energy storage density at low electric field of ABO_3 antiferroelectric films with ionic pair doping. Energy Storage Materials, 2019, 18: 238-245.

[21] Zhang T D, Li W L, Zhao Y, Yu Y, Fei W D. High energy storage performance of opposite double-heterojunction ferroelectricity-insulators. Advanced Functional Materials, 2018, 28 (10): 1706211.

[22] Hao X H, Wang Y, Zhang L, Zhang L W, An S L. Composition-dependent dielectric and energy-storage properties of (Pb,La)(Zr,Sn,Ti)O_3 antiferroelectric thick films. Applied Physics Letters, 2013, 102 (16): 163903.

[23] 王茜. 钛酸钡基铁电陶瓷的介电储能特性研究. 济南：山东大学，2020.

[24] Meng D, Feng Q, Luo N N, Yuan C L, Zhou C R, Wei Y Z, Fujita T, You H, Chen G H. Effect of $Sr(Zn_{1/3}Nb_{2/3})O_3$ modification on the energy storage performance of $BaTiO_3$ ceramics. Ceramics International, 2021, 47: 12450-12458.

[25] Qu B Y, Du H L, Yang Z T. Lead-free relaxor ferroelectric ceramics with high optical transparency and energy storage ability. Journal of Materials Chemistry C, 2016, 4 (9): 1795-1803.

[26] Yang Z T, Du H L, Qu S B, Hou Y D, Ma H, Wang J F, Wang J, Wei X Y, Xu Z. Significantly enhanced recoverable energy storage density in potassium-sodium niobate-based lead free ceramics. Journal of Materials Chemistry A, 2016, 4 (36): 13778-13785.

[27] Lin J F, Ge G L, Zhu K, Bai H R, Sa B S, Yan F, Li G H, Shi C, Zhai J W, Wu X, Zhang Q W. Simultaneously achieving high performance of energy storage and transparency via A-site non-stoichiometric defect engineering in KNNbased ceramics. Chemical Engineering Journal, 2022, 44 (38): 136538.

[28] Gao F, Dong X L, Mao C L, Cao F, Wang G S. Phase diagram of $(1-x\%)(0.89Bi_{0.5}Na_{0.5}TiO_3$-$0.06BaTiO_3$-$0.05K_{0.5}Na_{0.5}NbO_3)$-$x\%MnO_2$ lead-free anti-ferroelectric ceramics. Solid State Communications, 2012, 152 (17): 1670-1672.

[29] Luo L H, Wang B Y, Jiang X J, Li W P. Energy storage properties of $(1-x)(Bi_{0.5}Na_{0.5})TiO_3$-$xKNbO_3$ lead-free ceramics. Journal of Materials Science, 2013, 49 (4): 1659-1665.

[30] Ding J X, Liu Y F, Lu Y N, Qian H, Gao H, Chen H, Ma C J. Enhanced energy-storage properties of $0.89Bi_{0.5}Na_{0.5}TiO_3$-$0.06BaTiO_3$-$0.05K_{0.5}Na_{0.5}NbO_3$ lead-free anti-ferroelectric ceramics by two-step sintering method. Materials Letters, 2014, 114: 107-110.

[31] Zhang L, Hao X, Zhang L. Enhanced energy-storage performances of Bi_2O_3-Li_2O added $(1-x)(Na_{0.5}Bi_{0.5})TiO_3$-$xBaTiO_3$ thick films. Ceramics International, 2014, 40 (6): 8847-8851.

[32] Wang Y F, Lv Z L, Xie H, Cao J. High energy-storage properties of $[(Bi_{1/2}Na_{1/2})_{0.94}Ba_{0.06}]La_{(1-x)}Zr_xTiO_3$ lead-free anti-ferroelectric ceramics. Ceramics International, 2014, 40 (3): 4323-4326.

[33] Ye J J, Liu Y F, Lu Y N, Ding J X, Ma C J, Qian H, Yu Z L. Enhanced energy-storage properties of $SrTiO_3$ doped $(Bi_{1/2}Na_{1/2})TiO_3$-$(Bi_{1/2}K_{1/2})TiO_3$ lead-free antiferroelectric ceramics. Journal of Materials Science: Materials in Electronics, 2014, 25 (10): 4632-4637.

[34] Wang B Y, Luo L H, Jiang X J, Li W P, Chen H B. Energy-storage properties of $(1-x)Bi_{0.47}Na_{0.47}Ba_{0.06}TiO_3$-$xKNbO_3$ lead-free ceramics. Journal of Alloys and Compounds, 2014, 585: 14-18.

[35] Xu Q, Li T M, Hao H, Zhang S J, Wang Z J, Cao M H, Yao Z H, Liu H X. Enhanced energy storage properties of $NaNbO_3$ modified $Bi_{0.5}Na_{0.5}TiO_3$ based ceramics. Journal of the European Ceramic Society, 2015, 35 (2): 545-553.

[36] Krauss W, Schütz D, Mautner F A, Feteira A, Reichmann K. Piezoelectric properties and phase transition temperatures of the solid solution of $(1-x)(Bi_{0.5}Na_{0.5})TiO_3$-$xSrTiO_3$. Journal of the European Ceramic Society, 2010, 30 (8): 1827-1832.

[37] Malathi A R, Devi C S, Kumar G S, Vithal M, Prasad G. Dielectric relaxation in NBT-ST ceramic composite materials. Ionics, 2013, 19 (12): 1751-1760.

[38] Zhang L, Hao X. Dielectric properties and energy-storage performances of $(1-x)(Bi_{0.5}Na_{0.5})TiO_3$-$xSrTiO_3$ thick films prepared by screen printing technique. Journal of Alloys and Compounds, 2014, 586: 674-678.

[39] Jiao Y, Song S M, Chen F K, Zeng X Y, Wang X R, Song C L, Liu G, Yan Y. Energy storage performance of $0.55Bi_{0.5}Na_{0.5}TiO_3$-$0.45SrTiO_3$ ceramics doped with lanthanide elements (Ln=La, Nd, Dy, Sm) using a viscous polymer processing route. Ceramics International, 2022, 48 (8): 10885-10894.

[40] Liu G, Hu L, Wang Y F, Wang Z Y, Yu L J, Lv J W, Dong J, Wang Y, Tang M Y, Guo B, Yu K, Yan Y. Investigation of electrical and electric energy storage properties of La-doped $Na_{0.3}Sr_{0.4}Bi_{0.3}TiO_3$ based Pb-freeceramics. Ceramics International, 2020, 46 (11): 19375-19384.

[41] Kang R R, Wang Z P, Lou X J, Liu W Y, Shi P, Zhu X P, Guo X D, Li S Y, Sun H N, Zhang L X, Sun Q Z. Energy storage performance of $Bi_{0.5}Na_{0.5}TiO_3$-based relaxor ferroelectric ceramics with superior temperature stability under low electric fields. Chemical Engineering Journal, 2021, 410: 128376.

第7章

Na₀.₅Bi₀.₅TiO₃基铁电陶瓷材料性能评价

NBT 基铁电陶瓷材料是一种具有压电效应的多晶陶瓷材料，由于其性能稳定、制备成本低廉，在电子、通信、医疗、航空等领域有着广泛的应用。随着科技的进步和市场的不断扩大，对压电陶瓷材料的质量及性能的要求也越来越高。因此，对压电陶瓷材料的质量及性能评价显得尤为重要。本章将从压电陶瓷材料的制备工艺以及性能等方面对 NBT 基铁电陶瓷材料的评价要素进行介绍，旨在为 NBT 基铁电陶瓷材料的质量控制及性能优化提供参考。

7.1 Na₀.₅Bi₀.₅TiO₃ 基铁电陶瓷材料制备工艺评价

7.1.1 Na₀.₅Bi₀.₅TiO₃ 基铁电陶瓷材料制备工艺概述

NBT 基铁电陶瓷材料的制备工艺是影响其质量的关键因素之一。制备工艺包括原料选择、配料、混合、成型、烧结、极化等步骤，如图 7.1 所示。

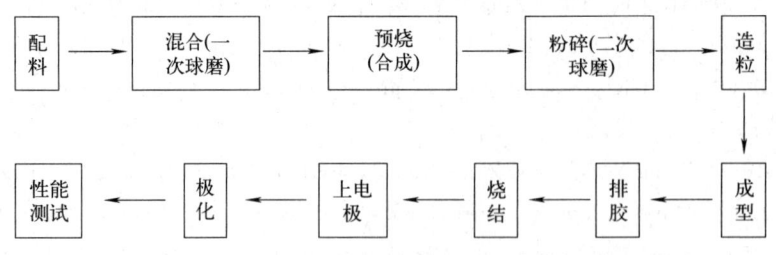

图 7.1 铁电陶瓷材料制备工艺

原料的选择和配料对 NBT 基铁电陶瓷材料的性能有着直接的影响。原料的纯度、粒度、晶体结构等因素都会影响 NBT 基铁电陶瓷材料的性能。因此，在制备过程中应严格控制原料的质量，选择优质原料，并精确计算配料比例。配料是指将各种原料通过物理机械或化学合成方法,制成所需的粉体。主要方法有物理粉碎法(机械制粉法)和化学合成法(固相合成法、液相合成法、气相合成法)。物理粉碎法是以机械力粉碎颗粒的粉末制取方法,本质是将机械施加的机械能转化为粉体的表面能。具有设备成本低、过程简单、易操作、生产效率高等优点,但含有的杂质多,粉体粒度一般在 1μm 以上。化学合成法是由离子、分子、原子通过化学反应、成核、长大、收集、后处理来获得微细颗粒的方法。具有纯度高、粒度均匀可控、颗粒细小、可实现分子级别均匀化等优点,但成本高,过程复杂,周期长。

成型是 NBT 基铁电陶瓷材料的另一个重要步骤,这一过程将配料做成规定的尺寸和形状,并且具有一定机械强度的生坯。成型前,在很细的物料中加入一定增塑剂,制成粒度较大且流动性好的颗粒。原因是二次球磨后的陶瓷粉细、比表面积大、不易成型。所以在成型前使用增塑剂(聚乙烯醇 PVA 等)进行造粒。造粒的作用不仅增加其颗粒度和流动性,而且提高坯体致密度。成型过程中成型压力、保压时间、模具精度等因素都会影响陶瓷材料的致密性和均匀性。因此,应选择合适的成型工艺(图 7.2),确保陶瓷材料的致密性和均匀性。

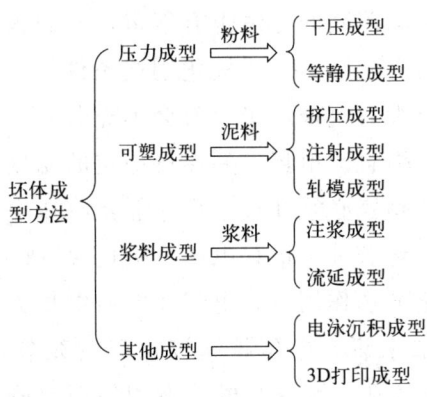

图 7.2 陶瓷材料坯体成型方法

烧结是指将生坯加热到一定温度后收缩,在低于熔点的温度下变成致密烧结体的过程。烧结是制备陶瓷材料的最后一步,也是最为关键的一步。烧结温度和时间是影响压电陶瓷材料性能的关键因素。过高的烧结温度或过长的烧结时间会导致材料的晶粒过大,从而影响其压电性能。图 7.3 所示为烧结温度对气孔率、密度、电阻、强度以及晶粒尺寸的影响。因此,应选择合适的烧结工艺,确保材料的性能稳定。目前陶瓷制备工艺中的烧结方法主要有普通烧结、微波烧结、热压烧结、热等静压烧结、放电等离子体烧结等。其中,普通烧结设备简单,操作方便,烧结时间长,适合大规模生产;微波烧结的本质是微波电磁场与材料的相互作用,由高频交变电磁场引起陶瓷材料内部的自由束缚电荷的剧烈运动,在分子间产生碰撞、摩擦和内耗,将微波能转变成热能,从而产生高温,达到烧结目的,该方法具有极快的加热速度和烧结速度、烧结时间短等优点;热压烧结是利用热辐射加热,降低烧结温度,抑制晶粒生长,提高烧结密度;热等静压烧结是通过气相物质(惰性气体)传递压力到陶瓷坯体,加热过程中其受各向均衡的气体压力，在高温高压共同作用下材料致密化的烧结工艺，具有降低烧结温度、抑制晶粒生长、提高烧结密度、不受外形影响等优点；放电等离子体烧结利用磨具与粉体导电性的差异，在粉体两端施加大电流，使其放电，造成粉体自身加热，迅速实现烧结，具有烧结温度低、进一步抑制晶粒生长、工艺周期短等优点。

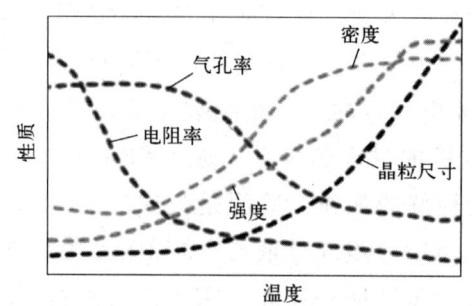

图 7.3 陶瓷材料烧结过程中温度对其性能的影响

极化就是在陶瓷表面设置一层金属薄膜。可作金属薄膜的材料很多，如银、铜、金、镍等。在陶瓷上设置金属薄膜的方法也有很多，如刷银浆、真空蒸镀、化学沉银和化学沉铜等。电极的作用有两点：①为极化创造条件，因为陶瓷本身为绝缘体，极化时要施加高压电场，如果没有电极，极化就会不充分；②起传递电荷的作用。极化过程是在压电陶瓷上加一个强直流电场，并保持一定的温度和时间，使陶瓷中的电畴沿电场方向取向排列。压电陶瓷必须在极化后才能具有压电性。要使压电陶瓷得到完善的极化，必须合理选择极化条件：极化电压、极化温度以及极化时间。

极化电压：只有在极化电场作用下，电畴才能沿电场方向取向排列，所以它是极化条件中的主要因素。一般来说，电压越高极化就越充分，极化电压受到击穿场强 E_b 的限制。E_b 因制品存在气孔、裂纹及成分不均匀而急剧下降，因此，前期工序必须保证制品致密度和均匀性。极化温度：在极化电压和极化时间一定的条件下，极化温度高，电畴取向排列较易，利于极化。提高温度可缩短极化时间，提高极化效率。但较高温度下常遇到制品电阻率太小，而电压加不上的情况。极化时间：陶瓷制品从一个平衡态转变到另一个平衡态所需要的保温保压时间。时间长，电畴取向排列充分，并有利于极化过程中应力的弛豫。综合考虑，确定极化条件应以兼顾发挥压电性能，提高成品率和节省时间为原则。不同成分材料，应通过实验，优化出最佳极化条件。实际应用中通过压电性能来判定极化效果。

7.1.2 $Na_{0.5}Bi_{0.5}TiO_3$ 基铁电陶瓷材料制备工艺评价指标

（1）原料纯度与颗粒度：原料纯度与颗粒度对 NBT 基铁电陶瓷材料性能有直接影响。高纯度的原料可以减少杂质对压电性能的影响，而适当的颗粒度则有利于烧结过程中的致密化。

(2) 配料混合均匀性：配料混合均匀性对 NBT 基铁电陶瓷材料的性能稳定性至关重要。如果混合不均匀，将导致陶瓷体内部成分分布不均，从而影响电性能。

(3) 成型质量：成型质量主要包括 NBT 基铁电陶瓷材料坯体的尺寸精度、表面粗糙度和内部致密度。良好的成型质量有利于后续的烧结和极化过程，从而获得性能优异的 NBT 基铁电陶瓷材料。

(4) 烧结工艺控制：烧结工艺控制包括烧结温度、升温速率、保温时间等参数。合理的烧结工艺可以保证 NBT 基铁电陶瓷体的致密性和微观结构，从而提高压电性能。

(5) 极化工艺优化：极化工艺是影响 NBT 基铁电陶瓷材料性能的关键因素之一。通过优化极化电压、极化时间和极化温度等参数，可以显著提高 NBT 基铁电陶瓷材料的电性能。

7.1.3 $Na_{0.5}Bi_{0.5}TiO_3$ 基铁电陶瓷材料制备工艺评价方法

(1) 性能测试：通过对 NBT 基铁电陶瓷材料的压电常数、介电常数、机械品质因子等性能参数进行测试，可以直观地评价制备工艺的好坏。

(2) 微观结构分析：利用扫描电子显微镜（SEM）、透射电子显微镜（TEM）等仪器对 NBT 基铁电陶瓷材料的微观结构进行观察和分析，可以深入了解制备工艺对材料性能的影响。

(3) 工艺参数优化：通过对比不同工艺参数下制备的 NBT 基铁电陶瓷材料的性能和微观结构，可以找出最佳的工艺参数组合，从而优化制备工艺。

NBT 基铁电陶瓷材料制备工艺评价是一个复杂而重要的过程。通过对原料纯度与颗粒度、配料混合均匀性、成型质量、烧结工艺控制和极化工艺优化等评价指标综合考虑和测试分析，可以全面评价制备工艺的好坏，并为制备性能优异的压电陶瓷提供有力支持。

7.2 $Na_{0.5}Bi_{0.5}TiO_3$ 基铁电陶瓷材料性能评价

NBT 基铁电陶瓷材料的物理性能主要包括压电常数、机械品质因子、应变性能、电致伸缩系数、电卡性能及储能性能等。这些性能参数是衡量压电陶瓷材料应用的重要指标。本节对所研究的 NBT 基铁电陶瓷材料的性能进行相应评价。

7.2.1 $Na_{0.5}Bi_{0.5}TiO_3$ 基铁电陶瓷材料压电性能评价

压电常数是反映 NBT 基铁电陶瓷材料压电效应强弱的物理量。压电常数（d_{33}）

越大,说明其压电效应越强。此外,由于 NBT 基陶瓷存在退极化温度(T_d),其大小直接影响 NBT 基陶瓷在实际中的应用范围。因此,在评价 NBT 基铁电陶瓷材料时,应重点考察其压电常数以及退极化温度的大小。压电常数是衡量压电材料在压电效应下,单位应力所产生的电位移的重要参数。其值越大,表示材料的压电发射性能越好,发射灵敏度越高。一般来说,组分在准同型相界区附近的 NBT 基铁电陶瓷具有较大的压电系数,其范围在 80~300pC/N 之间[1-6]。同时 NBT 基陶瓷的退极化温度随压电性能的提高会发生裂化,故在评价及实际应用时,需考虑两个因素的关系。在本节中设定 $d_{33} \geqslant 250$pC/N 且 $T_d \geqslant 100$℃ 的陶瓷压电性能为一等级,d_{33} 每降低 50pC/N 降低一级,T_d 每降低 30℃ 降低一级。

第 2 章主要研究了 MPB 附近的 0.94NBT-0.06BT、0.82KBT-0.18KBT 以及 0.90NBT-0.05KBT-0.05BT 陶瓷,ST 掺杂的 $(1-x)$[0.94NBT-0.06BT]-xST 陶瓷以及 0.90NBT-0.05KBT-0.05BT 三元体系中利用相同含量的 BT 纳米线替代 BT 胶体制备的三元体系陶瓷的压电性能。对所研究体系的压电性能优劣进行等级评价,见表 7.1。

表 7.1 NBT 基铁电陶瓷的压电性能评价

等级	组分	T_d/℃	d_{33}/(pC/N)	(dS/dE)/(pm/V)	k_p
二	0.96[0.94NBT-0.06BT]-0.04ST	114	205	269	0.34
三	0.90NBT-0.05KBT-0.05BT	78	213	294	0.29
三	0.98[0.94NBT-0.06BT]-0.02ST	126	184	205	0.32
三	0.88NBT-0.06KBT-0.06BT(纳米线)	100	172	—	—
三	0.90NBT-0.05KBT-0.05BT(纳米线)	133	192	—	—
四	0.94NBT-0.06BT	89	165	273	0.25
四	0.94[0.94NBT-0.06BT]-0.06ST	92	180	336	0.31
五	NBT	170	81	97	0.13
六	0.82NBT-0.18KBT	67	145	220	0.22
六	0.92[0.94NBT-0.06BT]-0.08ST	68	113	377	0.19
七	0.90[0.94NBT-0.06BT]-0.10ST	50	82	491	0.17
九	0.80[0.94NBT-0.06BT]-0.20ST	28	32	358	0.14

由此可见,利用 ST 掺杂在 NBT-BT-ST 体系中形成 R、T 两相共存的准同型相界区能够有效改善 NBT 基陶瓷的压电性能。

7.2.2 $Na_{0.5}Bi_{0.5}TiO_3$ 基铁电陶瓷材料应变性能评价

NBT 基陶瓷由于电场引发的铁电相与弛豫相的相变具有优异应变性能。衡量 NBT 基陶瓷应变性能好坏的主要指标是应变大小(S)和应变滞后(H)。目前其应变大小范围在 0.2%~1% 之间[7-16]。在提高应变大小时,应变滞后随之增加,严重影响器件灵敏度。本节设定 $S \geqslant 0.6\%$ 且 $H \leqslant 20\%$ 的 NBT 基陶瓷材料应变性能为一等级,应变大小每降低0.2%降低一级,应变滞后每增加10%降低一级。

第4章主要研究了MnO掺杂T相区0.7NBT-0.3ST和0.65NBT-0.35ST陶瓷、施主Nb_2O_5掺杂T相区的0.65NBT-0.35ST陶瓷、MnO掺杂铁电弛豫两相共存区0.74NBT-0.26ST(0.74NBT-0.26ST-xMn)陶瓷、Nb_2O_5掺杂铁电弛豫两相共存区0.75NBT-0.25ST(0.75NBT-0.25ST-xNb)陶瓷以及Nb-Mn(施主-受主)共掺杂准同型相界区的0.75NBT-0.25ST陶瓷的应变性能。对以上所研究的NBT基陶瓷应变性能进行评价,见表7.2。

表7.2 NBT基铁电陶瓷的应变性能评价

等级	组分	$S/\%$	$H/\%$
一	0.74NBT-0.26ST-0.3%Mn	0.62	11
三	0.65NBT-0.35ST-1.5%Mn	0.22	14
	0.65NBT-0.35ST-1.5%Mn	0.20	18
	0.74NBT-0.26ST	0.22	10
	0.74NBT-0.26ST-0.1%Mn	0.32	7
	0.74NBT-0.26ST-0.5%Mn	0.34	8
四	0.65NBT-0.35ST	0.14	16
	0.65NBT-0.35ST-0.5%Mn	0.19	12
	0.65NBT-0.35ST-0.25%Nb	0.13	11
	0.65NBT-0.35ST-0.5%Nb	0.12	10
	0.65NBT-0.35ST-0.75%Nb	0.12	13
	0.65NBT-0.35ST-0.1%Nb	0.11	13
	0.7NBT-0.3ST-0.1%Mn	0.29	24
	0.7NBT-0.3ST-0.5%Mn	0.32	28
	0.75NBT-0.25ST-1.5%Nb	0.27	25
	0.75NBT-0.25ST-2.0%Nb	0.26	22
	0.75NBT-0.25ST-2.5%Nb	0.2	25
五	0.75NBT-0.25ST-0.5%Nb	0.35	39
	0.75NBT-0.25ST-1.0%Nb	0.36	37
	0.75NBT-0.25ST-1.0%Nb-1.0%Mn	0.19	27
	0.75NBT-0.25ST-1.0%Nb-2.5%Mn	0.28	31

由此可见,在铁电与弛豫两相共存区构建缺陷偶极子,利用缺陷偶极子使畴翻转可逆及电场引发相变的共同作用能够在NBT基铁电陶瓷中诱发优异的应变性能。

7.2.3 $Na_{0.5}Bi_{0.5}TiO_3$基铁电陶瓷材料电致伸缩性能评价

电致伸缩性能是材料发生感生极化时会产生正比于电场强度(极化强度)平方的形变。电致伸缩材料由于具有应变滞后小、不需要极化处理、响应速度快等优点,在精密定位技术中发挥着越来越重要的作用。电致伸缩系数(Q_{33})是评价NBT基陶瓷电致伸缩性能的重要指标。目前NBT基陶瓷电致伸缩系数可以高于$0.04m^4/C^2$[17-20],

故本节设定 $Q_{33} \geqslant 0.04\mathrm{m}^4/\mathrm{C}^2$ 的 NBT 基陶瓷电致伸缩性能为一等级，Q_{33} 每降低 $0.005\mathrm{m}^4/\mathrm{C}^2$ 降低一级。

第 4 章主要研究了元素 Sn 掺杂 0.94NBT-0.06BT-xSn 陶瓷，ST 掺杂 $(1-x)$[0.94NBT-0.06BT]-xST 陶瓷，T 相区的 MnO 掺杂 0.7NBT-0.3ST、0.65NBT-0.35ST 二元体系陶瓷和 $(1-x)$[0.94NBT-0.06BT]-xST 陶瓷以及 $0.7(\mathrm{Bi}_{0.5}\mathrm{Na}_{0.5})\mathrm{Ti}_{0.9}\mathrm{Mn}_{0.1}\mathrm{O}_3$-$0.3\mathrm{Sr}_{(1-3x/2)}\mathrm{Bi}_{x\square x/2}\mathrm{TiO}_3$（NBT-SB$x$T-Mn）陶瓷的电致伸缩性能。对以上所研究的 NBT 基陶瓷电致伸缩性能进行评价，见表 7.3。

表 7.3 NBT 基铁电陶瓷的电致伸缩性能评价

等级	组分	$Q_{33}/(\mathrm{m}^4/\mathrm{C}^2)$
二	0.7NBT-0.3SB$_{0.07}$T-0.1Mn	0.036
三	0.7NBT-0.3SB$_{0.03}$T-0.1Mn	0.033
	0.7NBT-0.3SB$_{0.05}$T-0.1Mn	0.034
	0.7NBT-0.3SB$_{0.10}$T-0.1Mn	0.032
四	0.94NBT-0.06BT-0.05Sn	0.026
	0.94NBT-0.06BT-0.08Sn	0.029
	0.94NBT-0.06BT-0.10Sn	0.025
五	0.70[0.94NBT-0.06BT]-0.30ST	0.021
	0.65[0.94NBT-0.06BT]-0.35ST	0.024
	0.60[0.94NBT-0.06BT]-0.40ST	0.021
	0.70NBT-0.30ST-0.1%Mn	0.021
	0.70NBT-0.30ST-0.5%Mn	0.021
	0.65NBT-0.35ST-0.5%Mn	0.022
	0.65NBT-0.35ST-1.5%Mn	0.020
	0.7[0.94NBT-0.06BT]-0.5%Mn	0.020
	0.7[0.94NBT-0.06BT]-0.9%Mn	0.021
	0.7[0.94NBT-0.06BT]-0.11%Mn	0.022
	0.7[0.94NBT-0.06BT]-0.13%Mn	0.021
六	0.94NBT-0.06BT-0.15Sn	0.017
	0.75[0.94NBT-0.06BT]-0.25ST	0.018
	0.70NBT-0.30ST	0.019
	0.7[0.94NBT-0.06BT]-0.1%Mn	0.018

由此可见，通过改变 NBT-SBxT-Mn 陶瓷中 Bi/Sr 比例，能够提高陶瓷弛豫特性，形成 PNRs、Mn-$\mathrm{V_O^{\cdot\cdot}}$ 缺陷偶极子和 $\mathrm{V_A}$-$\mathrm{V_O^{\cdot\cdot}}$ 局部缺陷，能够有效提高 NBT 基陶瓷材料的电致伸缩性能。

7.2.4 Na$_{0.5}$Bi$_{0.5}$TiO$_3$ 基铁电陶瓷材料电卡性能评价

NBT 基陶瓷在退极化温度附近具有铁电相（FE）/弛豫相（RE）的相变，在该相变处极化状态发生较大的变化，因此利用该相变有利于设计较大的绝热温变。衡量

NBT 基陶瓷电卡效应大小的因素主要有绝热温变（ΔT）和绝热温变对应的温度（T）两个方面。通常来说，铁电陶瓷材料电卡制冷的目标是在室温附近获得大的绝热温变。目前 NBT 基陶瓷的绝热温变 ΔT 在 $0.5\sim2K$[21-26]。本节设定 $\Delta T \geqslant 1.5K$ 且绝热温变对应的温度 $T \leqslant 30℃$ 为 NBT 基陶瓷电卡性能的一等级，ΔT 每降低 $0.5K$ 降低一级，绝热温变对应的温度 T 每升高 $20℃$ 降低一级。

第 5 章主要研究了组分在 MPB 附近的 0.94NBT-0.06BT、0.82KBT-0.18KBT 以及 0.90NBT-0.05KBT-0.05BT 陶瓷，ST 掺杂 $(1-x)$[0.94NBT-0.06BT]-xST 陶瓷以及 Mn 掺杂 0.74NBT-0.26ST 陶瓷的电卡性能。对以上 NBT 基陶瓷电卡性能进行评价，见表 7.4。

表 7.4 NBT 基铁电陶瓷的电卡性能评价

等级	组分	T_d/℃	ΔT 对应温度/℃	ΔT/K	$(\Delta T/\Delta E)$/(K·mm/kV)
一	0.74NBT-0.26ST-0.1%Mn	—	20	1.5	0.30
二	0.74NBT-0.26ST-0.3%Mn	—	20	1.2	0.24
	0.74NBT-0.26ST-0.5%Mn	—	20	1.0	0.20
三	0.80[0.94NBT-0.06BT]-0.20ST	28	30	0.6	0.12
	0.82NBT-0.18KBT	67	80	1.06	0.21
四	0.94NBT-0.06BT	89	100	1.5	0.30
	0.90[0.94NBT-0.06BT]-0.10ST	50	50	0.79	0.16
五	0.94[0.94NBT-0.06BT]-0.06ST	92	90	1.12	0.22
	0.92[0.94NBT-0.06BT]-0.08ST	68	70	0.98	0.20
六	0.90NBT-0.05KBT-0.05BT	78	90	0.99	0.21
	0.98[0.94NBT-0.06BT]-0.02ST	126	120	1.71	0.34
	0.96[0.94NBT-0.06BT]-0.04ST	114	110	1.27	0.25

由此可见，掺杂 MnO 经过老化后 0.74NBT-0.26ST 陶瓷晶体结构中产生了缺陷偶极子，在极化过程中，适当的缺陷会参与诱导局域偶极子或微畴的取向，增加偶极子的极化强度，能够有效提高 NBT 基陶瓷的电卡性能。

7.2.5 $Na_{0.5}Bi_{0.5}TiO_3$ 基铁电陶瓷材料储能性能评价

NBT 基陶瓷由于在温度高于退极化温度时出现 P_r 较小的类反铁电相的电滞回线，因而成为最具潜力的储能材料。储能材料性能优劣的评价指标是有效储能密度（W_1）及储能效率（η）[27-41]。通常而言，有效储能密度越大，储能效率越高，储能材料的性能越优异。为了评价 NBT 基陶瓷的储能性能，本节设定 $W_1 \geqslant 1.5J/cm^3$ 且 $\eta \geqslant 80\%$ 为其性能评价的一等级，W_1 每降低 $0.5J/cm^3$ 降低一级，η 每降低 10% 降低一级。

第 6 章主要研究了 $(1-x)$[0.94NBT-0.06BT]-xST 陶瓷，SBT 掺杂 $(1-x)$NBT-xSBT 陶瓷，MnO 受主掺杂 T 相区 0.7NBT-0.3ST、0.65NBT-0.35ST、0.7

[0.94NBT-0.06BT]-0.3ST 陶瓷以及 Nb_2O_5 施主掺杂 T 相区 0.65NBT-0.35ST 陶瓷的储能性能。对以上 NBT 基陶瓷储能性能进行评价，见表 7.5。

表 7.5 NBT 基铁电陶瓷的储能性能评价

等级	组分	$W_1/(J/cm^3)$	$\eta/\%$
一	0.60NBT-0.40SBT	1.81	85
	0.50NBT-0.50SBT	1.75	95
二	0.66NBT-0.34SBT	1.53	70
	0.62NBT-0.38SBT	1.68	72
	0.65NBT-0.35ST-0.5%Mn	1.14	83
	0.65NBT-0.35ST-1.0%Mn	1.17	80
三	0.70[0.94NBT-0.06BT]-0.30ST	0.98	82
	0.65[0.94NBT-0.06BT]-0.35ST	0.70	90
	0.60[0.94NBT-0.06BT]-0.40ST	0.63	91
	0.70NBT-0.30SBT	1.20	60
	0.7[0.94NBT-0.06BT]-0.1%Mn	0.62	82
	0.7[0.94NBT-0.06BT]-0.5%Mn	0.78	82
	0.7[0.94NBT-0.06BT]-0.9%Mn	0.84	80
	0.7[0.94NBT-0.06BT]-0.11%Mn	1.06	79
	0.7[0.94NBT-0.06BT]-0.13%Mn	0.81	76
	0.75NBT-0.25ST-1%(TiZrHfAlTa)O	0.74	81
	0.75NBT-0.25ST-2%(TiZrHfAlTa)O	0.82	82
	0.75NBT-0.25ST-4%(TiZrHfAlTa)O	0.89	86
四	0.75[0.94NBT-0.06BT]-0.25ST	0.80	77
	0.70NBT-0.30ST	0.65	73
	0.70NBT-0.30ST-0.1%Mn	0.93	75
	0.70NBT-0.30ST-0.5%Mn	0.97	78
五	0.65NBT-0.35ST	0.61	66
六	0.75NBT-0.25ST-0.5%(TiZrHfAlTa)O	0.44	64

由此可见，SBT 掺杂在 $(1-x)$NBT-xSBT 陶瓷中引入 Sr^{2+} 空位，陶瓷中形成 Na^+-Bi^{3+} 缺陷偶极子对，诱发局部极化，形成 PNRs 并增强陶瓷弛豫行为。同时氧空位浓度降低和晶粒尺寸减小提高了击穿场强，获得了优异储能性能。

将以上针对 NBT 基铁电陶瓷材料压电性能、应变性能、电致伸缩性能、电卡性能及储能性能的评价结果应用于实际生产和应用中，可指导相关压电陶瓷材料配方和工艺的优化，提高 NBT 基铁电陶瓷材料的稳定性和使用寿命，为相关领域的科研工作者和工程师提供有价值的参考数据和技术支持，推动压电陶瓷材料技术的不断发展和进步。

需要注意的是，由于 NBT 基铁电陶瓷材料性能同时受到多种因素的影响（如材料成分、微观结构、使用环境等），因此在实际评价过程中需要充分考虑这些因素的综合作用。此外，随着科学技术的不断进步和新型压电陶瓷材料的不断涌现，NBT 基铁电陶瓷材料的质量评价体系也需要不断更新和完善以适应新的需求和挑战。

参考文献

[1] Zhang Y R, Li J F, Zhang B P. Enhancing electrical properties in NBT-KBT lead-free piezoelectric ceramics by optimizing sintering temperature. Journal of the American Ceramic Society, 2008, 91: 2716-2719.

[2] Kounga A B, Zhang S T, Jo W, Granzow T, Rödel J. Morphotropic phase boundary in $(1-x)$ $Bi_{0.5}Na_{0.5}TiO_3$-$xK_{0.5}Na_{0.5}NbO_3$ lead-free piezoceramics. Applied Physics Letters, 2008, 92: 222902.

[3] Chen M, Xu Q, Kim B H, Ahn B K, Ko J H, Kang W J, Nam O J. Structure and electrical properties of $(Na_{0.5}Bi_{0.5})_{1-x}Ba_xTiO_3$ piezoelectric ceramics. Journal of the European Ceramic Society, 2008, 28: 843-849.

[4] Xua Q, Huang D P, Chen M, Chen W, Liu H X, Kim B H. Effect of bismuth excess on ferroelectric and piezoelectric properties of a $(Na_{0.5}Bi_{0.5})TiO_3$-$BaTiO_3$ composition near the morphotropic phase boundary. Journal of Alloys and Compounds, 2009, 471: 310-316.

[5] Cernea M, Vasile B S, Capiani C, Ioncea A, Galassi C. Dielectric and piezoelectric behaviors of NBT-BT0.05 processed by sol-gel method. Journal of the European Ceramic Society, 2012, 32: 133-139.

[6] Li W L, Cao W P, Xu D, Wang W, Fei W D. Phase structure and piezoelectric properties of NBT-KBT-BT ceramics prepared by sol-gel flame synthetic approach. Journal of Alloys and Compounds, 2014, 613: 181-186.

[7] Liu X M, Tan X L. Giant strains in non-textured $(Bi_{1/2}Na_{1/2})TiO_3$-based lead-free ceramics. Advanced Materials, 2016, 28: 574-578.

[8] Wu J Y, Zhang H B, Huang C H, Tseng C W, Meng N, Koval V, Chou Y C, Zhang Z, Yan H X. Ultrahigh field-induced strain in lead-free ceramics. Nano Energy, 2020, 76: 105037.

[9] Jia Y X, Fan H Q, Wang H, Yadav A K, Yan B B, Li M Y, Quan Q F, Dong G Z, Wang W J, Li Q. Large electrostrain and high energy-storage of $(1-x)[0.94(Bi_{0.5}Na_{0.5})TiO_3$-$0.06BaTiO_3]$-$xBa(Sn_{0.70}Nb_{0.24})O_3$ lead-free ceramics. Ceramics International, 2021, 47: 18487-18496.

[10] Cao W P, Li W L, Bai T R G L, Yu Y, Zhang T D, Hou Y F, Feng Y, Fei W D. Enhanced electrical properties in lead-free NBT-BT ceramics by series ST substitution. Ceramics International, 2016, 42: 8438-8444.

[11] Cao W P, Sheng J, Xu D, Li W L. Large strain under low electric field in NBT-KBT-BT ceramics synthesized by sol-gel approach. J Mater Sci: Mater Electron, 2021, 32: 9500-9508.

[12] Sun X Y, Liu Z X, Qian H, Liu Y F, Lyu Y N. Enhanced strains of Nb-doped BNKT-4ST piezoelectric ceramics via phase boundary and domain design. Ceramics International, 2021, 47: 24207-24217.

[13] Li L, Zhang J, Wang R X, Zheng M P, Hou Y D, Zhang H B, Zhang S T, Zhu M K. Ther-

mally-stable large strain in Bi(Mn$_{0.5}$Ti$_{0.5}$)O$_3$ modfied 0.8Bi$_{0.5}$Na$_{0.5}$TiO$_3$-0.2Bi$_{0.5}$K$_{0.5}$TiO$_3$ ceramics. Journal of the European Ceramic Society, 2019, 39: 1827-1836.

[14] Yin J, Liu G, Lv X, Zhang Y X, Zhao C L, Wu B, Zhang X M, Wu J G. Superior and anti-fatigue electro-strain in Bi$_{0.5}$Na$_{0.5}$TiO$_3$-based polycrystalline relaxor ferroelectrics. Journal of Materials Chemistry A, 2019, 7: 5391-5401.

[15] Dong G Z, Fan H Q, Liu L J, Ren P R, Cheng Z X, Zhang S J. Large electrostrain in Bi$_{1/2}$Na$_{1/2}$TiO$_3$-based relaxor ferroelectrics: A case study of Bi$_{1/2}$Na$_{1/2}$TiO$_3$- Bi$_{1/2}$K$_{1/2}$TiO$_3$-Bi(Ni$_{2/3}$Nb$_{1/3}$)O$_3$ ceramics. Journal of Materiomics, 2021, 7: 593-602.

[16] Li L, Shen M, Wang R X, Zheng M P, Zhang H B, Zhang S T, Hou Y D, Zhu M K. Enhanced relaxor behavior and thermaland frequency-insensitive strain of (Na$_{0.5}$Bi$_{0.5}$)$_{0.93}$Ba$_{0.07}$Ti$_{1-x}$(Mn$_{1/3}$Nb$_{2/3}$)$_x$O$_3$ ceramics. Journal of Applied Physics, 2020, 127: 194101.

[17] Qi H, Zuo R Z. Giant electrostrictive strain in (Bi$_{0.5}$Na$_{0.5}$)TiO$_3$-NaNbO$_3$ lead-free relaxor antiferroelectrics featuring temperature and frequency stability. Journal of Materials Chemistry A, 2020, 8 (5): 2369-2375.

[18] Liu X, Li F, Zhai J W, Shen B, Li P, Zhang Y, Liu B H. Enhanced electrostrictive effects in nonstoichiometric 0.99Bi$_{0.505}$(Na$_{0.8}$K$_{0.2}$)$_{0.5-x}$TiO$_3$-0.01SrTiO$_3$ lead-free ceramics. Materials Research Bulletin, 2018, 97: 215-221.

[19] Liu X, Xue S D, Li F, Ma J P, Zhai J W, Shen B, Wang F F, Zhao X Y, Yan H X. Giant electrostrain accompanying structural evolution in lead-free NBT-based piezoceramics. Journal of Materials Chemistry C, 2018, 6 (4): 814-822.

[20] Shi J, Fan H Q, Liu X, Bell A J. Large electrostrictive strain in (Bi$_{0.5}$Na$_{0.5}$)TiO$_3$-BaTiO$_3$-(Sr$_{0.7}$Bi$_{0.2}$)TiO$_3$ solid solutions. Journal of the American Ceramic Society, 2014, 97 (3): 848-853.

[21] Tang J, Wang F F, Zhao X Y, Luo H S, Luo L H, Shi W Z. Influence of the composition-induced structure evolution on the electrocaloric effect in Bi$_{0.5}$Na$_{0.5}$TiO$_3$-based solid solution. Ceramics International, 2015, 41 (4): 5888-5893.

[22] Fan Z, Liu X, Tan X. Large electrocaloric responses in [Bi$_{1/2}$(Na,K)$_{1/2}$]TiO$_3$-based ceramics with giant electro-strains. Journal of the American Ceramic Society, 2017, 100 (5): 2088-2097.

[23] Cao W P, Li W L, Dai X F, Zhang T D, Sheng J, Hou Y F, Fei W D. Large electrocaloric response and high energy-storage properties over a broad temperature range in lead-free NBT-ST ceramics. Journal of the European Ceramic Society, 2016, 36 (3): 593-600.

[24] Jiang X J, Luo L H, Wang B Y, Li W P, Chen H B. Electrocaloric effect based on the depolarization transition in (1−x)Bi$_{0.5}$Na$_{0.5}$TiO$_3$-xKNbO$_3$ lead-free ceramics. Ceramics International, 2014, 40: 2627-2634.

[25] Lin W K, Li G H, Qian J, Ge G L, Wang S M, Lin J F, Lin J M, Shen B, Zhai J W. Achieving ultrahigh electrocaloric response in Bi$_{0.5}$Na$_{0.5}$TiO$_3$-based ceramics through B-site defect engineering. ACS Nano, 2024, 18: 13322-13332.

[26] Kumar A, Jaglan N, Gautam A, Dhumrash S, Kaur K, Uniyal P. Impedance spectroscopy, pyroelectric and electrocaloric response of sol gel synthesized 0.94Bi$_{0.5}$Na$_{0.5}$TiO$_3$-0.06BaTiO$_3$ ceramics. Applied Physics A-Materials Science & Processing, 2023, 129: 722.

[27] Cao W P, Li W L, Zhang T D, Sheng J, Hou Y F, Feng Y, Yu Y, Fei W D. High-energy storage density and efficiency of $(1-x)$[0.94NBT-0.06BT]-xST lead-free ceramics. Energy Technology, 2015, 3: 1198-1204.

[28] Cao W P, Li W L, Dai X F, Zhang T D, Sheng J, Hou Y F, Fei W D. Large electrocaloric response and high energy-storage properties over a broad temperature range in lead-free NBT-ST ceramics. Journal of the European Ceramic Society, 2016, 36: 593-600.

[29] Cui C, Pu Y P, Gao Z Y, Wan J, Guo Y S, Hui C Y, Wang Y R, Cui Y F. Structure, dielectric and relaxor properties in lead-free ST-NBT ceramics for high energy storage applications. Journal of Alloys and Compounds, 2017, 771: 319-326.

[30] Zhang L, Pu X Y, Chen M, Bai S S, Pu Y P. Influence of $BaSnO_3$ additive on the energy storage properties of $Na_{0.5}Bi_{0.5}TiO_3$-based relaxor ferroelectrics. Journal of the European Ceramic Society, 2018, 38: 2304-2311.

[31] Li Q, Zhang W M, Wang C, Ning L, Wang C, Wen Y, Hu B, Fan H Q. Enhanced energy-storage performance of $(1-x)(0.72Bi_{0.5}Na_{0.5}TiO_3$-$0.28Bi_{0.2}Sr_{0.7}$-$0.1TiO_3)$-$x$La ceramics. Journal of Alloys and Compounds, 2019, 775: 116-123.

[32] Cao W P, Sheng J, Qiao Y L, Jing L, Liu Z, Wang J, Li W L. Optimized strain with small hysteresis and high energy-storage density in Mn-doped NBT-ST system. Journal of the European Ceramic Society, 2019, 39: 4046-4052.

[33] Cao W P, Li W L, Lin Q R, Xu D. High energy storage density and large strain with ultra-low hysteresis in Mn-doped $0.65Bi_{0.5}Na_{0.5}TiO_3$-$0.35SrTiO_3$ ceramics. Journal of Materials Science: Materials in Electronics, 2021, 32: 17645-17654.

[34] Zhu C Q, Cai Z M, Luo B C, Cheng X, Guo L M, Jiang Y, Cao X H, Fu Z X, Li L T, Wang X H. Multiphase engineered BNT-based ceramics with simultaneous high polarization and superior breakdown strength for energy storage applications. ACS Applied Materials & Interfaces, 2021, 13 (24): 28484-28492.

[35] Luo C Y, Feng Q, Luo N N, Yuan C L, Zhou C R, Wei Y Z, Fujita T, Xu J W, Chen G H. Effect of Ca^{2+}/Hf^{4+} modification at A/B sites on energy-storage density of $Bi_{0.47}Na_{0.47}Ba_{0.06}TiO_3$ ceramics. Chemical Engineering Journal, 2021, 420: 129861.

[36] Ruan T T, Yuan J, Xu J, Liu Y F, Lyu Y N. Enhanced large field-induced strain and energy storage properties of $Sr_{0.6}La_{0.2}Ba_{0.1}TiO_3$-modified $Bi_{0.5}Na_{0.5}TiO_3$ relaxor ceramics. Journal of Materials Science: Materials in Electronics, 2022, 33: 15779-15790.

[37] Li D, Zhou D, Liu W Y, Wang P J, Guo Y, Yao X G, Lin H X. Enhanced energy storage properties achieved in $Na_{0.5}Bi_{0.5}TiO_3$-based ceramics via composition design and domain engineering. Chemical Engineering Journal, 2021, 419: 129601.

[38] Ling Z Q, Ding J, Miao W J, Liu J J, Zhao J H, Tang L M, Shen Y H, Chen Y Y, Li P, Pan Z B. MnO_2-modified lead-free NBT-based relaxor ferroelectric ceramics with improved energy storage performances. Ceramics International, 2021, 47: 22065-22072.

[39] Yan F, Bai H R, Zhou X F, Ge G L, Li G H, Shen B, Zhai J W. Realizing superior energy storage properties in lead-free ceramics via a macro-structure design strategy. Journal of Materials Chemistry A, 2020, 8 (23): 11656-11664.

[40] Mahbub R, Fakhrul T, Islam M F, Hasan M, Hussain A, Matin M A, Hakim M A. Structural, dielectric, and magnetic properties of Ba-doped multiferroic bismuth ferrite. Acta Metallurgica Sinica (English Letters), 2015, 28: 958-964.

[41] Qiao X S, Wu D, Zhang F D, Niu M S, Chen B, Zhao X M, Liang P F, Wei L L, Chao X L, Yang Z P. Enhanced energy density and thermal stability in relaxor ferroelectric $Bi_{0.5}Na_{0.5}TiO_3$-$Sr_{0.7}Bi_{0.2}TiO_3$ ceramics. Journal of the European Ceramic Society, 2019, 39: 4778-4784.